GREEN BUSINESS

環境をよくして稼ぐ。その発想とスキル

慶應義塾大学 熱血講義
「環境ビジネスデザイン論」再現版

吉高まり・小林光

木楽舎
KIRAKUSHA

目次

オリエンテーション（まえがき）……10
シラバス（あらまし）……18

第1課
環境ビジネスが必要な理由、必要だが実行は難しい訳……23
従来型のビジネスはなぜ環境を壊すのか……25
善い儲けと悪い儲け……32
長続きできる経済が備えるべき条件とは……38
なんちゃっての環境ビジネス……41
他人への盲信した依存は失敗の元……47
第1課のまとめ……54

第2課

環境ビジネスの共通技法、その基礎の基礎 55
環境ビジネスのミッション 56
マテ・バラで、ビジネスの環境性能をチェックし、向上させる 61
ライフサイクル・アセスメントやSCOPE3で考える 69
組織的に取り組む 76
環境ビジネスのダイナミックな成長に向けて、
一般的な勝ちパターンはないか 81
周到なビジネス構想でも、なお実現しない理由とは 90
ケース・スタディ①
小林光のエコ賃貸経営の場合 96
第2課のまとめ 106

第3課

ビジネスと環境政策との間に良い関係を作る……107
環境保全の究極目的とそこから生じる原則的な発想法……110
規制法、そして、その環境ビジネスへの係わり……112
一見不要な物でも、適用される法律はさまざま。不要物を扱うビジネスでは、それが法律の世界では何に当たるかを見抜くのが不可欠……119
環境を良くすることを奨励する助成法……127
被害救済・対策費用の手当てに関する法律など……132
環境法の働きを区分した上で、もう一つ知っていただきたいこと。ルールを重層的に構築することの高い意義……135
環境法の発展に向けて意見を言おう……139
ケース・スタディ②　自治体の政策と民間企業をつなぐビジネス
OB吉本さん（WiseVine［ワイズバイン］社の代表取締役社長）の場合……142
第3課のまとめ……147

中間試験 148

第4課 全ての会社のソリューション、企業内環境起業をしよう 149

環境ビジネスの新たな夜明け 150
株式会社とは？ 松下幸之助「企業は社会の公器」 151
投資家とＥＳＧ 154
新型コロナウイルスの影響でＥＳＧ投資、ＳＤＧｓに注目集まる 157
グリーン・イントラプレナーのビジネスアプローチ 165
グリーン・ビジネスのニーズ 179
グリーン・ビジネスの創造のアプローチ 186
グリーン・イントラプレナーのコツ 190
技術のイノベーションで導くストーリー 200
顧客などからのニーズで導くストーリー 204

サステナブルシティ・DXの新たなトレンドを先取りするストーリー 209
ケース・スタディ③ビオセボン・ジャポン㈱の岡田尚也社長の場合 215
ケース・スタディ④
森永製菓㈱の社内起業 SEE THE SUN 金丸美樹社長の場合 219
ケース・スタディ⑤
グリーン・インナラプレナーになるまで　吉高の場合 225
第4課のまとめ 230

第5課

グリーン・スタートアップとして想いをカタチにする

グリーン・スタートアップとして想いをカタチにする 231
グリーン・ビジネスで起業する 232
グリーン・スタートアップのビジネスアプローチ 235
スタートアップ・アクション・ステップバイステップ 247
投資家、金融機関がチェックする企業の価値とは? 255

グリーン・スタートアップを成功させるために必要なこと……259
技術×地方創生……261
技術×企業と消費者をつなぐプラットフォーム……264
社会課題×技術・システム……267
社会課題×ビジネスモデル＋グリーン
（ビジネスモデルに、グリーンとつけて考えてみる）……269
ケース・スタディ⑥Darik（ダリケー）㈱の吉野慶一社長の場合……274
ケース・スタディ⑦WOTA㈱の前田瑶介社長の場合……278
ケース・スタディ⑧㈱ピリカの小嶌不二夫社長の場合……283
第5課のまとめ……288
休憩／OB・OG訪問……289

第6課

事業の拡大。投資家や金融とのよいお付き合い　297
環境金融および社会的責任投資　298
環境金融とは？　302
イントラプレナーとして事業を実施する場合　309
スタートアップとして起業して事業を実施する場合　310
国内におけるＥＳＧ投資の位相とは？　313
グリーンボンドはＥＳＧ投資最大のカードとなるか？　320
グリーン・スタートアップもイントラプレナーも
事業の採算性や価値の試算は重要　327
グリーン・スタートアップにも使える、資金調達のテクニックと応用事例　338
事業計画をプレゼンする　350
第6課のまとめ　356

第7課

世界の動きと、小林、吉高が見立てる、ビジネスのこれからの狙い目

世界の動きと、小林、吉高が見立てる、ビジネスのこれからの狙い目 …… 357
伸びるのは、やはりなんといっても気候の悪化を防ぐビジネス。ヒントの宝庫は科学的な情報 …… 358
地球温暖化対策の勘どころ …… 364
カーボン・プライシングで大きく広がるビジネス環境 …… 369
生物、生態系がらみのビジネスはこれから伸びる余地がいっぱい …… 384
環境ビジネスの永遠のテーマはごみ。脱プラスチックごみに取り組もう …… 393
資本市場の注目は省資源ビジネス！　サーキュラーエコノミーとは？ …… 399
ＳＤＧｓは新ビジネスの発想の優れた刺激剤 …… 402
第7課のまとめ …… 412
最終試験 …… 414
講評（あとがき） …… 416
参考図書とお役立ち情報源 …… 419
索引 …… 423

オリエンテーション（まえがき）

環境が壊れて世界中で自然災害が頻発しています。カリフォルニアやオーストラリア、東南アジアなどの執拗な山火事、狂暴化する台風や低気圧。日本をはじめとする豪雨による洪水、土砂崩れ、熱波などで、損害保険料は跳ね上がっています。将来もますます心配です。しばらくすれば、海洋中の魚全体の重さよりも重くなる、と推測されるプラスチックの浮遊ごみの問題も世界中から懸念を集めています。

国連は、今世紀末の世界人口は１０９億人にもなると推計しています。果たして地球は、人類の住み家としてふさわしい場所であり続けられるのでしょうか？

地球に壊れないでいてくれ、と頼んでも無理でしょう。この問題を解くカギは、私たち人間側が持っています。

今までの経済活動は、環境の恵みを儲けに換えてしまうだけで、環境への手入れを怠ってきました。それが、私たちが直面する問題の根源です。

処方箋は、その逆、つまり、環境に手をいれながら儲けも取っていく、という新しいビジネススタイル、ビジネスモデルを標準にすることです。そうした動きに大きな弾みをつけたのが、２０１５年末に採択されたパリ協定です。さらに、最近のコロナ禍も、人間が無限定に自然環境を侵食していくことへの強い反省を生み、自然と共存できる一層レジリアントな（回復力のある）経済づくりに拍車が掛かっています。例えば、イギリスではジョンソン首相自らが「10ポイント・プラン」という政策パッケージを発表し、日本円にして１兆６０００億円の資金を投じ、30年までに25万人の新たな雇用を生み出すようなグリーンな産業革命を実現するとしています。コロナ禍からの経済再生の目玉は、アメリカでも、環境です。選挙中に示されたバイデン大統領の政策案では、50年までのCO_2排出ゼロに向け、なんと２００兆円もの資金を動員することが謳われていました。

一方、物づくりが命の日本では、環境を大切にすることにお金をつぎ込んだら、儲けなんか出てこないよ、と反論する人が、経済界にはかつてたくさんいました。著者のうちの一人小林は、現役の役人時代に、環境を守ることは経済のためになる、と説いて、環境経済政策の開拓に邁進していましたが、「環境に取り組んだら、お金が掛かるから、儲けが減るだけだ」と、いわば、環境という名目で儲けを出すビジネスなど、ビジネスではない、と言わんばかりの反論をたびたび受けました。けれども、そんな日本でも、時代は大きく動きました。菅総理（当時）初の国会演説で、50年にCO_2排出ゼロを宣言し、地球温暖化対策をすることが経済成長につながる、という新たな発想に立つことが呼びかけられました。

環境を壊して儲けを出すビジネスモデルの先行きはなくなったのです。特に「失われた20年」などと言われて沈滞が続く日本では、同じ産業構造そして既存設備をメンテして経費を切り詰めることで利益を出していくことが、もはやできなくなっています。新分野への投資、ビジネスモデルのイノベーションが不可避なのです。こんなにニーズの高まっている環境分野でイノベーションをせずして、どうしましょう。

環境で儲けちゃいけないですか?

そもそも経済とは、参加者皆が利益を出すための交換活動に過ぎませんから、実は可塑的なものです。環境の価値、価格が今までに比べ高くなったらなったで、それを織り込んで、物やサービスの効率的な交換をするだけのことです。そうできない理由、すなわち自然に対して高い価格付けをさせない要因は、そうしたことが不可能だ、と思う、私たちの思い込みの方にこそあるのです。例えば、高い給与を従業員に払える強い会社、儲かる経済をつくっていくことこそが皆の願いです。反対する人などいるでしょうか? それと同じです。給与と同様、環境にも好待遇で報いましょう。好待遇できない言い訳を考えるために時間を使うのでは経営者失格です。そんな暇があるのなら、より良いビジネスに挑戦してみようじゃないですか。

思い込みを改め、環境で儲ける実践を増やす、そのような願いの下、10年から、私たちのうち吉高は、慶應義塾大学湘南藤沢キャンパス（SFC）の大学院、政策・メディア研究科で「環境ビジネスデザイン論」という授業を始めました。小林も、退官後直ちに翌11年の新学期から講義に加わりました。

そこでは、起業が大好きなSFC生に向けて、環境でビジネスを始める場合の基本的な発想やスキルを伝授し、外部のエコなビジネスマンやビジネスウーマンを呼んできて現場の苦労について質疑応答し、そして最後には学生たちに、自分たちの考えるビジネスについてピッチ・プレゼンテーションをさせる、といった流れでインタラクティブな授業を行ってきました。小林は、18年度一杯で慶應義塾の教授職を辞し、慶應義塾の方での出講コマ数は減じましたが、15年度からは、東京大学駒場キャンパスの総合文化研究科で、集中講義「地球環境経済政策」を開講して、ここで同内容の講義をしています。この本は、そうした慶應義塾大学、東京大学両方での授業のエッセンスをまとめたものです。

私たち二人は、環境と共生する経済づくりの揺籃期からの実務家です。その私たちは、いま、こう感じています。

この講義を始めてから10年が経ち、ついに世の中は変わった、環境ビジネスの具体化が経済界から強く求められる時代がようやく来た、というのが実感です。環境を守ることが商売になる。環境を守ることが実需となる。そうした画期的な世の中がやってきたのです。「環境を守ることが儲かるもの」と期待されるようになった背景には、環境を良くする取り組みが効果的になり、信頼度が高まった、ということもありますが、もう一つ、実は大変残念なことに、環境が大いに損ねられた結果、良い環境の価値が相対的に高まったことがあるのです。喜んでばかりは居られません。しかし、そうであれば、事は急を要します。

この講義は、大学の中にとどまっていてはいけないのです。志のある人、やらなくてはいけない立場にある人など、ものすごい数の人々に対し、必要な発想や基礎的なテクニックを届けないといけないのです。

したがって、この本は、スタートアップを目指す若い人、会社の中で環境ビジネスへの取り組みを求められているビジネスパーソン、会社での経験も生かしつつ第二の職業人生に飛び出すシニアの方などのニーズを念頭に、環境をビジネスの対象とする上で絶対必要な最小限の発想、手法、テクニックなどを網羅する書物として編みました。

講義を再現する風情にしたのは、もちろんパロディで、読者の皆さんに楽しく、でも、少しの緊張感をもって読んでもらいたかったからです。（ちなみに、本当の授業は、15コマありますので、もっと実例や脱線が多く、インタラクティブです）

読んでいただければおわかりのとおり、語り口は平易を心掛けましたが、内容は決して初級編ではありません。読者の皆さんがエコなビジネス上級者、達人になってもなお、思い出し、立ち返ってもらえるような、そうした含蓄のあるものになるようにしました。すなわち、この分野は日進月歩なので、どんどん変わるようなファクツの説明に力を尽くすよりは、考え方など、基礎としてゆるぎないことを伝えるように努めたのです。若い人も読む本ですから、ビジネスパースンなら他の分野で先刻承知の考え方や指標にも触れていますが、わかっている方々はそこは読み飛ばしてください。

本書はつまり、実用書です。実用書は、書評欄では無視されがちなジャンルの本ですが、恥ずかしいとは思いません。それは、高尚な書籍におけるのと同様、人の行動や世の中の在り方に関するクリティカルな見方を論じたいと著者たちが念じて著したからです。ただ、変えていきたい対象が、日ごろの生業の稼ぎ、という卑近なものなので、実用書になっただけのことです。

それでは、本書が役に立って、皆さんのビジネスが成功し、世の中が変わることを祈りつつ、本文にバトンタッチします。シラバスと称して、全体のあらまし、見取り図を次に付けておきましたが、基礎編が第1課から第3課、そして第4課からが稼げることを意識した応用編です。最後の第7課では、今後の環境ビジネスのヒントにも触れています。

2021年10月　　共著者を代表し、小林光

シラバス（あらまし）

第1課　環境ビジネスが必要な理由、必要だが実行は難しい訳

ビジネスがなぜ環境を壊すのか、を説明し、壊さないようなビジネスの原理（ハーマンデイリーの3原則）を簡単に説明。しかし、原理に沿ったビジネスをビジネスとして行うことが難しいことに関して、なんちゃっての環境ビジネスの具体的失敗例（建築偽装など）を説明し、環境ビジネスが決してやさしいものでないことを訴求。

第2課　環境ビジネスの共通技法、その基礎の基礎

環境に良いビジネスの共通技術として、まずマテ・バラを説明。この見取り図の中で、投入する資源を減らす、普通の物質を使う、ごみを出さない、出たごみの有効利用、長寿命の設計などの、いわゆるクリーナー・プロダクションを行うことがエコなビジネスになる基礎であることを説明する。また、次善の策としてのパイプエンド技術も説明。さらに、

技術のシーズだけに着目するサプライサイドだけでなく、ニーズ、すなわち世の中の困った、に対応するディマンドサイドの視点の大切さを指摘。両サイドを股にかけた発想として、ＣＳＶ経営塾での成功例を紹介。ＣＳＶ、ＳＤＧｓによるWin-Winの解決法に触れ、国全体、世界全体で見ると、環境のためにお金を皆が使うことが経済の成長になるというマクロの視点を説明。さらに、完成形の（しかし未実現の）実例を紹介して基礎的技法の集大成とする。

第３課　ビジネスと環境政策との間に良い関係を作る

環境法を、大きく規制法、助成法、そして回復法という３種に区分して、環境法を自分のビジネスの味方として使っていくためのコツを説明する。環境法をビジネスの味方として使いこなすことを訴える。

中間試験

基礎的な用語の意味などを確認して、これまでの学びを復習する。

第4課　すべての会社のソリューション、企業内環境起業をしよう

今や、弱肉強食の儲け本位のビジネスモデルは廃れつつある。既存の企業自体がいわば社会の公器として社会的課題の解決に貢献していくことが、特に投資家から求められている。このため多くの企業で、新ビジネス開発の動きが盛んになっていて、その一つの大きな題目が環境ビジネスである。既存企業の資源を活用して環境ビジネスに取り組む場合のコツ、そしてメリット・デメリットを説明する。

第5課　グリーン・スタートアップとして想いをカタチにする

社内で環境ビジネスに取り組むケースと比較しつつ、自分が起業家となって新ビジネス

を組み立てるケースを詳しく考察する。自ら起業する場合は、イノベーティブなアイデアに忠実に行動できる利点がある一方、多くの落とし穴や困難もある。資金調達への取り組み方を始めとして、ビジネスの発展のさせ方を具体例を多く用いて説明する。

休憩　OG・OB訪問

吉高の講義を受講して修了した元院生、そして小林のゼミを卒業して現場で環境ビジネスに取り組む人など、OG・OBの今を紹介して、良いビジネスの実行には、どのような学びが必要かを考える。

第6課　事業の拡大、投資家や金融機関とのよいお付き合い

環境ビジネスを成功させ、大きく育て、世の中を良いものに変えていくためには、大きな資金の動員が欠かせない。金融機関や投資家が安心して資金を投じられるようになるビジネスの作り込みを論じるとともに、ビジネスの現状、将来に関するプレゼンテーション

の仕方を説明する。賃借対照表などの効果的な使い方など、実践的なヒントを示す。他方で、債券の環境的な健全性が強く求められる金融機関が置かれている立ち位置の最近の変化も詳細に解説し、使い手と出し手とのあいだに建設的な関係が築けるような配慮について紹介する。

第7課　世界の動きと、小林、吉高が見立てる、ビジネスのこれからの狙い目

地球環境が壊れていく問題について、地球温暖化、生物多様性、海洋のプラスチック汚染、そしてＳＤＧｓの実現という四つの切り口を取り上げ、今後に期待されるビジネス像を展望する。

最終試験

第1課

環境ビジネスが必要な理由、必要だが実行は難しい訳

これから、皆さんと一緒に、環境ビジネスが世の中でもっと盛んになるように考えていきましょう。

しかし、ただ考えて終わるのではさびしいです。考えるだけでなく、皆さんが環境を守ることをビジネスの中に取り込み、組み込んでいく、そうした実践へと気楽に歩みを進められるように背中を押す役割も、この講義は果たしたいと思います。そう意図した背景は、多くの人が実際に環境ビジネスを実践することこそが、世の中に環境ビジネスを広げる一番確実な方法だからです。環境ビジネスと謳ってはいますが、実は特別なビジネスではありません。構えてもらっては困ります。そこで、この講義は、環境ビジネスがスタンダードになるよう、こうしたビジネスを身近なものと感じてもらえるようにすることに特に意を注いで編みました。

このような狙いの下、第1課では、ビジネスと環境との関係を考えます。具体的には、思慮の足りない従来型のビジネスが環境を壊してしまう理由を考察し、環境を壊すビジネスなどに頼っていては私たちや子孫の繁栄はおぼつかなくなることをお伝えします。この環境を壊すビジネスを反面教師として、次いで、環境を壊さないビジネスが備えるべき要件を論じます。第2課からは、環境を壊さないビジネスを発想し、組み立てるスキルなどを学びますので、いわば、その基礎工事を第１課でしておきましょう。

従来型のビジネスはなぜ環境を壊すのか

エコなビジネスをどう具体化させるかを考える前に、まず、従来のビジネスがなぜ環境を壊しがちなのか、考えてみましょう。ビジネスが環境を壊す理由を明らかにし、そこを改めることは、エコなビジネスづくりの確実な第一歩になるはずです。

まず、水俣病の事例を取り上げます。

水俣病は最も典型的な産業公害なので、どなたも多少は知っているケースだと思います。特に、最近は、ジョニー・デップが写真家のユージン・スミスに扮して主演したＭＩＮＡＭＡＴＡ――ミナマタ――という映画でこの出来事が紹介されたので、関心を寄せる人も増えたと思います。

小林自身はと言えば、環境省で行政官をしていた最後の時期に、水俣病の被害者の方々と、政府や公害原因企業のチッソ㈱との間の長年の争いを収め、和解をもたらすための仕事をしました。

水俣病は中学や高校の教科書にも登場しますので、もちろん私も一般的な知識は持っていましたが、この機会に改めていろいろと勉強しました。特に知りたかったのは、最初の患者さんが公式に発見された1956年から、実際に有害な排水が止められた68年まで12年間も有効な対策が取られなかった背景です。

調べてみると、そうしたことに至った要因にはいろいろあったことがわかりました。原因となった工場排水中のメチル水銀については、その定量的な測定自体が50年代では難しかったことや、なぜ、他の水銀使用工場では被害を起こさずとも、ここチッソ水俣工場では被害を起こすほどに、有機水銀がたくさん生じたのか、その原因を化学反応レベルで解明し切れなかったことなど、科学や技術に係る未発達も、もちろんありました。しかし、私はそれだけでなく、経済的な動機が大きかったと思いました。経済上の利益にいわば目がくらみ、科学的なリスクを無視してしまったのではないでしょうか。それは、チッソの当時の経営者の判断だったでしょうし、排水を止めるような規制措置を発動させなかった当時の中央・地方の官庁の判断でもあったでしょう。

水俣病被害の経済的な側面を見てみましょう。当時のチッソは、オクタノールというプラスチックの可塑剤をほぼ独占的に作っていたようです。そして、その原料がアセトアルデヒドで、それをアセチレンと水との反応を水銀触媒で加速することで作っていました。高度経済成長期、プラスチックは、どんどんと市場が広がる夢の物質だったので、チッソ㈱はオクタノール製造をやめる気はありませんでした。その原料のアセトアルデヒドの製造で、当時の金額で45億円ほどの利益を得たと、チッソ自身は分析しているとのことでした。後知恵ですが、仮に、水銀を排水から取り除く処理装置を設けたとすると、費用として数億円はかかったと言われます（1億円以下の金額でできたはず、と言う人もいます）。公害対策を実施せずに商売をすることにより、45億円に加え、負担を避けた数億円、すなわち合計およそ50億円の利益をチッソ㈱は得たことになります。60年代の50億円は、その後の物価上昇を考えると今の150億円程度に値しましょうから、相当な金額であって、チッソは、この商売をなかなか諦められなかったのももっともだと思います。最終的に、水銀を触媒に使ったプロセスから撤退するのは、世の中にもっと効率の良い製造法が出てきて、効率の良い他社に対抗して、チッソが同じ製法を続けることが有利でなくなってからでした。68年にようやく有害排水が止められました。

他方で、公害を垂れ流した結果、チッソは長期的な視点では大損害を被ります。具体的

図表1-1　チッソ（株）の水俣病関連損失累計（2020.3.31現在、億円）

項　目	既支払額
補償金	1,645
公害防止事業	310
解決一時金	317
債務免除	△270
救済一時金	756
漁業補償等	62
県債金利	1,267
合計	4,087

出所：チッソ（株）のウェブサイトより

な数字は、チッソのホームページに出ていますが、被害の補償や、水俣湾の底に溜まってしまった水銀を流れださないようにする湾の締切・埋め立て工事の負担金などで、合計、4千億円強の出費に迫られました（図表1-1）。50億円得をして、4千億円損をしたのでは、商売にはなっていません。この負債のうち未払いのもの（同社の帳簿上、累積の長期損失として計上されている額）は、およそ28百億円で、これは同社の企業価値を超えています。つまり、同社は、普通であれば破産している（注1）のです。単に一つの商売として損をしたのではなく、企業を潰すほどの大損をしたのです。

ここで付け加えてお伝えしなければならないことがあります。それは、チッソがいくら賠償金を支払っても、失われた命や健康は戻ってこないということです。もちろん償うことは必要ですが、命や健康には賠償金の額では測れない価値があり、賠償しさえすれば公害を出してよい、ということは決してありません。

環境対策をきっちりすることは、目先の数字を見ると、経費が膨らみ、儲けが減ることを意味します。当時のチッソの経営者だけでなく、今日でもおよそ経営者であれば、できるだけ経費は削りたい、と思うのは、よくある話でしょう。特に、空気や大海原といった環境は誰の所有物でもないので、企業がそこをいわばごみ捨て場として使うのにはお金は要らないのが普通です。今なら、公害を規制する法律があって、公害処理装置を設けないなどは許されることではありませんが、昔のように（また、今日でも健康上の被害が直ち

（注１）なぜ破産しているはずの会社が存続しているのでしょう。同社は被害者がいらっしゃる限り補償を続ける必要があり、このため、補償に必要な費用などは、県が融資をして、現金が底をついたことにより倒産してしまうことを防いでいます。県の融資の元手は国の財政資金です。そして、その融資の取り立ては、チッソがつぶれることなく、また、新規投資などをしながらきちんと経営できる範囲にとどめられているのです。また民間銀行からの融資もありますが、政府から銀行に対しては取り立てをしないように要請をしています。原因企業が倒産して放免され、幕引きにしてしまうのではなく、公害を起こした責任を企業にしっかり果たさせ続けるのは、世界でも珍しいケースです。同社では、そうした責任をしっかり果たし続けていることはもとより、化学品の製造での環境対策を徹底して行っています。

図表 1-2

環境の恵みを儲けに換えていったら、緑の山はなくなって、
最後にはお札の山が残ります。これは、食べられもしません。

に生じるわけではない温室効果ガスを大気に捨てる場合のように）、公害規制の法律がなかったり、緩かったりすると、いわば激安で、環境に汚染物質を捨てて処理したつもりになれます。

言い換えると、環境を守る費用を惜しめば惜しむほど、それが企業の利益になっていくのです。

このタイプのビジネスは、煎じ詰めて言えば、図表1-2にあるように、緑の山で示される環境の無償の恵みを、儲けに換える、すなわち、お札の山に換えているのです。

私は、17年秋から一年アメリカの大学で教えていましたが、このスライドは、とてもわかりやすかったようで、環境を壊すようなビジネスが、結局は、長続きしないことがよく分かった、と学生達からは言われました。昨今のビジネスの世界では、サステナブルとか、サステナビリティといった言葉をよく聞きますが、環境の恵みを儲けの源泉としてしまうことは、長続きしない行いで、アン・サステナブルなのです。

ここでちょっと脇道ですが、なぜ私たちが、環境ビジネスに期待を寄せているかを説明したいと思います。

最近世の中には、ＣＳＶ（注２）ビジネスとか、ＳＤＧｓ（注３）ビジネスといった言葉が出てきています。皆さんもよく耳にしているでしょう。ビジネスの進め方に関する考

（注２）ＣＳＶとは、Creating Shared Valueの頭文字で、公私が共有できる価値のことを言う。このような価値を求めて私企業が活動することが、結局、私企業の長期的な利益確保、発展につながる、とする、ビジネスの進め方に関する考え。ハーバードビジネススクールのマイケル・ポーター教授が提唱した。ちなみに、似た響きを持つＣＳＲ（Corporate Social Responsibilityの頭文字）は、ビジネスの進め方より高次の、企業の在り方についての考え。「企業は社会の公器」と喝破した松下幸之助翁と同様、企業は株主に奉仕するだけではなく、あらゆるステークホルダーに対しても適切に役割を果たしていくべきとするいわば経営哲学。もっぱら株主利益の実現を目指す新自由主義への深い反省を踏まえて重んじられるようになった。

（注３）ＳＤＧｓとは、Sustainable Development Goalsの略。この目標は、国連が２０１５年の総会で採択したもので、先進国、途上国を問わず人類社会の共通目標となるもの。内容的には、17の大目標と、その下に１６９の具体的なターゲットを置く体系になっていて、それら全体をパッケージとして２０３０年までに実現することを各国や国際社会に求めている。この17の目標はすべて人類が実現すべき公益を示すもので、環境に係わることも多いが、人権・福祉に係わることも多い。企業や自治体などの活動の評価尺度としても有用である。

え方ですが、いずれも、公益の実現を図りつつ、企業としての私的な利益も確保していこう、というものです。環境ビジネスは、こうした公私の利益を目指すビジネスの一種であり、その代表例でもあります。けれども、福祉のビジネスとか、教育のビジネスとかとは大きく違ったところもあります。これらもとてもとても大事な点は同じですし、環境ビジネスの場合でも、お金の投資や支払いはヒトとヒトの間でするものの、違うところがあります。それは、環境の状況を良くすることを通じて、そのような支払いが行われ、利益が実現されるところです。ここで、自然の環境、地球の環境は、人間と違って、何も言ってはくれないことに留意が必要です。そこが、環境ビジネスが高い難度のビジネスになってしまう原因です。しかし、難しいからこそ、必要性は高く、成功の報酬も大きいと言えます。皆さんがこの本を手に取って下さったのは、自然を相手にすることの高い意義をもともと直観的にわかってらっしゃったからでしょう。そうです、環境ビジネスは人類の未来を賭けた挑戦です。その醍醐味を一緒に味わっていきましょう。

善い儲けと悪い儲け

ところで、この本は、儲けを否定しているのでは決してありません。儲けの源に、環境を犠牲にすることを据えてはいけない、と述べているのです。

そもそも儲けは、社会を発展させるモーターです。儲けを得た企業は、それを従業員の昇給に還元したり、あるいは、研究や設備更新に投資し、もっと良い品質の製品やサービスをもっと安い費用で生産できるようにしたりするでしょう。従業員は、賃上げされた給与で、他の会社の生産する製品やサービスを今まで以上に購入したり、一層性能の良い高級品を購入したりするでしょう。新しい生産設備を買ってもらえる会社も増えるでしょう。それらの企業では、売上が増え、それぞれの会社でも、これまで以上にお金を使っていくでしょう。こうした波及効果を通じ、人々の財産は増え、交換活動は盛んになり、経済は成長していきます。政府も、企業や国民にこれまでと同じ税率で課税していても、所得が増えれば税収が増え、皆の財産である社会資本をそれまで以上に充実していくことができます。一般に、企業などが儲けを創り出し、増やしてくれることは良いことだと言えましょう。

しかし、国の経済全体の見地からは、良い儲けとは言えないものがあります。

先ほど述べた環境を守ることを怠ることで得た儲けは、悪い儲けです。もっと一般的に言えば、企業の商売に必要な資源の購入価格を不当に安く設定すること、例えば、その従業員が健康を維持し、健全な家庭が営めないほどの低賃金で働かせるような企業の得る儲けは、やはり正当なものとは言えません。従業員の健康をお金に替えるのはけしからん行為です。国全体で見れば、環境中の自然資源にせよ、従業員にせよ、とことん使い尽くされ、再生産できなくなってしまうからです。

私たちが生きている市場主義の国々で人々が信じている経済学では、物やサービスの価格は、その貴重さに応じて決められるべきであって、ある物などの値段が正当な値段に比べ仮に安く決められてしまうと、そうしたものは不当に浪費されてしまい、失われてしまう、と考えています。

そのような不効率な状態は、値段が不当に安い場合だけでなく、不当に高く付けられても起きてきます。例えば、ある会社が製品供給などを他の会社に参入させない工夫をして競争を避けて、販売価格を高く維持したような場合（独占、と言います）は、そうしたものを買うために余分に使われたお金は、そうでなければ、もっと他の目的に有効活用できたはずで、経済全体として見れば非効率な状態なのです。

こうした価格付けの間違いによる経済全体の損失の典型例が公害です。経済学の教科書

図表1-3　石油資本によるブリーフィング

In conclusion, Mr President, we at Exxon feel that human survival may simply not be economic.

出所：The Ecologist, vol27, no.6, 1997, p233より転載

では、「市場の失敗」という項目で詳しく解説されています。給与を払わない企業であれば、従業員が裁判を起こしたりして、最終的には、市場から退場させられてしまうでしょう。しかし、物言わぬ自然では、そうはいきません。誰かが代弁してあげないと、一方的に、その恵みを搾取されて、ついには、人類の活動を支えられなくなり、様々な被害を私たちや子や孫に及ぼすことになってしまうのです。こうした、他人や社会に押しつけられた費用を社会的費用と言います。企業はこれを忘れがちです。

こちらに掲載したイラスト（図表1-3）は、私が京都議定書の採択に向けた国内外の

交渉を担当していた時に、海外の環境系雑誌に出ていたものです。とても印象に残ったので、その雑誌の編集者にお知らせし、授業や論文などで引用させていただくことの承諾をいただいたものです。さて、ここでは、石油資本の人々が大統領にブリーフィングをしています。この大統領は、ご存命ですが、苦労人の気持ちがわかる人ということで、あのトランプさんも一目置き、今でも広く人気があります。誰でしょう。ヒラリー・クリントン元大統領候補の旦那さんです。このクリントン大統領（当時）に対して訴えかけていることは「人類の存続を図ることは経済的に引き合わない」という点です。石油資本の方々は、実際は、地球温暖化対策は経済的に引き合わない、と主張したのだと思います。けれども、そこは環境派の雑誌の風刺漫画ですから、地球温暖化対策をしないと人類の存続が危うくなるのだから、結局、人類より経済が大切、と言ってるんでしょ、ひどい主張だ、とわかるように手を加えたのだと思います。

私が面白かったのは、環境対策が経済的に引き合わない、という考え方です。環境対策をせずに石油を使い続けると、恵み豊かな自然が人類社会に黙って授けてくださっている様々な恩恵が実はなくなってしまいます。あることをすると、その裏面で、得られなくなる利益を、経済学では「機会費用」と言いますが、この漫画での石油資本の人々は、地球温暖化対策をすると失われてしまう自分たちの利益にばかり目が行って、自然が物を言えないことをよいことに、環境の恵みがなくなるという機会費用を無視した主張をしているのです。通算してみると、様々な研究（注４）が指摘するように、地球温暖化対策は、本当は経済的に引き合うのです。何度も申し上げますが、大事な資源を使えないようにしてしまって得た利益は、悪い儲けです。

皆さんも、「機会費用」の考えは、忘れないでください。皆さんの事業で、企画案Ａを選択するということは、同じ資源を投じれば、もしかしてできたかもしれない代替的な企画案Ｂの産む利益（これが機会費用に当たります）よりも大きな利益を生まなければいけないのです。

（注４）日本国内のビルや家庭などの民生部門の低炭素化対策のコストとその結果得られる健康被害の回避や光熱費の削減などの価値とを比較した一般社団法人日本サステナブル建築協会の研究（２００９）によると、費用の１．７倍の便益が計算されている。また、イギリスのスターン卿によるレポート（２００６）では、世界全体で生じる気象災害被害額は世界のＧＤＰの20％に及ぶおそれがある一方、対策の実践に必要なコストはＧＤＰの１％であると見積もっている。

図表1-4 将来の、持続可能な経済が満たさないとならない物的な条件 ハーマン・デイリーの3原則

1. 再生可能な資源の使用量は、再生される量の範囲にする。
2. 再生できない資源の利用は、再生可能な資源の再生可能な利用によって代替できる仕組みへ置き換える。置き換えができない間は、枯渇させないですむ年数の範囲において置き換えが可能となるような速度での使用にとどめる（例えば、代替資源への強制投資、リサイクルの徹底など）。
3. 自然環境へ人間界から戻される不要物の質や内容は、自然環境が無害化などの処理ができる範囲にする。

長続きできる経済が備えるべき条件とは

自然が壊れて人の生活が支えられないのは、大きな問題です。ビジネスに使う環境などの諸資源を損ねることなく、むしろ自然資源を末永く活用していけるようにできる形の経済活動を実現するためにはどうしたらよいのでしょう。

具体的なスキルや実例は第2課以下で述べますので、ここでは、大局観、つまり原則的なことを考えてみてください。

いろいろな答が可能だと思いますが、それらの中でも一番有名なものは、「ハーマン・デイリーの3原則」というものです。ハーマン・デイリー氏は米国の経済学者で、1972年、その著作の中で、図表1-4のような原則的な考え方を明らかにしました。

基本は、第一にあるように、再生が可能な資源だけを、それも長期にわたっても再生可能な量だけに限って経済活動のために使いましょう、ということです。そうは言っても、枯渇してしまうような特殊な資源、例えばレアメタルなども使わないとなりませんが、そういう資源はどうしたらよいのでしょう。デイリー氏は、第２原則で、そのような資源は使い尽くしてしまわないように節約しながら使うことはもちろん、自然界に資源がなくなる前に、人間界に取り入れたそうした資源をリサイクルして経済活動に使えるように技術開発を強制的にでも進める、ということが必要だ、としています。究極的には、リサイクルするか、再生可能な資源でもって代替するか、が推奨され、枯渇してしまう種類の資源を漫然と使い続けることを強く戒めています。

デイリー氏は、経済活動への資源投入の側面だけでなく、経済活動から自然界への廃物の排出の側面を律することを原則の一つとして位置付けています。曰く、人類は一切の廃物を捨てていけない、ということはないが、自然界に無害である範囲、あるいは無害化できる範囲に、その廃物の種類や量を制限しなさい、と述べています。

この３原則は極めてシンプルな構造をしています。実際には、どれだけ厳しく考えるか、例えば、時間の尺度をどの程度で考えるか、などで、当てはめ方は異なるでしょうが、大筋は多くの人たちに理解してもらえましょう。

ところで、持続可能なビジネスとなると、デイリー氏が提唱した、物質的な条件だけを考えていてはダメなのです。

前述の3原則を満たすビジネスは技術的には様々に設計可能でしょうが、お客様の支持を得て商売が黒字で続いていかないとならない、ということは忘れられてはなりません。どうやって、原価を切り詰めるか、どのようにして消費者、顧客の皆さんに、製品・サービスの価値を伝えて評価し、選択してもらえるか、というのも、環境ビジネスを組み立て、実行していく上では重要なポイントです。もちろん、他の分野のビジネスにとっても、どのようにして商売として成立させるか、は重要なポイントですが、環境ビジネスでは、他の分野と共通な発想やスキルを使うことはもちろん、しかし、それだけでは必ずしも十分でなく、環境分野ゆえの発想やスキルも必要になってきます。そうした必要性に応えたい、というのがこの講義の狙いです。

なんちゃっての環境ビジネス

エコなビジネスを、ビジネスとして成り立たせる、ということは、決して簡単ではありません。それどころか、エコなつもりが、そうではなかったということがしばしば起きます。まずは、例をいくつか見てみましょう。

エコなはずのビジネスから撤退に追い込まれた事例は、大会社が企画したものでもたくさんあります。なお、以下の本課での記述では、そうした、いわば失敗事例を起こした会社を実名表記ではなく、アルファベットの仮名にしています。それは、不名誉な古傷に塩を塗るようなことは避けたい、というのではなく、そうした会社は、痛い経験を踏まえて今では立派な環境ビジネスをしているかもしれず、名前で先入観を持たず、刮目して接しないといけないと思うからです。

さて、今をときめく再生可能エネルギーの事例を見てみましょう。２０２０年６月に開かれた株主総会で、Ｈ社の幹部は、舞鶴市で計画していたパームオイルを焚く火力発電所の建設事業を断念した旨を明らかにしました（環境ビジネスを扱うウェブサイト「オルタナライン」の20年6月27日配信記事による）。パーム油は、アブラヤシの実から採るもので、植物が、空気中の炭素などを吸収して合成したものですから、それを燃やしてCO_2をまた空気中に出しても、空気中のCO_2濃度は、アブラヤシが吸う前と同じで、温室効果を高めません。そのため、パーム油やその他の植物起源の燃料を使う事業（バイオマス事業）は、地球温暖化を進めないという意味で、環境にやさしい、とされているのです。ではなぜ、撤退したのでしょう。

この発電所は、22年から発電開始を予定していたもので、カナダの会社が出資し、舞鶴市に設立したＭ社の事業として行うこととなっていました。Ｈ社は、その発電所の建設や運転業務を請け負うことになっていたのです。舞鶴市も応援していた事業です。その規模は、バイオマス発電所としては大きなもので、出力66ＭＷ（メガワット）、パームオイルの日本の現在の輸入量に比べ6分の1に当たる年間12万トンを燃やすとされていました。けれども、パーム油の主な生産国のインドネシアやマレーシアでは、アブラヤシは、耕作用の外来種です。天然林などを切り開いて植え付けられる、いわゆるプランテーション農業の典型となっています。長い間、増産が続いてきていて、現地での環境上の大きな弊害や、そこで働く労働者の人権問題などが指摘されるようになりました。国内では、

図表1-5　代表的なバイオマス燃料のライフサイクルでの環境負荷

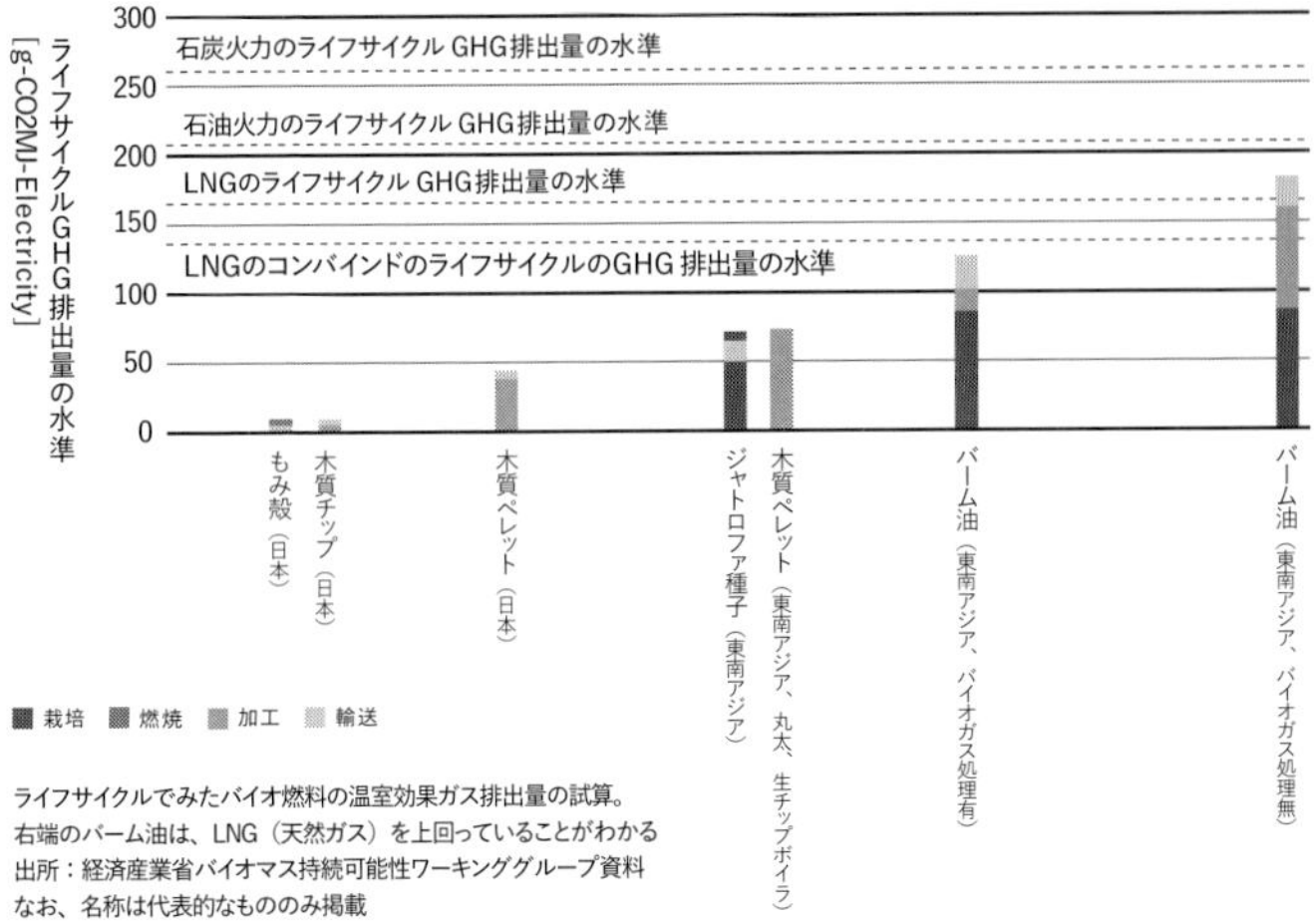

ライフサイクルでみたバイオ燃料の温室効果ガス排出量の試算。
右端のパーム油は、LNG（天然ガス）を上回っていることがわかる
出所：経済産業省バイオマス持続可能性ワーキンググループ資料
なお、名称は代表的なもののみ掲載

CO_2を出さないので、それなりの評価を受けられるのですが、その生産地での環境悪影響などが世界的に看過できなくなってきていたのです。第3課で、基礎技法として説明するライフサイクル・アセスメントの手法で見ると、国内でこそCO_2の排出量は少ないのですが、アブラヤシの耕作、実の採取、パーム油の搾油、輸送などの海外で行われる工程に伴って排出されるCO_2量は、同じような見方をした場合のLNG（液化天然ガス）焚きの発電所の場合よりも多いと試算されるほどです（図表1-5参照）。こうしたことや、舞鶴市民の反対運動もあって、出資の中心となるカナダの会社は、20年4月、パーム油焚き発電は行わない旨の方針を明ら

かにしました。頼みの出資者を失って、発電所の建設自体も沙汰やみにせざるを得なくなったのでした。

大事なことは、世界を広く見渡して、自分のビジネスの原料の供給元から、使用後に廃棄物になって、処理され自然に戻されるまでの、製品・サービスの一生にわたる環境影響を科学的に理解し、経営判断をすることです。つい、目先にばかりとらわれると、エコなはずが、エコでないビジネスをすることになってしまうのです。

別の例を見てみましょう。製品は科学的に見てもちろん良いものだけれども、うっかりミスで商売上の儲けを失った事例です。時々耳にする話ですが、太陽光パネルを屋根に取り付けたお宅で起きる雨漏りです。家庭用太陽光発電設備に伴う様々な事故のうち、施工不良に起因するものは事故全体のおよそ4分の1を占めていると言われ、無視できない割合ですが、その中でも、とても残念なのは、折角太陽光パネルを取り付けたのに屋根から雨漏りしたといったケースでしょう。かく言う私も、自宅で雨漏りの憂き目に遭いました。

私の自宅は世田谷の羽根木にあって羽根木エコハウスとして知られています。今では築22年目に入るので、太陽光発電の実践をはじめ、エコハウスとしてはパイオニアの部類です。その新築の年の秋、東京を台風が直撃した時の話です。北からの強い風に乗って雨が北の屋根を吹き上げました。雷雨のような強い雨でも雨漏りなどなかったのに、ポタポタと雨水が、二階はおろか、量が多いので一階まで漏れてしまいました。さっそく原因の探求を行いましたが、雨漏りの原因発見は難しいものです。結局、有名な屋根工事企業を紹介いただき、見てもらいました。そうしたら、原因は、屋根の頂上の笠木の下にあったのです。我が家では、南屋根は太陽熱を取るためのパネルに使っているため、北面の屋根に太陽光発電パネルが張ってあります。新築工事をした00年頃には太陽光発電はまだ珍しかったので、その施工は、何回か経験のあった工務店が直接担当し、屋根は、屋根屋さんが下請けして担当しました。そうしたところ、笠木の下は、屋根屋さんの方は、そこの防水は太陽光パネルの続きだから工務店がやるだろうと勝手に思い、他方で、工務店は、そこには太陽光パネルはないのだから、屋根屋さんの仕事範囲と信じていたため、防水措置がされていなかったのです。屋根自体は防水されていなくとも、笠木があるので、普通の雨では雨水は浸み込みません。けれども北風が雨を吹き上げれば、ひとたまりもなく、漏れてしまうのでした。工務店の建築工事の瑕疵ですから、施主の私ではなく、工事関係者がお金を出し合って修繕してくれました。しかし、工務店にとっては大損だったと思います。

このように製品の環境性能は良くても、それが機能を発揮するためには据え付けなどを含めたチームワークの支えが必要で、それがないと折角の環境ビジネスも成り立ちません。我が家の例は、過失、ケアレスミスですが、太陽光発電パネルの据え付け工事担当者には、時間節約や経費節約で、パネルをネジなどで直接に屋根材に取り付け、雨水侵入防止のコーキングをして済ます人もいると聞きます。コーキングは所詮長持ちしないので、技術的には不十分と言わざるを得ません。だいぶ前ですが、石油ショックの時に大流行りしたS社の太陽熱湯沸かし器は、屋根の上に置かれていて、故障が起きると大変に修理がしにくかったことから、結果的に廃れてしまったと言われています。皆さんがエコなビジネスをするときには、こうした、上手の手から水が漏れるような仕事振りにならないように気を付けてください。

私が原因調査や再発防止策の立案に起用されたケースがあります。あるバイオマス発電の企業のN社が、木材の灰を固化して地盤改良材として販売していたところ、その品質がきちんと管理されていなかったり、販路が把握されておらず、売ったはずのない所で使用されていたり、といったことが起き、使った場所を掘り起こして、灰の処理をやり直す、といったことがありました。処理をやり直すのに、随分多額の費用を追加的に費やすことになりました。このケースも、顧問などとしてお願いしていた専門家がちゃんとやっているだろう、と思い込む、ケアレスミスの結果でした。環境のような新しい仕事は、科学的な理解も浅く、技術もこなれていないため、ケアレスミスを誘いやすいので、大いに用心が必要です。やや脱線ですが、私は、先ほどの自宅エコハウスを建てようとする時、多くのハウスメーカーの営業の方とお話しをする機会がありました。どの営業マンも、うちの会社の建物は断熱性に優れています、と口では言いますが、こちらから、ではQ値（断熱性の大小を示す指標）ではいくつ位のを建てられるのですか、と聞くと答えられた人はいませんでした。20年以上も前のことですから、仕方ありません。今ではそんなことはないと思いますが、科学技術は日進月歩です。常日頃から、最新の科学的な理解を是非きっちりと獲得し続けていってください。

他人への盲信した依存は失敗の元

もう一つ、環境そのものをビジネスにしたものではありませんが、「なんちゃって革新

「ビジネス」になってしまった、痛い事例を紹介します。これは、ケアレスミスではなく、意図的に優れたビジネスを偽装した事例とも言えます。

私が、環境省で大臣官房長をしていた頃、05年のことです。建築偽装、という事件が起きました。これは、安く建築できるビルを設計してあげます、と言って、設計業務を請負った人が、大幅に鉄骨が不足した設計図を作り、誰もその不備が見抜けず、結果的に、耐震性能に欠陥があるビルがいくつも建築されてしまった事例です。こうした低品質の設計は、耐震性能だけでなく断熱など環境性能を損ねるおそれが高いものです。

こうした、安かろう悪かろうのサービスを提供されて環境を損ねてしまうような被害に遭わないようにと、この事件を教訓に、国の調達の在り方を大きく変える法律(「環境契約法」と略称される)が制定されたのです。その制定や施行に私自身も係わったので、今なお印象の強い事例です。

以下では、主に、墨田区のマンション住民が訴え出た民事訴訟の確定判決での事実認定に基づきつつ事案をかいつまんで説明します。なお、この事件は有名なので、固有名詞を覚えていらっしゃる方も多いかと思いますが、ここでも、失敗事例を扱う他の個所と同様、AとかBとかに人名や会社名を呼び変えさせていただいています。

事の発端は、建築工事を請け負った会社Ｄ社が、渡された設計図を見てみると、鉄筋やコンクリが通常の建物の場合より少なく、法定の耐震性能を満たせないのではないか、と心配になったことにあります。そこで、第三者の設計事務所に見てもらったところ、なるほどそのとおりだ、となり、設計の総元締めで建設工事の実行者になるＣ社に知らせました。その後、Ｃ社に加え、マンションの販売会社Ｂ社なども巻き込んで、いろいろと紆余曲折がありましたが、結果として、構造設計を下請けしたＡ元一級建築士が、構造計算書の改ざんのゆえに、逮捕・起訴されるに至りました。最高裁まで争いましたが、建築基準法と議院証言法への違反とされ、懲役５年（罰金１８０万円）の刑罰に処せられました。鉄骨が少なくて済むように設計した建物は本人の言うところでは20棟を超えていたとのことです。

検察官の取り調べにおいては、Ａ元一級建築士は、その動機について、建築費が安く済む合理的な設計を行える建築家として売り出し、お金をもっと使える身になりたい、といったことにあったと説明していたようです。具体的な改ざんの方法は、まずは、法定の耐震性能を満たすような配筋量などを確保して、計算を行い、結論部分はそれを保存しておき、次に、計算に入れる鉄筋やコンクリの量を減らしていった途中計算を行い、結論部分が、あたかもそうした鉄筋やコンクリの量で実現できる、と見えるファイルを作る、といったことだったそうです。後知恵ですが、鑑定人などが正しく計算しなおすと、地震へ抵抗する力が法定の場合の3割とか5割しかない建物になっていたそうです。そのため、マンションには取り壊し命令が出されてしまったりしました。法律違反の罰則だけでなく、民事の、膨大な賠償が請求されるのも当然でしょう。

ところで、構造計算を下請けとして行った人物の故意による不適切な設計は、見抜けないものだったのでしょうか。この点も民事裁判では大きな争点になりました。設計の総元締めの会社の建築士や建築確認申請の審査に当たる指定確認検査機関が、いわゆる検算をすればよかったじゃないか、と、マンションを取り壊されてしまった住民は、裁判の原告として主張しました。しかし、構造計算の誤りや粉飾を見抜くまでの役割を、当時の建築基準法の下での建築確認制度は期待されていなかった、というのが、裁判所の判断でした。当時の法制度は、関係者に作為や悪意があることを考えず、善意の下に関係者が行動する、いわば性善説的な発想に立っていたのです。当時の建築確認業務に期待されたのは、明々白々な誤りを発見する位のことだったとも言えましょう。その他の確定判決としては、国家賠償を争ったものがります。これは結果的に違法建築物を建てることになった挙げ句、補強を命じられた施主・所有者から公的建築確認での十分なチェックを建築主事が怠ったのではないかと国家賠償を求めたもので、前述と同様の理由で国に賠償の義務はないとの最高裁の判決が出ています。しかし、建築確認の手続きを折角するのですから、その後の法改正で、第三者的検算をする制度に移行することになりました。

このように、ビジネスは、チームワークでするものであるために、この例がよく示すように、かえって、専門家と目される人への盲信した依存が生じて失敗に結び付くことが往々にあります。安くて良心的な品質の仕事をしますよ、と言われれば、そうかなと思い、すっかり任せっきりにするなどは大変に危険です。前述のＮ社のケアレスミスの背景にも、専門家依存がありました。

さらに、特に環境の分野のように、技術要素が新しいと、一般の人にはなかなか是非が見抜けず、つい安い方を選ぶといったこともありましょう。そこで、現役の行政官だった私は、この事件に随分とショックを受け、当時の与野党の議員の方々と一緒に作業をさせてもらい、略称では「環境契約法」と呼ばれる法制度を議員立法で制定していただきました。

この法律の典型的な対象の一つは、今まで述べてきた建築物です。実は、公共建築でも設計者を、価格競争で選ぶことがよく行われていましたが、それでは、前述のA元建築士のような人を選んでしまいかねません。環境性能の良い建築物を設計するには、そうでない建築物を建てるのに比べ、建築士の技量も修練も、また注意深い作業も格段に要りましょうから、請負費用は高くて当然です。他方で、国などの会計法は、およそ物品購入やサービスの契約先を可能な限り一般競争入札で決めることを求めていたのです。そこで、この会計法の特例として、環境性能を明示的に評価して高い対価を支払える仕組みを、同じ法律という尊重されるルールとして作ることとなったのです。具体的には、建築物の設計サービスではプロポーザルをしていただいて、設計者を選定することになりました。そのほか、電力（安い電力は、石炭火力発電所で発電することが多いです）、燃費の良い自動車なども単純な価格競争ではなく選ばれることになりました。

私は、環境性能といったことにどれだけ対価を支払っていただけるようにするかが環境ビジネスの「キモ」と思っています。そのためには、供給者側の努力ももちろん必要なのですが、需要する側の認識や覚悟も育っていかないといけません。皆さんが環境ビジネスをする場合、お客様との連携、そして、お客様と一緒になった発展向上といった視点を忘れないで欲しいと思います。この点は、次の課で、基礎的手法の一つとしてまた論じます。

第1課のまとめ

- 自然環境は人間界の汚物を処理してくれるが、それには限度がある。
- 自然による汚物処理にタダ乗りして儲けを出すようにしていると、ついには環境が壊れ、生物や人間に被害が出てくる。
- 自然や人間などの生産的な資源を壊して得る儲けは、「悪い儲け」。改めましょう！
- エコなビジネスが必須だが、そこには落とし穴がいっぱい。
- エコなビジネスでは、再生可能な資源を再生可能なスピードで使うのがポイント。それでは足りないものはリサイクルで獲得。
- エコなビジネスでは、自らのバリューチェーン全体の環境側面をチェックしよう。
- チームワークは大切だが、専門家への盲信した委任は危険。必ず第三者的なチェックを行おう。

第2課

環境ビジネスの共通技法、その基礎の基礎

第1課では、普通のビジネスが環境を損ないやすい原因を見たほか、環境上の性能を良くしたビジネスを目指した場合でもよくありがちな失敗原因を見ました。環境ビジネスに伴いがちな失敗原因として、事実を科学的に見ない、表や裏、顧客先も含めた全体に目が届かない、専門家と信じて他人任せにしてしまう、といったことを指摘しました。こうした落とし穴に引っかかってしまわないために、どうしたらいいでしょうか。

この第2課では、およそビジネスを通じて環境に取り組む上で有用かつ基礎的な技法を説明します。でも、儲けを出そうと思うなら、さらに、第4課から先にある考え方やヒントも参考に、皆さんそれぞれなりのユニークな工夫、突っ込みをしないとだめですよ。

環境ビジネスのミッション

まず、そもそも環境ビジネスとは何か、ということを少し議論してみたいと思います。

一つ参考になるのは、環境省による環境産業についての定義です。OECDやEurostat（注5）等による環境産業の定義・考え方をもとに、同省は、環境産業を、「供給する製品・サービスが、環境保護及び資源管理に、直接的または間接的に寄与し、持続可能な社会の実現に貢献する産業」と定義することとしています。そして、具体的には、「環境汚染防止」、「地球温暖化対策」、「廃棄物処理・資源有効利用」、「自然環境保全」の４つの分野で行われているビジネスを掲げています。ちょっと煩雑になりますが、その４つの分野をさらに細かく分けた分類表を引用すると、図表２-１のとおりです。

私の感想は二つあります。一つは、環境の保護や資源の管理に寄与して、持続可能な経済社会を実現することに貢献する、ということが環境ビジネスの使命、狙い、あるいはミッションだということがクリアーになっていることは評価できる、ということです。

二つ目に、これは狭義の環境ビジネスと言うべきだな、ということです。なぜかと言えば、折角、環境の保護へ「間接的に」貢献するものも環境産業と定義したにもかかわらず、その実例がさほど多くはないことです。百年住宅などはその好例でしょうが、他方で、自然環境保全分野などでは、もっとビジネスはあるだろう、と思わざるを得ないことです。私自身は、ある環境専門誌（環境研究第１１４号、１９９９年、日立環境財団）に自然系エコビジネスに絞った投稿を行ったことがあります。そこでは、自然の恵みの採取・生産

（注５）ＥＵ諸国の間で共通の枠組みを持つ統計資料を作成している機関。ＥＵ統計局とも呼ばれる。

Ⓒ廃棄物処理・資源有効利用

- **c01 廃棄物処理用装置・施設**
  - 最終処分場遮水シート
  - 生ごみ処理装置
  - し尿処理装置
  - 廃プラの高炉還元・コークス炉原料化設備
  - 廃プラ油化装置
  - RDF製造装置
  - RDF発電装置
  - RPF製造装置
  - 都市ごみ処理装置
  - 事業系廃棄物処理装置
  - ごみ処理装置関連機器
  - 処分場建設
  - 焼却炉解体
  - リサイクルプラザ
  - エコセメントプラント
  - PCB処理装置
- **c02 廃棄物処理・リサイクルサービス**
  - 一般廃棄物の処理に係る処理費(収集、運搬)
  - 一般廃棄物の処理に係る処理費(中間処理)
  - 一般廃棄物の処理に係る処理費(最終処分)
  - 一般廃棄物の処理に係る委託費(収集、運搬)
  - 一般廃棄物の処理に係る委託費(中間処理)
  - 一般廃棄物の処理に係る委託費(最終処分)
  - 一般廃棄物の処理に係る委託費(その他)
  - し尿処理
  - 産業廃棄物処理
  - 容器包装再商品化1(びん)
  - 容器包装再商品化2(PETボトル、紙プラ容器包装)
  - 廃家電リサイクル(冷蔵庫)
  - 廃家電リサイクル(洗濯機)
  - 廃家電リサイクル(テレビ)
  - 廃家電リサイクル(エアコン)
  - 廃自動車リサイクル
  - 廃パソコンリサイクル
  - 廃棄物管理システム
- **c03 リフォーム、リペア**
  - リペア
  - 自動車整備(長期使用に資するもの)
  - 建設リフォーム・リペア
  - 橋梁等メンテナンス
- **c04 リース、レンタル**
  - 産業機械リース
  - 工作機械リース
  - 土木・建設機械リース
  - 医療用機器リース
  - 自動車リース
  - 商業用機械・設備リース
  - サービス業機械設備リース
  - その他の産業用機械・設備リース
  - 電子計算機・同関連機器リース
  - 通信機器リース
  - 事務機器リース
  - その他リース
  - 産業機械レンタル
  - 工作機械レンタル
  - 土木・建設機械レンタル
  - 医療用機器レンタル
  - 自動車レンタル
  - 商業用機械・設備レンタル
  - サービス業用機械・設備レンタル
  - その他の産業用機械・設備レンタル
  - 電子計算機・同関連機器レンタル
  - 通信機器レンタル
  - 事務機器レンタル
  - その他レンタル
  - エコカーレンタル
  - カーシェアリング
- **c05 中古品・リユース**
  - 資源回収
  - 中古自動車小売業
  - 中古品流通(骨董品を除く)
  - 中古品流通(家電)
  - リターナブルびんの生産
  - リターナブルびんのリユース
- **c06 リサイクル素材**
  - 再資源の商品化(廃プラスチック製品製造業)
  - 再資源の商品化(更正タイヤ製造業)
  - 再資源の商品化(再生ゴム製造業)
  - 再資源の商品化(鉄スクラップ加工処理業)
  - 再資源の商品化(非鉄金属第二次精錬・精製業)
  - PETボトル再生繊維
  - 生ごみ肥料化・飼料化
  - RPF
  - パルプモールド
  - エコセメント
  - 石炭灰リサイクル製品
  - 再生砕石
  - 動脈産業での廃棄物受入ビジネス(鉄鋼業)
  - 動脈産業での廃棄物受入ビジネス(セメント製造業)
  - 動脈産業での廃棄物受入ビジネス(紙製造業)
  - 動脈産業での廃棄物受入ビジネス(ガラス容器製造業)
- **c07 その他**
  - 100年住宅
  - スケルトン・インフィル住宅

Ⓓ自然環境保全

- **d01 水辺再生**
  - 親水工事
- **d02 水資源利用**
  - 上水道
  - 雨水利用設備
  - 雨水浸透工事(含貯留)
  - 中水道配管工事
  - 節水型便器
- **d03 持続可能な林業、緑化**
  - 都市緑化(含屋上緑化)
  - 工場緑化
  - 持続可能な森林整備・木材製造
  - 非木材紙
  - 国産材使用1(建築用・容器)
  - 国産材使用2(家具・装備品)
- **d04 持続可能な農業・漁業**
  - 環境保全型農業
  - 養殖
- **d05 その他(生物多様性、エコツーリズム等)**
  - 自然観賞型観光

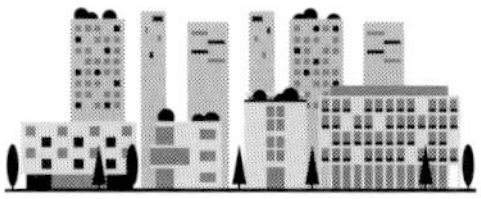

出所:環境省

図表 2-1　環境産業分類表

A 環境汚染防止（B～Dに含まれるものを除く）

- 装置及び汚染防止用資材の製造
  - **a01 大気汚染防止用装置・施設**
    - 自動車排気ガス浄化触媒
    - 石油精製用触媒
    - その他の環境保全用触媒
    - 集じん装置
    - 重・軽油脱硫装置
    - 排煙脱硫装置
    - 排煙脱硝装置
    - その他の排ガス処理装置
    - 大気汚染防止装置関連機器
    - 活性炭
    - 光触媒
    - DPF
  - **a02 下水、排水処理用装置・施設**
    - 水処理薬品
    - 膜
    - 産業排水処理装置
    - 下水汚水処理装置
    - 汚泥処理装置
    - 海洋汚染防止装置
    - 水質汚濁防止関連機器
    - 下水道整備事業
  - **a03 土壌、水質浄化用装置・施設**
    - 土壌浄化（プラント）
  - **a04 騒音、振動防止用装置・施設**
    - 防音材（騒音対策装置）
    - 防音工事
    - 防振材（振動対策装置）
    - 防振工事
  - **a05 環境測定、分析、監視用装置・施設**
    - 分析装置
  - **a06 その他の環境汚染防止製品・装置・施設**
    - エコマーク認定文房具
    - 環境対応型塗料・接着剤
    - 非スズ系船底塗料
    - バイオプラスチック
    - サルファーフリーのガソリンと軽油
    - 環境対応型建材
- **サービスの提供**
  - **a07 下水、排水処理サービス**
    - 下水処理
    - 下水処理水供給
  - **a08 土壌、水質浄化サービス**
    - 土壌浄化（事業）
    - 河川・湖沼浄化
  - **a09 環境分析、測定、監視、アセスメント**
    - 環境アセスメント
    - 環境管理システム開発
    - 有害物質の分析
  - **a10 環境に関する研究開発・エンジニアリング**
  - **a11 環境教育、環境金融・コンサルティング等**
    - 環境教育
    - 環境教育ソフトウェア
    - EMS認証取得（審査・登録等）
    - EMS認証取得コンサル
    - 環境会計策定ビジネス
    - 環境コミュニケーションビジネス
    - 環境NPO
    - 環境保険
  - **a12 その他の環境汚染防止サービス**

B 地球温暖化対策

- **b01 再生可能エネルギー**
  - 太陽光発電システム
  - 太陽光発電システム設置工事
  - 家庭用ソーラーシステム
  - 家庭用ソーラーシステム設置工事
  - 風力発電装置
  - 風力発電装置管理事業
  - バイオマスエネルギー利用施設
  - 中小水力発電
  - 新エネ売電ビジネス
- **b02 省エネルギー自動車**
  - 低燃費・低排出認定車
  - 電気自動車
  - 電気自動車充電設備
  - 天然ガス自動車
  - ハイブリッド自動車
  - 燃料電池自動車
  - 水素ステーション
- **b03 省エネルギー電化製品**
  - 省エネラベル（緑）付き冷蔵庫
  - 省エネラベル（緑）付きエアコン
  - 省エネラベル（緑）付き液晶テレビ
  - 省エネ型照明器具
  - LED照明
- **b04 高効率給湯器**
  - 高効率給湯器
- **b05 省エネルギーコンサルティング等**
  - ESCO事業
  - BEMS
  - HEMS
  - CDMプロジェクトのクレジット市場
  - 排出権取引関連ビジネス
- **b06 その他**
  - 断熱材
  - 燃料電池
  - 高性能レーザー
  - 高性能工業炉
  - 高性能ボイラー
  - 石油コージェネ
  - ガスコージェネ
  - 吸収式ガス冷房
  - エコドライブ関連機器
  - 高度GPS-AVMシステム関連機器
  - モーダルシフト相当分輸送コスト
  - 低燃費型建設機械
  - 環境配慮型鉄道車両
  - 地域冷暖房設備
  - 地域冷暖房
  - 蓄電池
  - 省エネルギービル

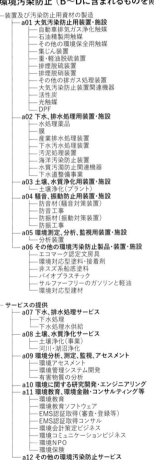

そしてその供給に関するいろいろなビジネスを例示してみました。例えば、ポプリの製造販売や、アロマテラピー用の植物精油の製造販売、生物生薬の製造販売、ジビエ肉の採取、製造、加工、調理、販売などたくさんのビジネスが現にあるように思うのです。ですので、皆さんは、この分類表を限定的なものと受け止めることなく、どんどんとこれを広げていくことを発想していただけると良いと思います。

私自身は、こうした個別列挙型の定義は、そういう意味でミスリーディングになるので、こんな言い方をしています。「どんな製品やサービスも、その生産や使用、廃棄の過程で、環境との接点を持っていますが、その接点で、環境への負荷を減らす、あるいは環境の質を向上させることによって、製品やサービスの生産等に伴う利益を増やすような経済活動」が環境ビジネスです。つまり、環境省の定義にある「間接的に寄与」する部分を、もう少し具体的な形で広げたような言い方です。

煎じ詰めて言えば、「環境をよくして稼ぐ」、というこの本の副題が、環境ビジネスの意義であり、使命である、と、私は言いたいです。ビジネスの例示はありますが、むしろ柔らか頭で考えてください。極端に言えば、環境に全然関係ないと思うかもしれない、普通の会計事務でも、その環境との係わりを改善することで利益を上げられるかもしれないのです。

マテ・バラで、ビジネスの環境性能をチェックし、向上させる

さて、頭が柔らかくなったところで、環境ビジネス実行の基礎技法を見ていきましょう。その第一は、物的な意味で環境の持続的な利用を可能にするビジネスかどうかをリアルな目、科学的な目で見ることです。具体的には、前課で紹介した「ハーマン・デイリーの3原則」を満たすようなビジネスを設計するにはどうしたらよいのでしょうか、これを考えてみましょう。

そこで、「マテリアル・バランス」という考えをお勧めします。略して「マテ・バラ」と呼ばれる時もあります。例えば、皆さんが工場を営んでいるとしましょう。そこにはいろいろな設備や原材料が買われ、搬入されてきます。その原材料は、様々に加工され、ごみになるものが生まれ、他方で、他人様に買っていただける製品も誕生します。この過程は、物の出入り量で表現することができます。

例えば、図表2-2は、㈱伊藤園のサステイナビリティ・レポート（2017年）から引用したものです。実に多くの水が使われ、そして、比較するとわずかの量の清涼飲料水やお茶が出荷され、実に多くの廃水が出ていることがわかります。

物質のこのような取入れに際して、その物資を生み出す場所の自然やあるいは人々に無理が生じていないかをチェックし、問題があれば改める、というのが、このマテリアル・バランスという考え方の下での、ビジネスのエコ化の手法になります。同様に、廃物として出される汚水やごみが環境を壊していないか、その処理を委託している先まで訪問してチェックする、といったこともビジネスをエコに進めるための有効な方法です。

マテリアル・バランスを作ってみて、投入（購買）が多いものや、排出量の多い廃棄物や副成品があったとしましょう。それは、そこにリスクがあることを示していますし、逆に言えば改善のチャンスもあることを示しています。また、その推移を見てみると、また新しい発見がありますし、他の会社、他の業界と比較することでも新たな気づきが得られます。

図表2-2　伊藤園のマテリアル・バランス（2016年度）

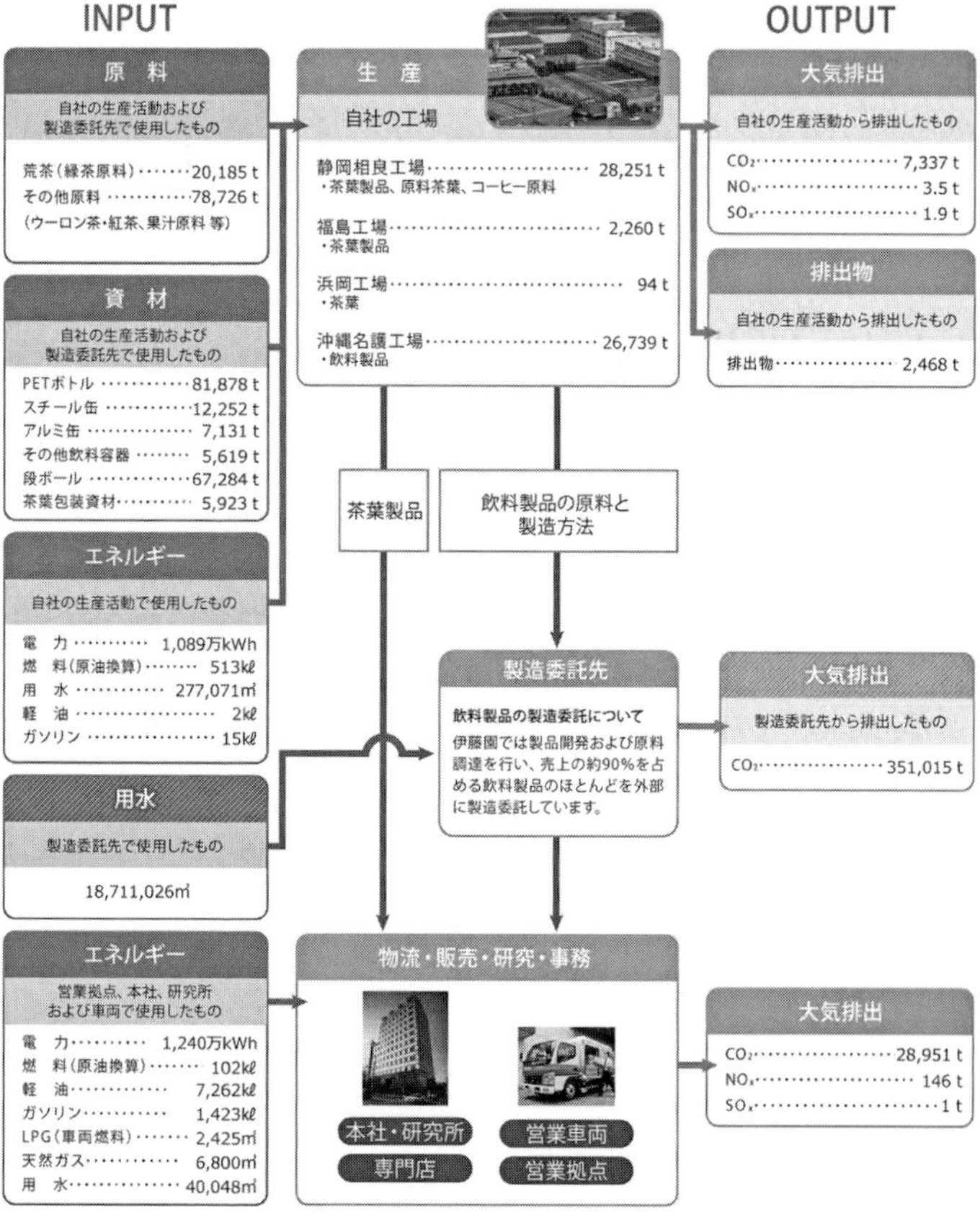

出所：伊藤園「CSR／ESGレポート2017」P.28から転載

図表 2-3　炭素生産性推移（当該年為替名目GDPベース）

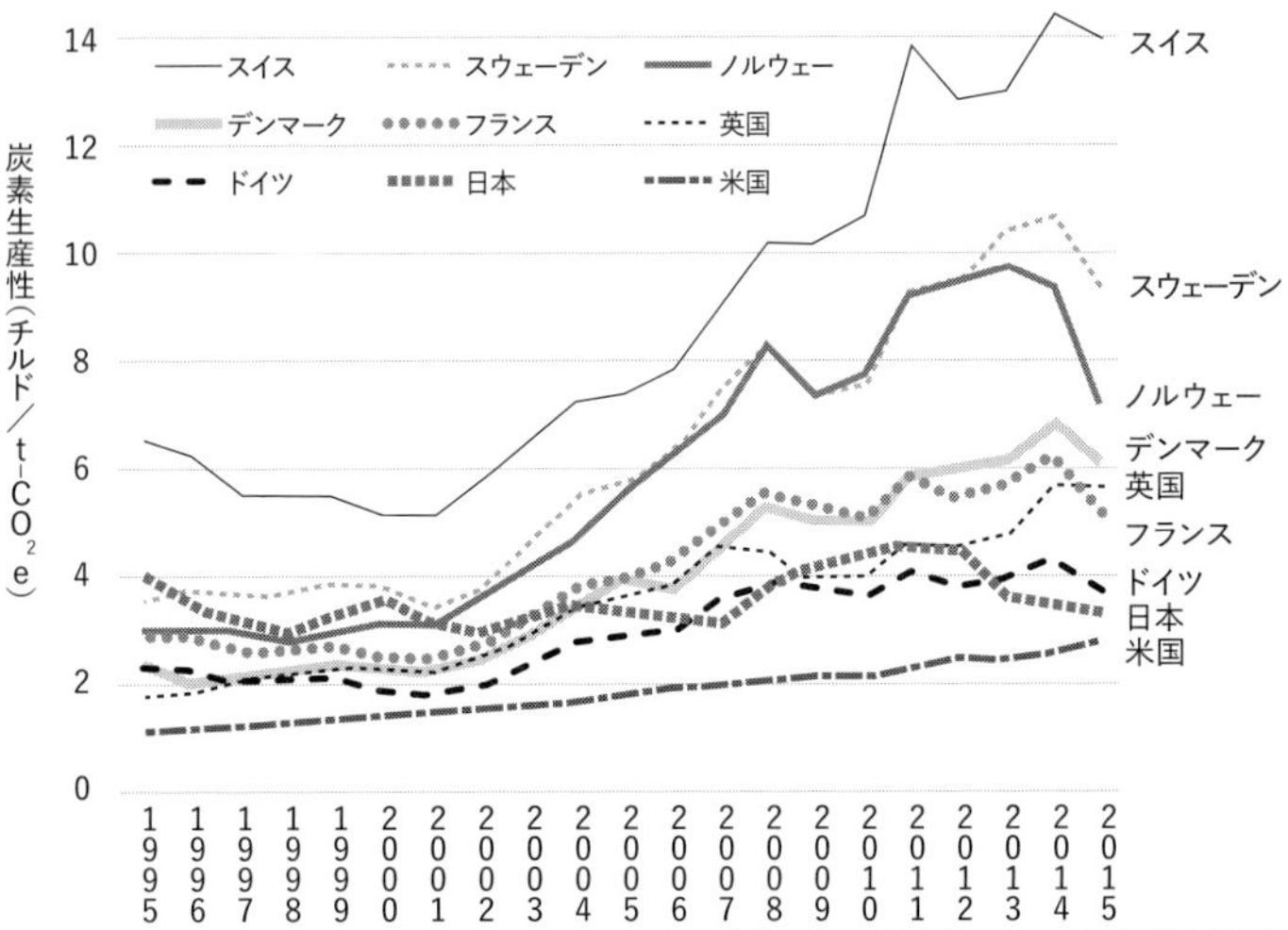

出所：環境省「長期低炭素ビジョン」検討資料より転載

図表2-3は、そうしたエネルギー利用の果てに出てくる正面の生産物であるGDPと、欲しくはない副生物のCO_2排出量の比を、主要国の間で経年推移の形で見たものです。別の言い方では、炭素生産性、とも言います。これは、国際比較であり、時系列の分析なので、いろいろなことが言えます。日本は、世界でも第一流の省エネ国家だと思っている人が多いです。確かに、90年ごろまでは世界に冠たる省エネ工業国でした。しかし、00年ごろから余り進歩が見られず、欧州での競争相手のドイツやイギリスに今では負けてしまったことが見て取れます。また、世界一のエネルギー浪費国と思われがちな米国、そして、

図にはありませんが、社会主義の親方日の丸（いや、五星紅旗です）の中国でも、意外や意外、炭素生産性は急速に改善されてきているのです。

こういった分析を、自社であれば時系列で、また同業他社との比較ででも行うとまたいろいろな気づきがあります。例えば、自社の活動と環境との関係を、毎年、ＥＳＧ統合レポートとしてまとめて発表している積水ハウス㈱が公表しているデータを見ると、投入したエネルギーは、この５年間に12％以上減り、悪しき副産物としての廃棄物量も、20％弱減ったことがわかります。エネルギー当たりの廃棄物排出量の原単位も10％近く改善されています。おそらくですが、同社では、廃棄物のリサイクルやリユースに相当に力を入れているのではないか、と想像がつくのです。

いろいろな会社が、こうした環境情報を重要な非財務情報として開示するようになってきました。そして、この情報を利用して、投資家は資金を投じる先を選ぶようになっていています。図表２-４は、少し古くて恐縮ですが（私が米国の大学での授業で使っていたものの横流しです）、省エネを熱心に進めた会社、ほどほどに進めた会社、そして省エネを進めなかった会社といったようにグループ分けをして株価の推移を見たものです。さぁ

図表 2-4　省エネ実行レベルに応じて分けた企業群ごとの株価増減率

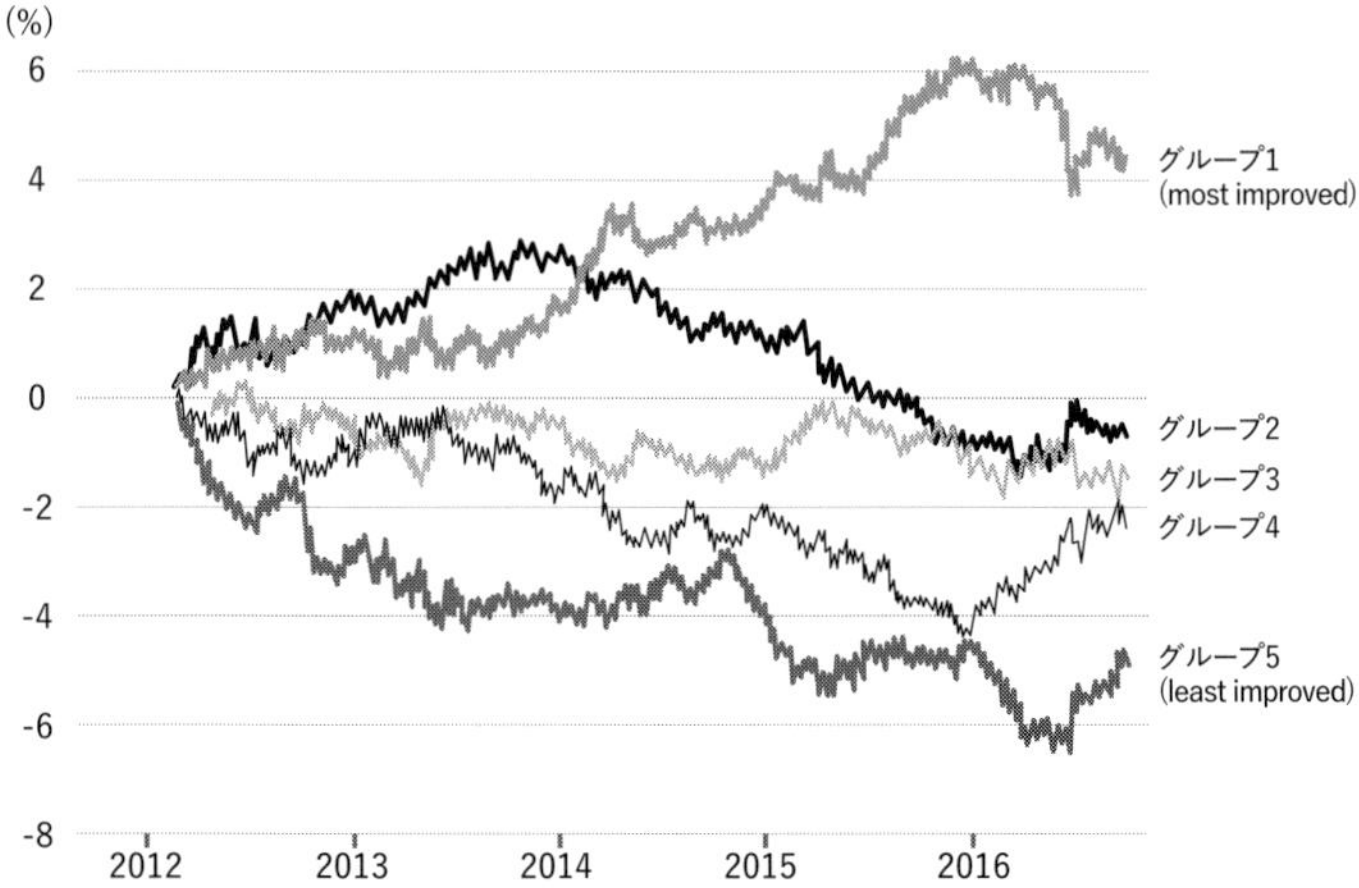

BlackRock is an investment trust company focusing on long term sustainability.
出所：BlackRock “Adapting Portforios To Climate Change”, 2016, P.10より転載

どうでしょう、省エネをした会社の方が企業価値が高まったのです。環境対策機器を製造・販売する、といった狭い意味の環境ビジネスの企業でなくとも、省エネを意識すれば企業価値が高められる時代になったのです。もっと言えば、省エネは、どこの企業にとっても有意義なビジネスなのです。

ちなみにですが、詳細なマテリアルバランスを公表している積水ハウスですが、投資家や家を建てる個人の施主さんの信頼を高めたのでしょう、建築し販売する戸建て住宅の、一軒当たり売上高も、会社全体の利益率も、経年的に向上しています。環境ビジネス、CSVビジネスの模範例と言えましょう。

図表 2-5　基幹的な製造設備の省エネ型のものへの更新に伴う経費削減効果

（単位：万円）注：平年度削減額を1億円に丸めて、各費目への貢献度合いをわかりやすくした

	実績	1年目予測	2年目予測	3年目（投資後平年度）予測	投資後平年度の原価の実績より減少した額（平年度の利益貢献額）
原材料費	198,978	199,577	198,600	195,670	−3,309
賃金	19,147	19,148	19,148	17,577	−1,563
減償却費	14,718	11,331	13,546	17,936	3,218
修繕費	7,817	7,817	7,817	7,036	−782
電力費	35,878	34,537	33,544	30,530	−5,345
廃棄物処理費	6,642	6,580	6,189	5,017	−1,625
雑費	96	94	94	484	388
その他	80,436	79,453	79,453	79,453	−984
売上原価（以上 の合計）	363,712	358,524	358,392	353,712	−10,000

万円単位への変更及び四捨五入の関係で、各行・列の合計は必ずしも一致しない

図表2-5は、ある会社が省エネ型の製造設備に取り換えた際のキャッシュフローの変化です。今までの製造設備を一層省エネ型の設備に換えたケースです。省エネ型の設備は、一般には、従前は当たり前に払ってきたエネルギーなどの費用の支払い（資金流出なので、ネガティブ・キャッシュフローと言います）を確実に安くします。この安くなった費用は、結局、手元に残るキャッシュを増やし、儲けとなります。経費削減は重要な経営手法ですが、省エネはその王道とも言えます。そして、この図表2-5では、単に電力の購入費が減っただけでなく、投入される原材料の購入費や操業に当たる人員の人件費、そして廃棄物

の処理費も安くなっていることが示されています。設備が合理的なものになり、歩留りが改善された結果です。この表では、原価の削減額合計を1億円／年に丸めましたので、エネルギー費用以外の他の項目ごとの削減の相対的な貢献度合いも容易に見て取れましょう。

省エネだけではありません、省資源も利益の源泉です。クリーナー・プロダクションとか、低環境負荷製造技術とか言われるかたちの生産を心掛けることが大事です。つまり、投入資源の購入量を極力減らし、種類も、なるべく当たり前の物資に絞り生産に使うこと、そして、生産物にならない副産物はなるべく出さないような効率的なプロセスを採用し、また、どうしても出る副産物は別用途に使ってごみにはしない、といった考え方がそれです。

そうした技法はいわば日本のお家芸です。無駄を徹底的になくす、トヨタ自動車㈱の有名なかんばん方式などもその例とも言えましょう。私が最近感動したのは、マツダ㈱のガソリンエンジンのスカイアクティブです。この本は環境技術の本ではないので詳しいことは省きますが、蓄電池に蓄えた電力でモーターを動かしてアシストするといったハイブリッド技術を使わず、少ないガソリンで長い距離を走り、かつ、窒素酸化物などの余分な有害副産物を極力生まない工夫を凝らしたエンジンです。薄い混合気を高圧縮して、ノッキングさせずに爆発させるための様々な工夫が詰まっています。ハイブリッド技術がいけない、と言いたいのではありません。しかし、同じことをするのであれば、余分な物を使うのは避けたいところです。余分に物を使えば、そうした物を掘り出したり、精製したり、加工したりといったプロセスが必要になり、そこで余分な環境負荷が生じます。シンプル・イズ・ベストになるような工夫がまず大事なのです。

なお、シンプルにこだわって汚染物質を出してしまってはいけません。最後の手として、エンド・オブ・パイプの技術を適用する必要があります。これは排煙脱硫装置とか、自動車で言えば、黒煙などのフィルタートラップといったものです。ちなみに、このような装置の製造販売も大きな環境ビジネスになっています。

ライフサイクル・アセスメントやSCOPE3で考える

余分な物を買い入れて使うと、その余分な物の製造現場で環境負荷が出ると書きましたが、このことは他人ごとではありません。最近では、自分の工場だけに着目するのではなく、自分のビジネスの上流から下流までの環境への影響を考慮に入れる取り組みが勢いを増しています。ライフサイクル・アセスメント（LCA）とか、考慮の範囲を拡大している意味で、スコープ3（SCOPE3）と言われることもあります。

具体的には、自分のビジネスに対して原料や部品を提供してくれる上流企業や産地などで環境が壊れていないのか、長続きできる生産が行われているかに関心を払い、もし問題があれば、そうした問題をなくすために必要な対価を原料や部品のバイヤーとしても負担する、といったことをしていくのです。

また、自分の製造した製品や開発したサービスが、その消費者によって使われるときに発生する環境負荷の大小にも注意を払わないとなりません。安いけれど、消費者が使う時には電気をたくさん使ってしまう、とか、すぐに壊れてごみになる、といった製品を作っておいて、安値販売で勝負するのは、エコなビジネスではありません。良い環境性能、そしてごみになりにくく、なってもリサイクルされやすい製品を開発することこそが生産者しか担えない役割です。これを難しい言葉では拡大生産者責任などと言います。

このライフサイクル全体を見渡す視点で、前述したマテリアル・バランスを作っている例もあります。すでに名前を挙げた積水ハウスです。なかなか詳細を極めた例ですが、折角なので全部を引用してここに掲載します（図表２－６）。さて、これを見て、皆さんならどんな商売のヒントを見つけるでしょう。

例えば、同社では、顧客が積水ハウスに取り付けた太陽光パネルが発電する電力であって、自家消費できずに、小売り電力事業者に売り渡す電力のうち、いわゆる卒ＦＩＴ電力に目を付けました。これは、一般には、１ｋＷｈ当たり８・５円位の安値でしか売れません。それを積水ハウスは、少し高い11円程度で購入することにしました。こちらを同社の製造現場や事務所で使う電気と置き換えて、積水ハウスのCO_2排出量を削減するのに使うのです。顧客も喜び、積水ハウスにとっても、市場で再生可能エネルギーから作った電力を買うよりも費用が安くできる、という互いにWin-Winの取引をすることを思いつきました。会社とお客様の長年の良いお付き合いがあったればこそ可能になる商売です。このように、自社の販売する製品やサービスの、開発・設計から廃棄されるまでの諸段階で、どのような資源が使われ、廃棄物などがどう生まれるかをしっかりと把握すると、新しい商売のヒントがでてくるのです。読者の皆さんで、社内起業を託されていらっ

エネルギー 414,947 GJ

電力 …… 11,811 MWh
軽油 …… 1,052 kl
ガソリン …… 7,515 kl

水 235 千m^3

上水道 …… 235 千m^3

積水ハウスは、太陽光発電システムや燃料電池エネファームを搭載する環境配慮型商品を市場に供給しています。住宅における消費エネルギーが正味ゼロとなる戸建住宅「グリーンファーストゼロ」の供給により、CO_2排出量を82.6%削減しました（1990年比）。

新築工事等の施工に先立ち実施する解体工事の投入エネルギー・廃棄物等を別記します。

エネルギー 20,553 GJ

軽油 …… 545 kl

水 45 千m^3

上水道 …… 45 千m^3

施工

居住

解体

CO_2排出量 26,213 t-CO_2

廃棄物 155,206 t

コンクリート・アスコン …… 32,646 t
建設汚泥 …… 13,828 t
廃プラスチック …… 17,376 t
木くず …… 17,435 t
廃石こうボード …… 14,539 t
ガラス陶磁器くず …… 7,266 t
紙くず …… 6,865 t
その他 …… 45,252 t

スコープ1,2

CO_2排出量 3,817,288 t-CO_2

スコープ3

CO_2排出量 1,409 t-CO_2

廃棄物 465,858 t

コンクリート・アスコン …… 232,226 t
木くず …… 109,757 t
がれき類 …… 47,741 t
その他 …… 76,134 t

スコープ1,2

出所：積水ハウス（株）「サステナビリティ・レポート2019」P51-52から転載　※数値は2018年度のもの

図表 2-6　積水ハウス(株)のビジネスのライフサイクルの環境負荷

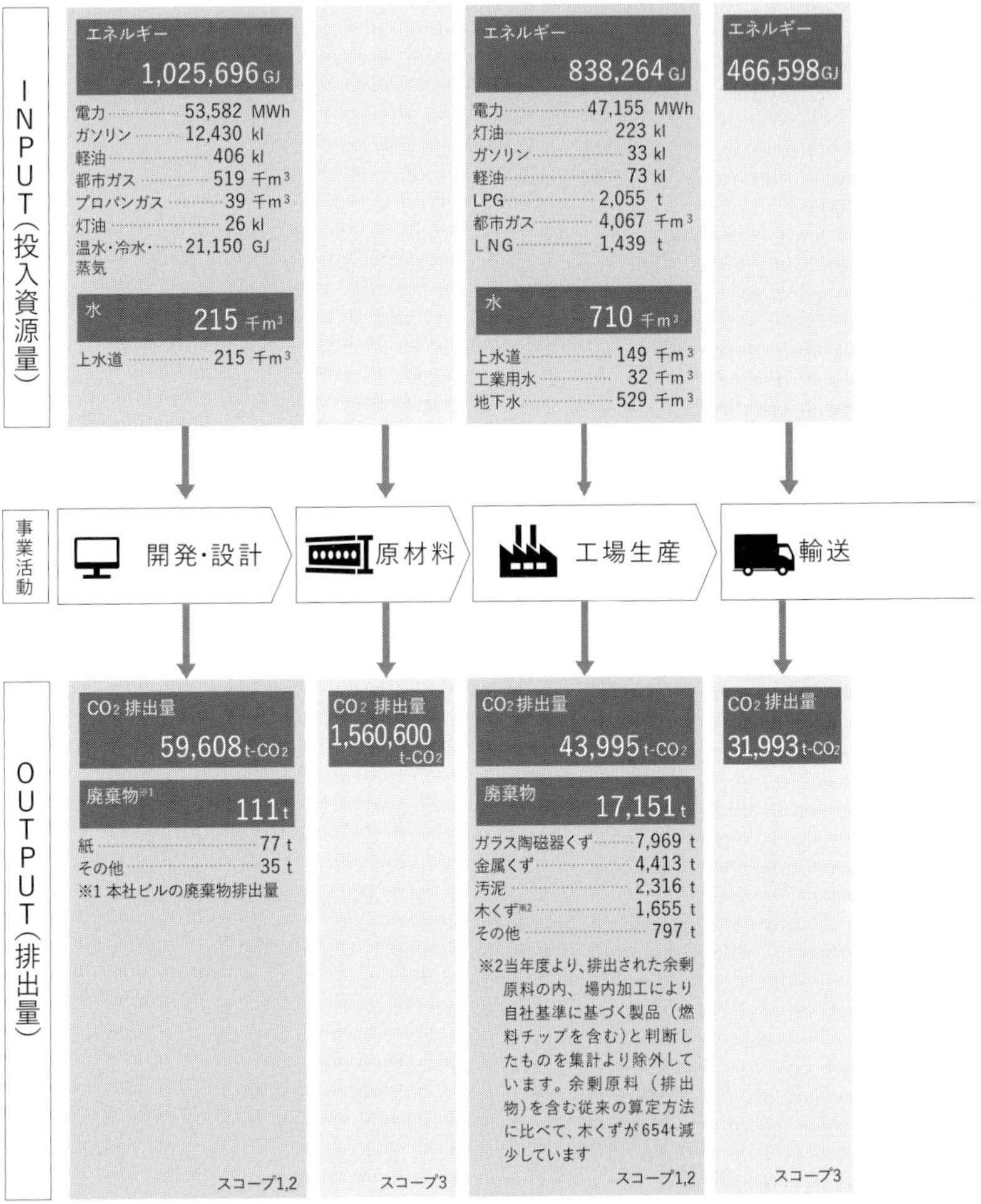
INPUT(投入資源量)
エネルギー 1,025,696 GJ
電力 53,582 MWh
ガソリン 12,430 kl
軽油 406 kl
都市ガス 519 千m3
プロパンガス 39 千m3
灯油 26 kl
温水・冷水・蒸気 21,150 GJ
水 215 千m3
上水道 215 千m3
エネルギー 838,264 GJ
電力 47,155 MWh
灯油 223 kl
ガソリン 33 kl
軽油 73 kl
LPG 2,055 t
都市ガス 4,067 千m3
LNG 1,439 t
水 710 千m3
上水道 149 千m3
工業用水 32 千m3
地下水 529 千m3
エネルギー 466,598 GJ
事業活動
開発・設計
原材料
工場生産
輸送
OUTPUT(排出量)
CO2 排出量 59,608 t-CO2
廃棄物※1 111 t
紙 77 t
その他 35 t
※1 本社ビルの廃棄物排出量
スコープ1,2
CO2 排出量 1,560,600 t-CO2
スコープ3
CO2 排出量 43,995 t-CO2
廃棄物 17,151 t
ガラス陶磁器くず 7,969 t
金属くず 4,413 t
汚泥 2,316 t
木くず※2 1,655 t
その他 797 t
※2当年度より、排出された余剰原料の内、場内加工により自社基準に基づく製品（燃料チップを含む）と判断したものを集計より除外しています。余剰原料（排出物）を含む従来の算定方法に比べて、木くずが654t減少しています
スコープ1,2
CO2 排出量 31,993 t-CO2
スコープ3

しゃる方などは、是非、まずはこのＬＣＡデータをじっくりと検討することをお勧めします。

実は、このＬＣＡの考え方が、どんどんと実社会に用いられるようになっています。例えば、環境の分野では、ＲＥ１００ということを宣言する大企業が増えています。米国の巨大ＩＴ企業であるアップルもグーグルも宣言していますが、その事業活動に直接、間接に使う電力全部をゆくゆくは再生可能エネルギー起源のものにする、という方針を決めて、実行を始めたのです。先ほど紹介した積水ハウスもそうした宣言をした会社です。そして、これらの会社は、自分たちに部品を納める会社も、ＲＥ１００で製造してくれないと、結局、自分たちは間接的に化石燃料を使い、CO_2を出していることになって困る、と考え、取引先にも、再生可能エネルギー起源の電力を使うように積極的に働き掛けています。もっと言えば、再生可能エネルギー起源の電力で製造した部品でないと購入しない、といったことにもなってきていて、ＲＥ１００を宣言する企業は連鎖反応的に増えているのです。できあがった製品の性能は同じでも、それをどうやって作ったかが問われる世の中になったのです。

私が米国で大学教員であった時にスーパーでよく買っていたマグロの水煮缶には、ドルフィンセーフの表示がありました。マグロを獲る時に、流し網のような、イルカを混獲してしまう漁法は使っていませんよ、という表示なのです。

企業などが発行する社債などにも、グリーンボンドというものが増えてきています（第6課を参照のこと）。投資家は、自分のお金を、積極的に環境を良くするように使って欲しいと考え、そうした使い方が保証されている債券を購入するのです。

事は環境だけでなく、エシカルであることにも及んでいます。例えば、本当は学校に行っていなければいけない若年層を労働者として安く働かせて製造したような製品は、今日では、たとえ安価であっても購入してもらえないということになりつつあります。

なかなか難しそうですが、しかし、逆に言えば大きなビジネスチャンスでもあります。自分の足元の問題だけでなく、自分に対してはサプライヤーの立場にある企業の環境の困りごとを解決する、といったことも、競争力のある環境ビジネスになってくるのですから。

組織的に取り組む

ビジネスを物的な側面で一層エコなものにしていく環境分野に固有な標準的な手法は、大雑把に言えば、前述した二つのものです。ついでですが、環境分野に固有でなく、汎用的な手法もあります。例えばＳＷＯＴ分析といった、自社の強みや弱みを、経済社会の将来に向けた流れの中でチェックしていく方法、逆に、市場を分析して、自分の立ち位置を決めるポジショニングの考え方などがそれですが、多くの良書がありますので、こちらの紹介は割愛させていただきます。

さて、ここでは、物的側面の改善ではなく、視点を変えて、組織の側面からエコなビジネスを強化する方法を紹介しましょう。第１課で見た、他人任せにして失敗するケースなどを防ぐには、ビジネスの手法にも工夫が必要なのです。

簡単な例を考えてみましょう。皆さんのところに、廃棄物を生まれ変わらせ、すばらしい素材、例えば、触媒に仕立て上げたものの売り込みがあったとしましょう。その触媒にはさまざまな効用があるとの説明があって、そして、それを水に付けてかき回すなど、環境中に放置されたようなケースを再現しても危険な物質は漏出しない、という補足もあったとしましょう。それはすぐに信じていいものなのでしょうか。仮にそうした試験（振とう試験、溶出試験と言います）を環境計量士という資格を持つ人や会社がやっていて計量法に基づく証明書が付いていたら、どうでしょう。信用しますか。いえ、それでもまだ信用してはいけないのです。例えば、その分析は、その素材の製造メーカーが分析会社に持ち込んだものだけについて行ったものだったとしたらどうでしょう。正しいサンプルかどうか分かりませんね。そうしたことから、サンプリングの仕方などもあらかじめ決めて、代表値が取れるようにし、また、経時的な変化が追えるようにしておく仕組みが必要なことが分かるでしょう。時々は利害関係のない第三者のチェックも受ける、牽制の仕掛けもあったらいいですね。このように測定一つとってもその真正さの担保にはルールが要るのです。

組織の業務と環境との係わりを適正なものにするには、測定に関することだけではなく、たくさんの決め事が必要です。つまり、環境マネジメントのためのシステムを活用することが必要なのです。

環境マネジメントシステムとは、私なりに定義すると、組織が、その行う業務と環境と

図表 2-7　PDCAサイクルに基づくエコアクション21の14の取組項目（要求事項）

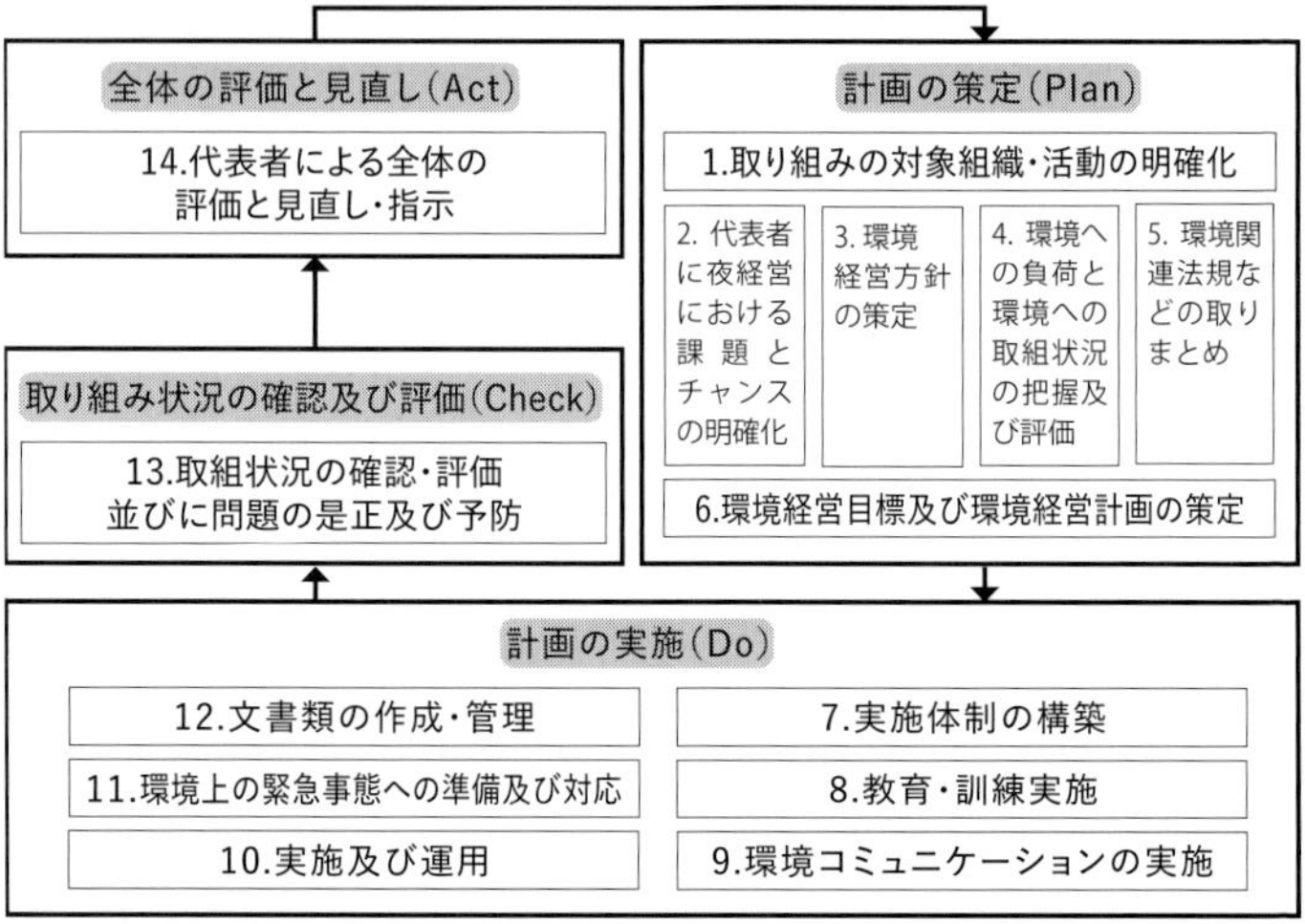

出所：環境省

の係わりが適正なものになるようにすることを目的にして整えた組織内の仕組みであって、その目的達成のために必要になる様々な取り組みを効果的に実施していくことを目指して定められた目標、行動計画、達成チェックなどからなるシステム、と言えましょう。

　国際的に最も有名なものは、国際標準化機構（ＩＳＯ）が定めた規格１４００１です。この企画に準拠して会社などの組織内の取り組みを秩序立てて実施し、それが正しく行われていることを、資格のある第三者に確認してもらえばＩＳＯ１４００１の認証を取得でき、取引先などに対して、自分の会社がしっかりした環境への取り組みを行っていることを簡単に示すことできることになります。そうした対外的な効果がありますが、もちろん、一番大事なことは、しっかりした取り組みを効果的に行うことで、業務と環境との係わりを適正なものに維持できるという効用です。

ＩＳＯ１４００１の仕組みをもう少し簡便にわかりやすくし、翻訳語でなく、日本語で最初から書かれている規格もあります。それは主に中小企業を念頭に、基本的な取り組みを定型化して組み立てている「エコアクション21」です。環境省が、環境マネジメントの専門家と相談しながら作り、何回か改訂を重ねているものです。その構造が図示（図表2-7）されていますので見てみましょう。

全体としてみると、ＰＤＣＡサイクルに沿って、企画し（Plan）、実行し（Do）、チェックし（Check）、そして再調整する（Act）、というサイクルを繰り返す仕組みになっています。さらに、このエコアクション21では、いわゆるテンプレートができていますので、いつも参照するマネジメントシステム文書でありながら、数値などを入れたものが環境レポートとして打ち出すこともできる、という便利なアプリケーションになっています。

環境管理システムにおいて、ＰＤＣＡは一つの肝ですが、もう一つ大事な肝は、環境への取り組みが、例えば環境部の専担業務に押し込められているのではなく、経営トップがコミットし、全社の仕事の中に染み込んでいることです。図の右肩部分のいくつかの項目はとても大事で、右端にある環境関連法規からの要請に適合（いわゆるコンプライアンスですね）するという消極的な環境管理目的はもちろんですが、それだけでなく、経営者が環境取り組みにどのようなリスクとチャンスを認識しているかや、それを踏まえて、経営方針の中に環境取り組みがどのように組み込まれているかなどを記述する必要があります。もしまだ、環境経営方針のようなものがなければ、この管理システムの稼働開始に合わせて社内で十分議論して定める必要があります。そしてこのような方針が、具体的な数値目標に落とし込まれて、計画となります。

この計画を実行する算段も、すでに手取り足取りフォーマット化されていますので、それに沿って考えていくと、適切な実行の段取りを定めることができます。実行の段どりの範囲としては、普段使いのマニュアル類も大事ですが、報告や確認の段取りも重要ですし、忘れてはならないものには、通常時でない事態に遭遇した時の段取りもあります。

そして行動の成果などが、管理目標などに照らされて評価され、不備の是正や一層の改善に向けた計画の練り直しに反映されていく、というのがＰＤＣＡの一回りです。

この全体の仕組みは、エコアクション21もＩＳＯ１４００１も同じです。もっと詳細な技法について必要があれば、専門的な本、例えば、ＩＳＯの解説書がいろいろ出されていますので、そうしたものを参照するのがいいでしょう。

このようなシステムが、第１課でほんの少し触れたＮ社でも当初から備えられていて、守られていれば、対外的に約束していた性状とは異なる製品が出荷されることなどなかったでしょうし、システムに基づく牽制措置として販売先の二重チェックや確認がなされていれば、知らないところで製品が使われていたなどといったことは起こらなかったと思います。環境に取り組む以上は、皆さんも是非、安心して業務に邁進できる環境管理システムを整え、正しいチームワークで業績を上げていってください。

環境ビジネスのダイナミックな成長に向けて、一般的な勝ちパターンはないか

ここまで、どちらかというと落とし穴を避けるという観点で標準的な技法を説明してきました。もちろん危機は機会なので、マテ・バラなどからもビジネスのヒントが多く得ら

れましょうが、第2課の後半では、環境ビジネスを成功させるために有益な、ポジティブな視点で、汎用性のあるヒントはないのか、ということを論じたいと思います。あくまで一般的な、ということですから、これだけで良い商売ができるはずはありません。生徒のみなさんの独自の発想を加えたユニークな商売には出番が必ずありますので、安心してください。ユニークなビジネスのヒントを望む方は第4課以降でお待ちしています。

本題に戻りましょう。実は私も、環境ビジネスの勝ちパターンに関心があって、エコッツェリア協会（注6）に設けられたCSV経営サロンという勉強会でお話をいろいろな企業から聞いて検討を続けています。そこで、経験則的に少しはお話しすることができる共通の勝ちパターンがあるような気がしてきました。

ちなみに、CSVビジネスの本家のポーター教授は、このビジネスを具体化するための三つのヒントを出しています。一つ目は、その企業の製品やサービスの環境性能などを

（注6）正しくは、一般社団法人 大丸有環境共生型まちづくり推進協会と言い、大手町地区など東京都心に立地する企業の社員が集まって、環境共生型のまちづくりに貢献する事業などを支援する公益的な組織。筆者のうち小林も理事になっている。

図表2-8　環境関連ビジネス成功のコツ

三菱地所(株)・エコッツェリアでのヒアリング(CSV経営塾)の印象

三菱地所が設ける「エコッツェリア」でのCSV経営サロンの様子。別名、小林道場

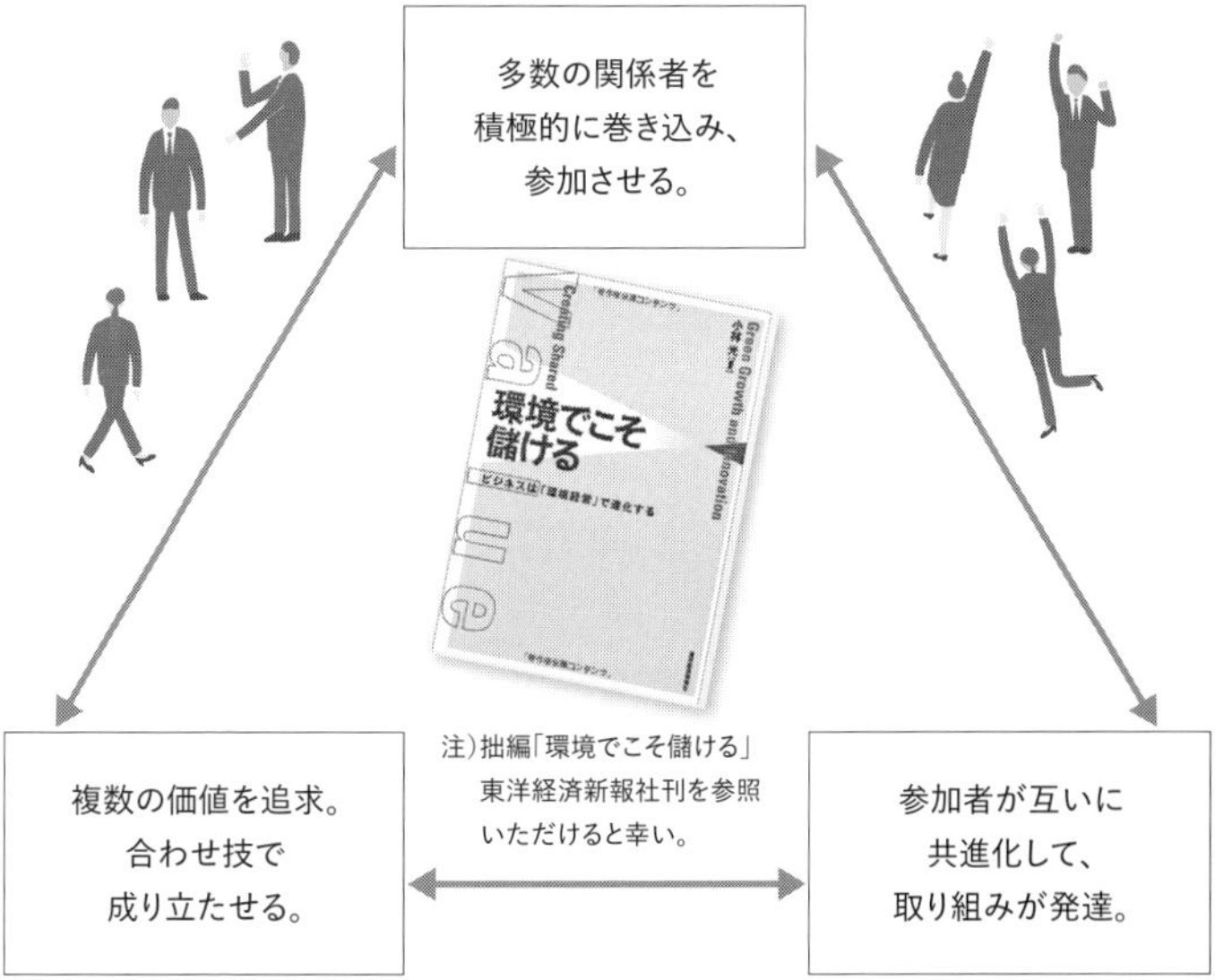
多数の関係者を
積極的に巻き込み、
参加させる。
環境でこそ
儲ける
ビジネスは「環境経営」で進化する
複数の価値を追求。
合わせ技で
成り立たせる。
注)拙編「環境でこそ儲ける」
東洋経済新報社刊を参照
いただけると幸い。
参加者が互いに
共進化して、
取り組みが発達。

強化すること、二つ目は、自社のバリューチェーンを見渡して、そこのステークホルダーに協力すること、三つ目は、自社の工場や事務所が立地する自治体などとコラボすること、というものです。悪くはないのですが、可能性探求のための、いわばチェックリストであって、勝ちパターンを示唆するものではないように思われます。

他方、このCSV経営サロンでは、この原稿を書いている時までの足掛け10年間で合計65社以上の企業からお話を聞き、具体的な環境ビジネスを始めるに至った動機、直面した困難、そしてそれを突破していくアイデアなどを理解するように努めてきました。この活動の2年目までの成果は、東洋経済新報社から「環境でこそ儲ける」という本で公刊しています。詳しくはそちらを読んでいただければと思いますが、成功を収めた多くの環境ビジネスの事例で見られるパターンは、ポーター先生ではないですが、やはり三つありました。

その第一は、これは似ていますが、王道です。製品やサービスの環境性能を高めることなのです。しかし、多くの事例で強調されたのは、環境だけを訴えてもお客様が納得するか、と言えばそうではなく、環境に良い効果を及ぼすことに伴ういろいろな良いこと（コ・ベネフィットと言います）を積極的に見せていくことが成功への道だったというこ

図表 2-9　各SDGsの間の、トレード・オン、トレード・オフの関係

一国の事情によって異なるが、
例えば、環境改善と社会改善との間にはトレード・オン関係（相乗効果）が多く見られる。

総環境・社会連関数		254
日本	相乗効果	63%
	トレード・オフ	37%
フィリピン	相乗効果	61%
	トレード・オフ	39%
カンボジア	相乗効果	63%
	トレード・オフ	37%

出所：武内和彦（IGES理事長）「知識のイノベーションと持続可能な開発目標」2017年9月19日発表資料

とでした。二つ目は、いろいろなステークホルダーとの関係を意識し、参加者が見えるようにしていくこと、そして三つ目には、顧客と商売とが互いに支えあって進歩していく仕掛けを作り、そこに顧客も参加してもらうことです（図表2-8参照）。

それぞれに関して少し補足して説明しましょう。

いろいろな価値の実現に貢献する、ということは、SDGsの考え方にも似たところがあります。SDGsでは、様々な公益の全体としてのパッケージを考えていて、中には、複数の目標が互いにトレード・オフになることもありますが、他方では、互いに支えあってWin-Winの関係、トレード・オンの関係になることも結構あるのです（図表2-9参照）。例えば、SDGs目標4の「質の高い教育をみんなに」の実現は、他のほぼすべての目標を一層うまく達成することに貢献するに違いありません。環境ビジネスで言えば、太陽光発電パネルの戸建て住宅への普及があげられます。この講義にたびたび登場する積水ハウスでお聞きしたところ、販売戸数の約八割には発電パネルが取り付けられるようになったそうです。その動機ですが、残念ながらCO_2の削減ではありません。災害時でも自前の電源がある、という安心感が大きく寄与しているようです。次いで、電気を買うより発電した方がお財布にもよい、という経済性が評価されています。概して、環境に良い物は、他にも効用がたくさんあります。安全性や長期的な経済性のほか、健康への貢献を訴求することも狙い目になるでしょう。

一つの製品やサービスに係るステークホルダーの見える化も概して良い効果を及ぼします。行動経済学の実験などでも明らかにされていますが、例えば、スーパーマーケットで、同じ値段のみかんの袋があったとして、そこに生産農家の写真が入っているものとないものので売れ行きを比較すると、写真入りのものの方がよく売れる、ということです。人の顔が見えるということは（もちろん、にこやかに笑っていることが前提ですが）、みかんの品質保証につながるからでしょう。また、好感を持てる生産者であれば、顧客が、よし、このおじさんの味方をしよう、と思ってくれることもあるでしょう。環境ビジネスで言えば、もちろん生産地の表示もありますし、また、企業の環境レポートのようなところに、社員の活動している姿が所属や個人名などとともに見えるようにしていると、好感度が高まるようです。一つの企業のサプライチェーンそしてお客様、さらには、消費後にリサイクルを担当する企業、といった具合に関係者は幅広いものです。そうした企業の参画や取り組みが見えることは、商品・サービスの質の保証につながりますし、また、サプライチェーンなどを構成するそれぞれの企業の誇りにもつながります。

最後の点は、企業とその製品、そしてその顧客が互いに支えあって発展する、いわば共進化、というふうに見ることができます。この共進化が実感できるようにすると、顧客のロイヤリティはとても高まりますし、企業側も安心して長期的に見て良いものづくり、サービスづくりに力を注ぐことができるようになり、ありがたいものです。トヨタのプリウスでは、ユーザーの団体ができていて、メーカーにいろいろなアドバイスをくれます。

東急電鉄では、沿線の住民の方々の困ったな、に対応できる「コンシェルジュ」の事務所を駅に置いて、東急沿線に住んでいることの価値を高め、延いては、沿線の土地や住宅の資産価値の棄損を防ぎ、結果的に鉄道会社と沿線住民の共太りを目指しています。そうした文脈で中古住宅のリノベーションにも取り組んでいます。

以上三つのパターンを見ましたが、煎じ詰めてみるとこれらのメッセージは一つです。環境ビジネスという、物言わぬ自然、そして未来に生きる私たちの子や孫までを巻き込んだ多数の参加者が存在する取引において、そうした取引が成り立つとすると、それらの皆が満足を高められるものでなければならない、ということなのです。そして、その満足は、様々です。環境への悪影響が減るだけでなく、お財布だとか、健康だとか、安全だとか、それこそ教養・文化だとか、そうした様々な価値が取り引きされ、満足を高めるのに役立てられないとならないのです。参加者が多いほど、そして取り引きされる価値が多様であるほど、面白いビジネスが設計できる、と、皆さんも思いませんか。

明るい未来に向けて盛り上がったところで恐縮ですが、環境ビジネスは、未来の夢ではなく、すでに現実的な存在なのです。

例えば、産業公害が酷かった60年代から70年代前半、日本は多額の公害防止投資を行いました。公害対策機器自体は生産性を改善しない余分な設備ですので、経済界は経済成長への重荷と思い、こぞって消極的でした。しかし、実際は公害対策をした方が経済は成長したのです（注７）。なぜでしょうか。それは、公害防止装置産業という新しいビジネスが生まれたからです。誰かの支出は誰かの収入になって、経済は大きくなるのです。今日では、再生可能エネルギーに係わる産業が環境ビジネスの牽引車となっています。

環境産業（この課の冒頭にある分類表参照）に関する環境省の調査（注８）では、環境産業全体の売上高は19年に約１１０兆27百億円となり、全産業の出荷額の１割強を占めるに至っています。雇用者数は約２６９万人を数えました。今後の成長率の見込みは１％台半ばと、多くの経済予測が国全体について想定する１％程度の成長率を上回っています。

（注７）詳しくは、小林光共著・編集「環境保全型企業論序説」（合同出版　１９９４刊）を参照のこと。
（注８）環境省環境計画課「環境産業の市場規模・雇用規模等の推計結果の概要について（２０１９年版）」による。この資料は毎年更新されている。

環境ビジネスは随分立派な存在になりました。しかし、私たちの子や孫が本来受け取るべき経済的な果実をきちんと保全するためには、今よりもっと健全な地球環境にしないとなりません。仕事はもっともっとあるはずです。この仕事に皆さんも加わり、環境に良いことをして大いに稼いでください。

周到なビジネス構想でも、なお実現しない理由とは

第2課の最後に、以上に説明してきた様々な技法を注ぎ込んで仕立てたすばらしい環境ビジネスの事例を見てみましょう。この課の総まとめですね。

これは、教科書に載せたくなって当然なほど素晴らしい事業案なのですが、まだ実現していません。その理由の種明かしは最後にします。まずは、どんなビジネス構想なのかを説明しましょう。

これも世をときめく再生可能エネルギー関連の商売です。再生可能エネルギーを今以上に使ってCO_2を減らす一方、現行の、十分に儲かっている既存製品の生産プロセスを

さらに合理化して儲けを増すという、一石二鳥の狙いを持っています。既存製品とは何でしょう。目を付けられたのは、砂糖の生産プロセスです。砂糖の生産プロセスは、19世紀に確立した大変に合理的なもので、エネルギー的には自立しています。他からエネルギーを買ってこなくとも、原料のサトウキビにあるエネルギーを使って、キビを絞ったジュースの発酵から蒸留そして製品乾燥までが行われるのです。しかし、泣き所もありました。それは、夏の時期に伸びてくるサトウキビは、ショ糖でない糖分をも多く含んでいて、かえって砂糖製造の妨げになるため、それを使うことはなく、砂糖工場はショ糖を多く含む冬を中心とした稼働になってしまい、人も設備も、オフシーズンには遊んでしまうことです。

そこで、アイデアが出ました。それなら、砂糖の製造の妨げになる他の糖分はエタノールにして、発電に使うなり、工業原料に使うなりして有効利用すればいいじゃないか、ということです。今でも、砂糖製造の残りの糖蜜を発酵させてエタノールは作れます。ですが、砂糖もエタノールももっと多く作ることを目指して、技術的な研究開発が進められ、逆転の発想に至りました。それは、多収性で、風水害にも強い根の深くて丈夫な品種の活用です（実際は、もっと品種改良して、品種の登録にまで行きつきました）。それには、そのままでは役立たず、ショ糖以外の、今までは糖蜜にされてしまう糖も特に多く含んでいたのですが、その品種を敢えて使い、その上、まずショ糖を取るプロセスをするのではなく、先に、砂糖にならない糖を発酵させるプロセスに入れるというものです。ショ糖を食べない酵母を使い、まずは、砂糖になれない糖を選別的に取り分けてエタノールにしてしまうのです。その上でショ糖が濃くなったジュースを対象に砂糖製造プロセスを開始すると発酵をじゃまする物質がすでに取り除かれているために、砂糖の収率も大幅に改善するのでした。工程を今までとは逆にし、今までは不純物が多いと嫌われていた品種を使うという全く新たな発想（完成後のプロセスの模式図は図表2-10のとおり）です。技術的な問題がないことを確かめるため、パイロットスケールの、新プロセスの製造ラインも作られて、確認がなされました。うまくいくことを確かめた上で特許も取得しました。

この新しい発想のプロセスの、マテリアル・バランスや環境負荷に関するライフサイクル・アセスメントも行われましたが、もちろん、原料を無駄なく使うので、従来法に勝っていました（前に説明した「クリーナー・プロダクション」に一歩近づいたのです）。また、環境対策としてエタノールを製造することの、世界的に見た場合の問題点は、食料との競合だったのですが、この点も、既存のサトウキビ畑の収量を上げ、稼働率を上げるだ

図表 2-10　完成後のプロセスの模式図

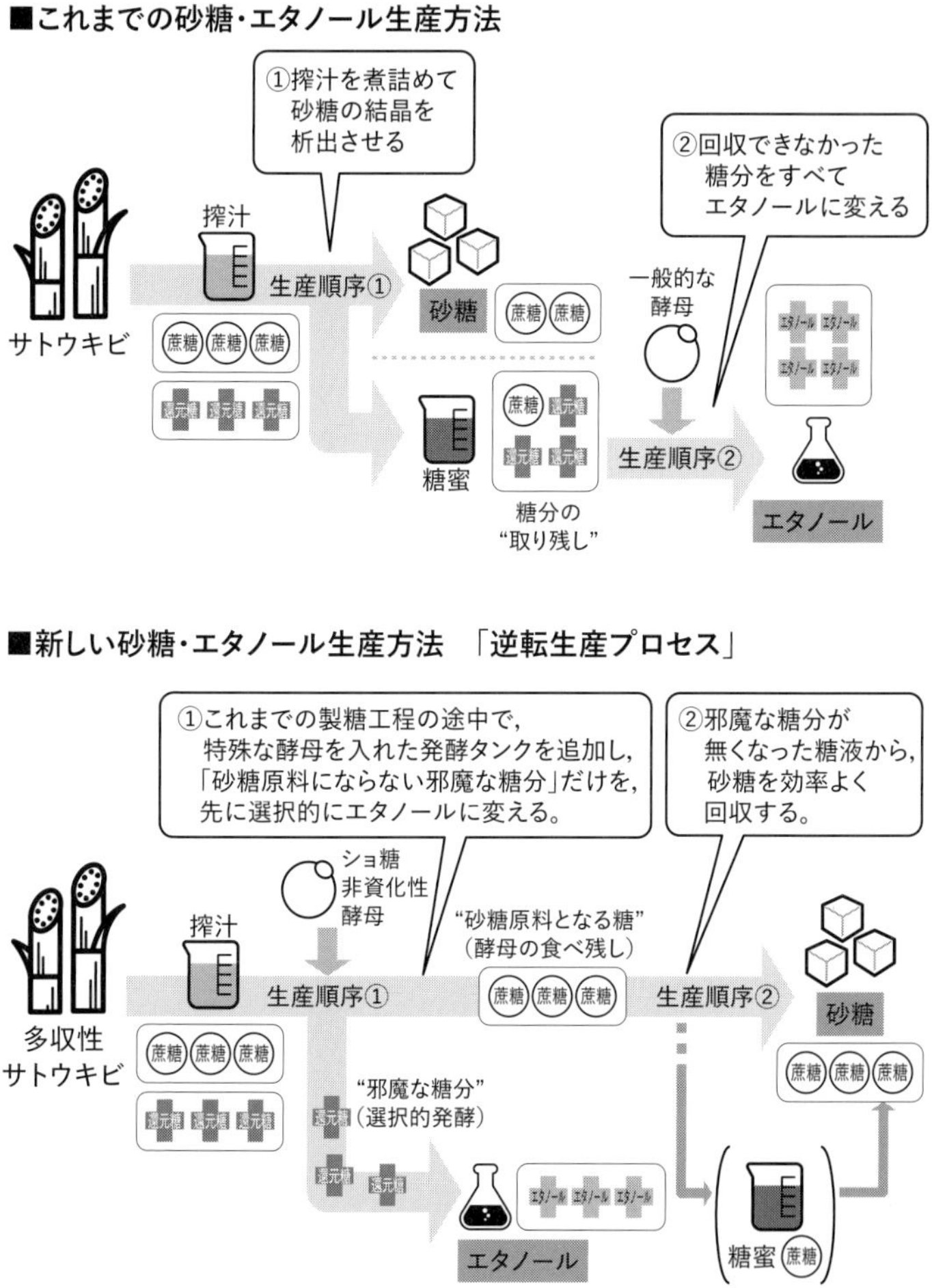
■これまでの砂糖・エタノール生産方法
①搾汁を煮詰めて
砂糖の結晶を
析出させる
②回収できなかった
糖分をすべて
エタノールに変える
サトウキビ
搾汁
生産順序①
砂糖
一般的な
酵母
糖蜜
糖分の
"取り残し"
生産順序②
エタノール
■新しい砂糖・エタノール生産方法　「逆転生産プロセス」
①これまでの製糖工程の途中で,
特殊な酵母を入れた発酵タンクを追加し,
「砂糖原料にならない邪魔な糖分」だけを,
先に選択的にエタノールに変える。
②邪魔な糖分が
無くなった糖液から,
砂糖を効率よく
回収する。
ショ糖
非資化性
酵母
多収性
サトウキビ
搾汁
生産順序①
"砂糖原料となる糖"
（酵母の食べ残し）
生産順序②
砂糖
"邪魔な糖分"
（選択的発酵）
エタノール
糖蜜

東京大学未来ビジョン研究センター小原聡特任教授作成

けなので、砂糖生産が減ったりすることもなく（いいえ、正確には砂糖も増産されるのです）、まして他の農作物が犠牲になることもありません。燃料用エタノールをトウモロコシから製造しているアメリカでは、食料や飼料の元になるトウモロコシが犠牲になって問題になっていますが、この新しいエタノール製造方法にはそうした心配がなかったのです。

さらに、商売ですから、採算性も調べられました。初期投資は、６・４年でペイバックされ、内部収益率も14・９％と、優良な事業案でした。

では、なぜこの事業が具体化されなかったのでしょうか。種明しをしましょう。

この事業は、ビール業界大手のＡ社の技術者が発案して開発を進めたものです。２００１年のことですが、同社は長い間トップだったＫ社から首位の座を奪うことに成功したのです。がしかし、ビール市場は長い目では縮小せざるをえないことが見越されていました。当時の会長さんは、研究部門に対して、10億円使ってもよいから１００億円の年商が立つような新規事業を開発してみろ、と発破を掛けていたそうです。そうした経営方針に応えて、この研究プロジェクトが進んでいきました。発酵技術ですし、できるものはアルコールですから、Ａ社の仕事への親和性は高かったのです。比較的短期間で、考えられる課題をほぼ解決し、16年、いよいよフィリピンのある製糖工場と提携して、新プロセスを実地で進めようと、経営会議に案が掛けられました。しかし、答えはＮＯでした。

研究を進めていく年月の中で経営陣は交替し、その時の経営陣は、新規事業の商売に伴うリスクを取るよりは、すでに収益を上げている他社のビジネスを買収して確実な儲けを計上することをよしとしていたのでした。実際、総額２兆円を超える支出が予定される買収案件と競合し、このサトウキビによるバイオエタノール製造は中止となったとのことです。


この物語を聞いて皆さんはどう思いますか。

ビジネスには、経営判断がつきものです。リスクを承知で敢えて事業を起こす逆張りも、一つの判断ですし、儲けの確実なものに専念するのも一つの判断です。しかし、環境ビジネスは、新種類のビジネスです。決して順風満帆ではありません。経営者から、あるいは投資家から、積極的な判断を引き出すには、この課で説明した基礎技法では不十分なのです。中間試験で基礎的なことの理解度を確かめたら、第４課以降に勇んで進んでください。

ケース・スタディ①
小林光のエコ賃貸経営の場合

第2課の初めの方で、ある企業が省エネ型の生産供給へと更新した際の経費削減効果を示しましたが、この企業は補助金も得ることができました。経済産業省、資源エネルギー庁、環境省、国土交通省そして農林水産省などでは、環境的な取り組みを支援するためにいろいろな補助金メニューを用意しています。ただ毎年中身が同じというわけではないので、注意が要ります。例えば、環境省では、エネルギー対策特別会計補助金ポータルサイト（https://www.env.go.jp/earth/earth/ondanka/enetoku/index.html）を設けていて、適切なものを探索することができます。資源エネルギー庁の省エネポータルサイト（https://www.enecho.meti.go.jp/category/saving_and_new/saving/enterprise/support）では、補助金だけでなく優遇税制などの説明もしています。食糧に係わるもの、建築に係わるもの、脱プラごみなど特定の分野に係わる補助金などもありますので、自分のビジネスに即して必ず検索してみましょう。補助金が使えるかどうかで、事業の採算性が大きく変わりますので、その獲得は極めて重要です。また、補助金は、メーカー側である皆さんが補助対象者になる場合もありますが、皆さんのお客様が受けられる場合もありますので、注意深く検索しましょう。

私事にわたりますが、２０１９年3月に、我が家では、総額１２０万円で窓ガラス四面にわたる省エネ・リノベをしました。このこと自体には残念ながら補助金はなかったのですが、うっかりしていたことがありました。50万円以上の省エネ改修をすると、固定資産税額が一年限りですが3分の1減らしてもらえるのです。気づいた時は申告期限が過ぎていましたので、折角の恩典を活かせませんでした。補助金もそうですが、申告しないとだめですし、期限があったり、予算額に上限があったりして締め切られてしまうことがあります。気を付けましょう。

補助金はありがたいのですが、私は、補助金獲得の条件がやたらに細かいのはいかがなものかと思っています。皆さんも、いざ申請しようと思うとわかりますが、用意しなければならない書類は細かくて、分量も膨大です。もっとストレートな補助金も考えられるのではないかと思うのです。例えば、CO_2を減らすにはいろいろなアイディアがありますので、役所が特定のやり方を推奨するのはかえってチャンスを狭めているのではないかと思います。普通のビジネスに比べ、何トン減らしたら、一トン当たりいくらの補助金を貰える、といった成果に比例した単純な方法が良いのではないかと、前から思っています。

　このように、政府の定める政策が、必ずしも最善と決まったものでもありませんし、政策が打ち出されていない分野もあります。ですので、皆さんがいざ環境ビジネスを始めた時に、政策の在り方に関して感じる現場の声は、どしどしと所管の官庁に届けた方がよいと思います。今や、先進各国でエコなビジネスは、伸び盛りの分野で、グリーン・ディールとかグリーン・リカバリーといったスローガンの下、環境をバネにした経済発展政策が取られていて、いわば政策競争と言っても過言ではありません。日本も負けてはいられません。

　私は、他人様や学生に環境ビジネスを講義したり、企業で指南役をしたりしていますが、並行して個人事業主として自ら実践もしています。環境コンサルタントであり、エコ賃貸のオーナーでもあるのです。私は自宅のエコハウス経験を通じて、エコハウスは良いものだと確信をし、そうした良いものを日本の住まいのボリュームゾーンである賃貸集合住宅においても実現すべき、と思い、エコ賃貸経営を始めました。このエコ賃貸経営の経験を通じ、私は、エコ賃貸の普及に効果のある政策があるのではないかと思うようになりました。皆さんなりの政策提言の参考にして貰えるよう、簡単に私の経験と提案したい政策の

図表ケース1-1　環境性能に優れた賃貸物件が乏しい背景

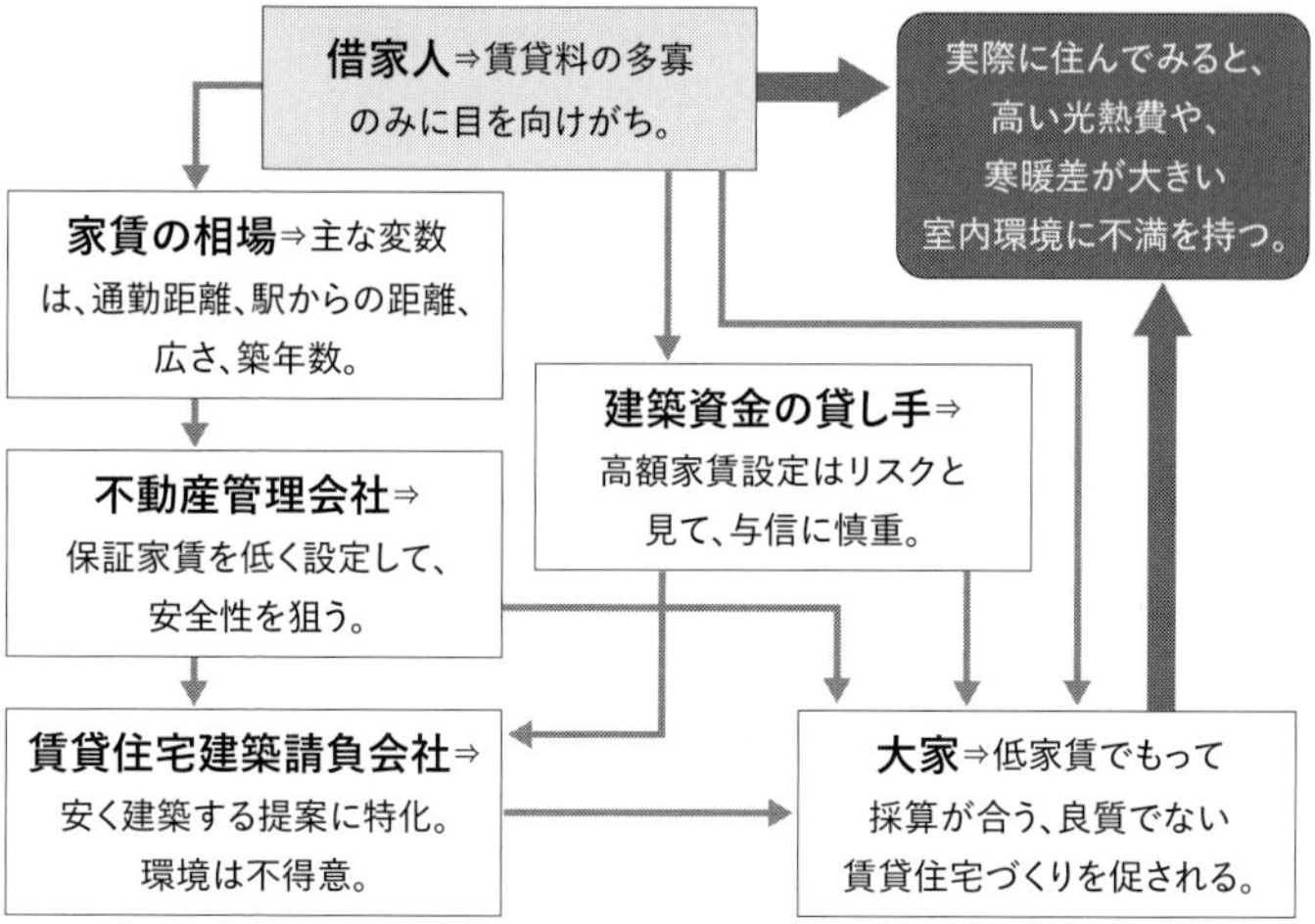
借家人⇒賃貸料の多寡のみに目を向けがち。
実際に住んでみると、高い光熱費や、寒暖差が大きい室内環境に不満を持つ。
家賃の相場⇒主な変数は、通勤距離、駅からの距離、広さ、築年数。
建築資金の貸し手⇒高額家賃設定はリスクと見て、与信に慎重。
不動産管理会社⇒保証家賃を低く設定して、安全性を狙う。
賃貸住宅建築請負会社⇒安く建築する提案に特化。環境は不得意。
大家⇒低家賃でもって採算が合う、良質でない賃貸住宅づくりを促される。

要点を述べてみましょう。

図表ケース1-1は、賃貸住宅の環境性能が貧弱なものになってしまう原因を説明したものです。建築資金を貸し付ける銀行や、賃貸物件の貸し付けを代行する不動産屋さんも、皆、賃料を安く設定して、早く住み手を見つけて資金回収を確実にすることを勧めてきます。賃貸住宅の建築を請け負う立場であれば値の張る工事の方が儲かりそうですが、それでも、一つの部屋の環境性能を良くするよりは、部屋数を多くして空室があっても賃料の減りが少なくて済むような設計を助言します。そういうわけで、オーナーは、気がつけばよってたかって環境性能の悪い物件をつくるように誘導

図表ケース1-2　駅からの距離で決まる賃貸料（SUUMOのデータから）井の頭線・築浅

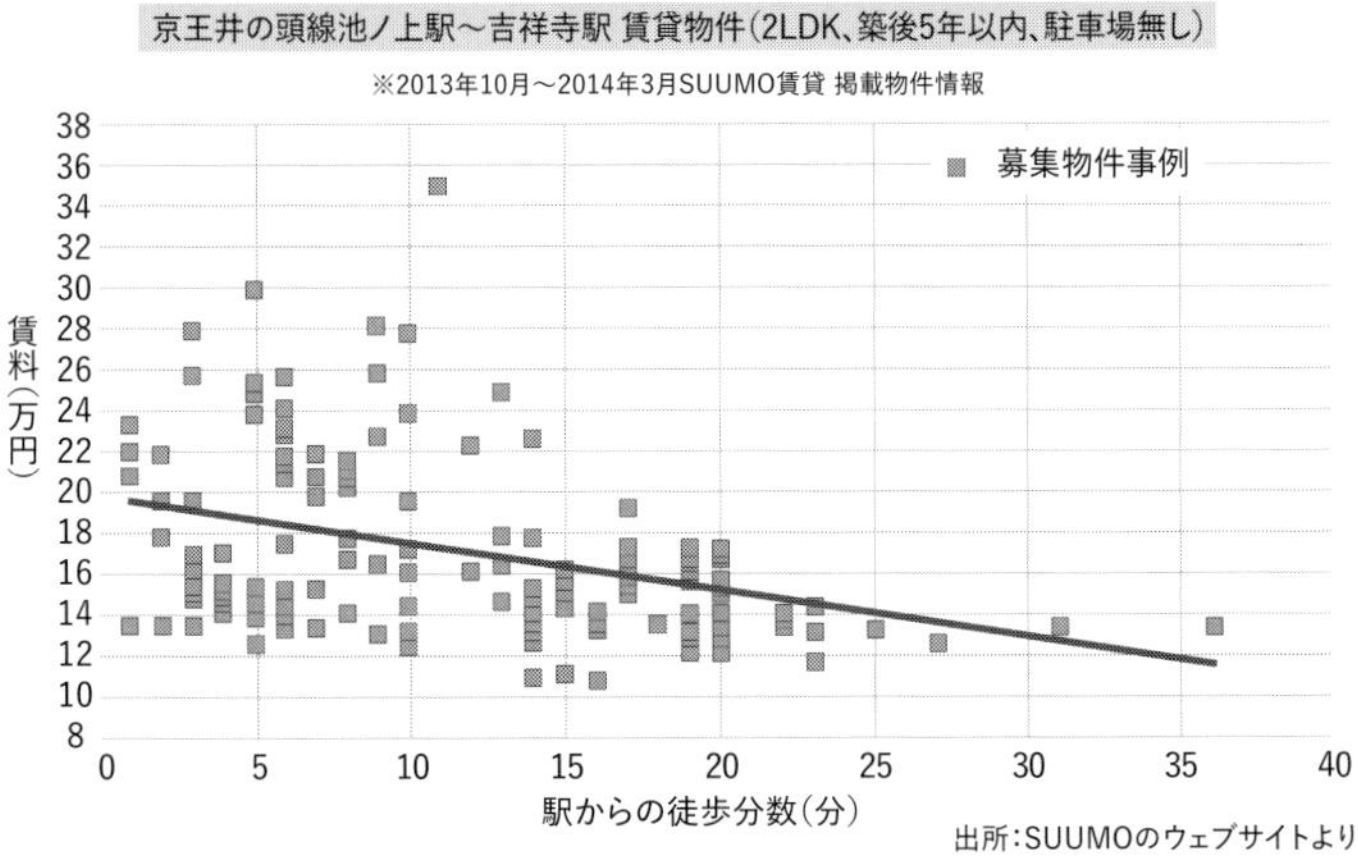

出所：SUUMOのウェブサイトより

されてしまうのです。

この背景には、賃貸物件の賃料が、かなりの程度、駅からの距離と築年数で決まってしまい、居住性能の良否などはさほど賃料に影響しないという悲しい現実があるのです。図表ケース1-2は、私の住んでいる井の頭線沿線での駅からの距離と賃料の関係の散布図です。駅からの時間距離の影響がきれいに見て取れます。

賃貸を取り巻くこうした要因関係の結果、実は、損をするのは住み手なのです。家賃や間取り、駅からの距離などはしっかり理解してから入居するので比較的問題は起きないのですが、いざ住んでみて、結露するとか、寒い、とか、うるさい、といった問題に直面することになるのです。

そこで、私は、ハウスメーカーなどの当たり前のアドバイスには抗して頑張って、断熱は本当に優れ（私自身の住んでいる本宅よりも熱を通さない壁や窓です）、屋根には、各戸２・８ｋＷの太陽光発電パネルがあって、その発電電力を住み手が自分のものとして使え（そして、節電して余った分は売却して収益化することもできます）、庭は広くて緑化された、そうしたエコ賃貸を作りました。賃料は（世間相場への配慮もあって）、この断熱や発電パネルの環境投資を10年で回収できるほどには十分に高く設定することはできませんでしたし、その割高な分、お客様を見つけるのに少し長い時間が掛かったと思いました。けれども、いざお住まいになってからの満足度は非常に高く、仮に転居することになってもエコハウスを選ぶ、現在の賃料は満足だ、といった感想をいただいています。良いお客様に長く住んでいただく方が、賃貸経営は実は楽です。頑張って質の良い賃貸にしておいてよかったな、と実感しています。

とはいえ、公的な支援がもっとあってもいいように思いました。例えば、賃貸こそ、その環境性能を、賃貸前の重要事項として説明するなり表示しないといけないのではないかでしょうか。オーナー住宅の性能はオーナーのオウンリスクで選択できますが、賃貸はお客様に選ばれるものです。その中身は十分に開示されるべきです。例えば、図表ケース1-3はイギリスにおける不動産の性能表示の様式です。そこにはなんと、平均的な暮らしぶりの人が住んだら光熱費がいくら位掛かる物件なのかが記載されてあります。色付きの棒グラフで相対的なランクもわかるのです。すごいインパクトですね。

こうした表示の義務付けが日本でもあれば、安普請の悪貨にエコな良貨が駆逐されることはないと思うのです。イギリスでは、一歩進めて、省エネ性能の悪い賃貸は貸し出していけない、という強い規制も行われています。見習いたいものです。さらに、希望を言えば、エコな住宅に住めば、病気にかかることも少なくなるので、賃料不払い（デフォルト）が起こる確率も減りますので、そうならば、エコ賃貸の建設に使う資金借り入れの金利については、デフォルトが少ない分、低い金利を出してもいいのではないでしょうか。そこに、エネルギー特別会計の補助金を入れて利子補給をしてもいいでしょう。また、エ

図表ケース1-3　イギリスにおける不動産の性能表示の様式

18, Hips way, Newport, Isle of Wight, po30 2HP	Dwelling type:	Home	Certif. Number:	011111112430
	Methodology:	RDSAP	Date issued:	25.12.2006
	Inspection date:	25/12/2006	Inspector name:	Trainee Assessor

This home's performance ratings

This home has been inspected and its performance rated in terms of its energy efficiency and environmental impact. This is calculated using the UK Standard Assessment Procedure (SAP) for dwellings which gives you an energy efficiency rating based on fuel cost and an environmental impact rating based on carbon dioxide (CO_2) emissions.

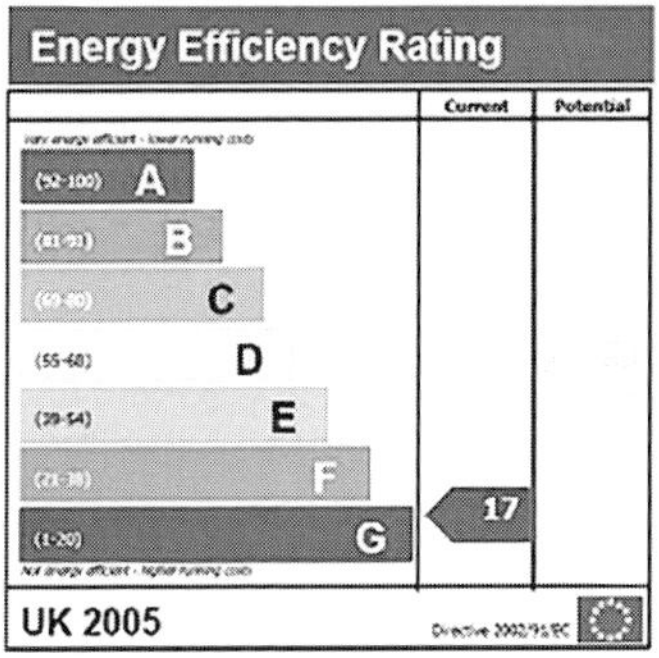

The energy efficiency rating is a measure of the overall efficiency of a home. The higher the rating the more energy efficient the home is and the lower the fuel bills will be.

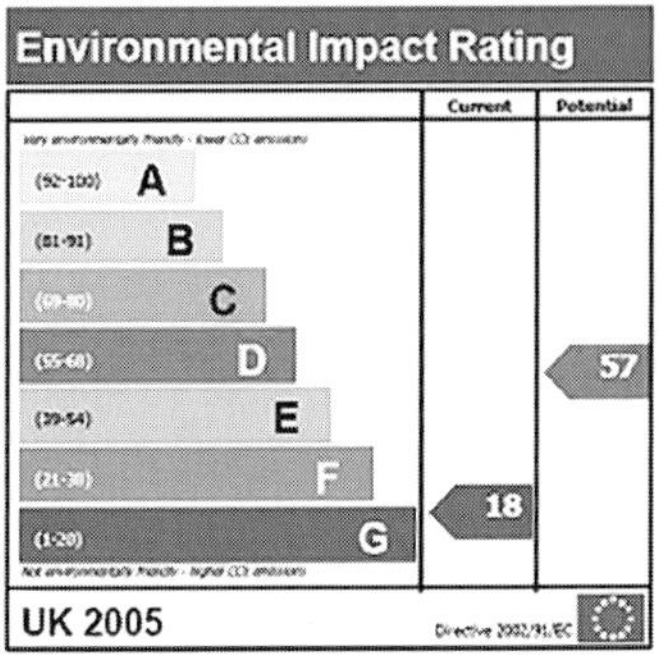

The environmental impact rating is a measure of this home's impact on the environment. The higher the rating the less impact it has on the environment.

Typical fuel costs and carbon dioxide (CO_2) emissions of this home

This table provides an indication of how much it will cost to provide lighting, heating and hot water to this home. The fuel costs and carbon dioxide emissions are calculated based on a SAP assessment of the energy use. This makes standard assumptions about occupancy, heating patterns and geographical location. The energy use includes the energy used in producing nd delivering the fuels to this home. The fuel costs only take into account the cost of fuel and not any associated service, maintenance or safety inspection costs. The costs have been provided for guidance only as it is unlikely they will match actual costs for any particular household.

Energy Performance Certificate Report Section

Certificate number: 011111112430
Date issued: 25/12/2006
Name of inspector: Trainee Assessor

	Current	Potential
Energy use	31 666 kWh/m ^{2}per year	23 570 kWh/m ^{2}per year
Carbon dioxide emissions	13.4 tonnes per year	5.2 tonnes per year
Lighting	£80 per year	£80 per year
Heating	£992 per year	£400 per year
Hot water	£235 per year	£92 per year

出所：英国コミュニティ・地方自治省の公式サイトから転載した同証書の一例

コ賃貸に住む人を誘導するために、住み手の入る健康保険などの保険料を安くしてもいいかもしれません。

皆さんも、環境ビジネスに取り組めば、政策に関して、いろいろと思うところも出てくると思います。それは貴重なご意見です。環境経済政策競争のこの時代、是非、その思うところを政府や自治体へと共有してください。

第2課のまとめ

- ビジネスの様々な場面ごとに、必ず環境との係わりがある。その場面での環境との関係を改善して収益を高めるのが、広い意味での環境ビジネス。

- 環境との係わりを具体的に見るには、ビジネスへの投入物、産出物の種類と量を見ることが大切。

- さらに、原料や部品の調達場面から、輸送、組み立て、販売、使用（消費）、廃棄、リサイクルの各場面ごとに投入産出を考えるのが有益。

- ビジネスと環境との係わりを管理し、改善していくための標準的なツール（マネジメント・システム）も開発されている。

- 環境に良い製品・サービスは、残念なことにそれだけで売れるわけではない。もっと多種類の魅力のアピールを。

第3課

ビジネスと環境政策との間に良い関係を作る

ビジネスを行う時に法律など社会規範を守ることは当然のことです。民法、商法、会社法、労働基準法などが定める基本的なルールに則ることは必須です。独禁法（独占禁止法：私的独占の禁止及び公正取引の確保に関する法律）や不当景品類及び不当表示防止法などの取引の公正さを確保するためのルールも重要です。その他、法律そのものではないですが、金融商品取引法に基づく情報開示制度などにも適う形で商売を行う必要があります。ルールばかりで嫌だな、がんじがらめだ、と思われるかもしれません。しかし、関係者皆がルールを守ることで、効率的に、そして、その分活発に、ビジネスを進めることができるようになるのですから、法律とはビジネスパーソンの味方です。

ところで、この本は、環境ビジネスを進めるための本です。いわゆる経済法やビジネス法務についての説明は、優れた本がたくさん出ていますので、そちらに譲ります。ここでは、環境分野でビジネスを行う場合に知っておくべき環境関係の法律についてこそ説明しようと思います。

私の説明の趣旨はこうです。環境法の様々な法規を、読者の皆さんのビジネスを縛る桎梏つまり足かせとして見るのではなく、むしろビジネスをより良いものにするためのツールとして見られるようになることをお助けしたい、ということです。

日ごろ、ビジネスに携わる人々を観察していますと、残念なことに、環境法を、いわゆるコンプライアンスの対象として取り扱っている方がとても多いです。環境法も、経済法と同じです。社会的なルールは、世の中を一層効率的で生産的なものにするためにあるのです。読者の皆さんにおかれては、環境法に対して、そうした観点で付き合っていただきたいものです。

私は、環境法の落とし穴解説といった細部の紹介ではなく、それらの全体をサクっと説明しようと思います。実は、以下に掲げるようなサクっとした環境法鳥瞰図は、なかなか存在していないのです。けれども、大雑把なのだろうと侮ってはいけません。大局観を一旦頭に入れておくと、環境法の適用関係の細部を理解することが容易になるので非常に大切です。

では、そうした鳥瞰図はどうしたら得られるのでしょう。その近道は、「環境を守る究極の目的」、「それを実現する道筋で頭に置かないといけない原則的な発想法」、そして「個別の環境法の手段としての特色・狙い」の、三つの視角から考えることにあります。

環境保全の究極目的とそこから生じる原則的な発想法

環境法とは、環境を守るための手段となるルールです。法律ですので、それが守られなかった場合の罰則などを定めていますが、罰則を課することが法律の目的ではありません。罰金や懲役も、ルールを守ってもらうための手段に過ぎません。環境法の究極の目的は、良好な自然環境が人々にもたらす様々な恵みを現代世代が使いつくすことなく子々孫々にバトンタッチしていくことです。罰則を適用されないようにと、お役所の言うことを粛々と聞くビジネスパーソンを育成することが目的ではないのです。

環境の恵みを次の世代にバトンタッチしようとする場合、自然環境の仕組みの持つ特別な性格から、環境保全の仕事には他の仕事とは異なる注意が必要になります。自然環境の仕組み、すなわち地球の生態系は、特定の誰かの財産ではありません。また、壊れそうだと、予め警告してくれることもありません。こうしたことから、環境を守る仕事では、科学に則る、ということを原則に置いておかないとなりません。それだけでなく、自然の仕組みが壊れるのを事前に防ぐ、という予防も大きな原則になっています。さらに、特定の誰かのものでないものを壊したりしないように、環境を使う人は、破壊防止の費用を（さらに不幸にして環境が壊れ、被害の補填や環境の修復が必要になった場合の費用も）負担しないとならないことになっています。他の行政分野では、受益者負担、あるいは応能負担などがありますが、環境を守る仕事では、この「原因者負担原則」が極めて明確です。

例えば、法律には禁止の規定がなかったから、敢えてこんなことをしてみたが、そうしたら環境が壊れ、被害が生じてしまった、といったケースでは、政府や国会に特別のサボタージュがなかったのなら、その責めを負うのは、結果的に不備のあった法律ではなく、敢えてそんなことをしてしまった、その人自身です。

個別の環境法はまだまだ発展途上です。それにしても、現行の法律がビジネス上の基礎や枠組みであったり、あるいはオポチュニティ（機会）であったりするわけですが、自分のビジネスと環境法規との関係を考えるときには、以上のような究極目的（将来世代の利益確保）、そして、科学的な予防を環境利用者が自らの責任で果たす、という原則的な考え方に照らして判断するのがまずもって重要です。

次に個別の環境法規を考えてみましょう。すでに述べました究極目的、そして原則的なアプローチを、個別の社会事象、問題の因果関係に当てはめた詳細ルールが、個別の環境法です。

環境法はたくさんあります。しかし、環境法の果たす効果は、それほど多種ではありません。大きく分けて三つです。第一に、環境に悪い行為を抑制する、第二に、環境に良い行為を助長する、そして、第三に、損害を補填し壊れた環境を回復することです。以下では、この三つの効果のそれぞれに着目して、それらの発揮を狙いとする個別環境法の世界を見てみましょう。

規制法、そして、その環境ビジネスへの係わり

環境法規は現代では大変に多岐にわたっていますし、毎年増えてもいます。しかし、そのほとんどは、環境問題の様々な態様ごとに応じた、問題発生原因の除去を目指す「規制法」と言われるものです。汚染物質の排出を減らすのが目的です。

規制法には、商品の環境性能に関して一定以上を求めて、それ以下は販売できないとするタイプと、汚染する行為に着目して、一定以上の汚いガスや排水を出してはいけない、

図表 3-1　家電の統一省エネラベルの例

出所：
経済産業省　資源エネルギー庁

というタイプの二つが多く見られます。その他に、汚染の程度が大きいほど負担する税金の額を高める仕組みも最近は使われるようになりました。これについては、第7課の「カーボン・プライシングで大きく広がるビジネス環境」を参照してください。

前者の、製品に着目した規制でよく知られている例は、自動車の排ガスや燃費性能に関するものです。他に、家電製品の電気エネルギーの消費量に関するものがあり、「トップランナー規制」と呼ばれています。性能の規制は、大量製造される物に適用されることが多いです。家電に表示されている星マーク（図表3-1参照）は、このトップランナー規制に基づくものです。

図表 3-2　環境規制法の一般的な仕組み

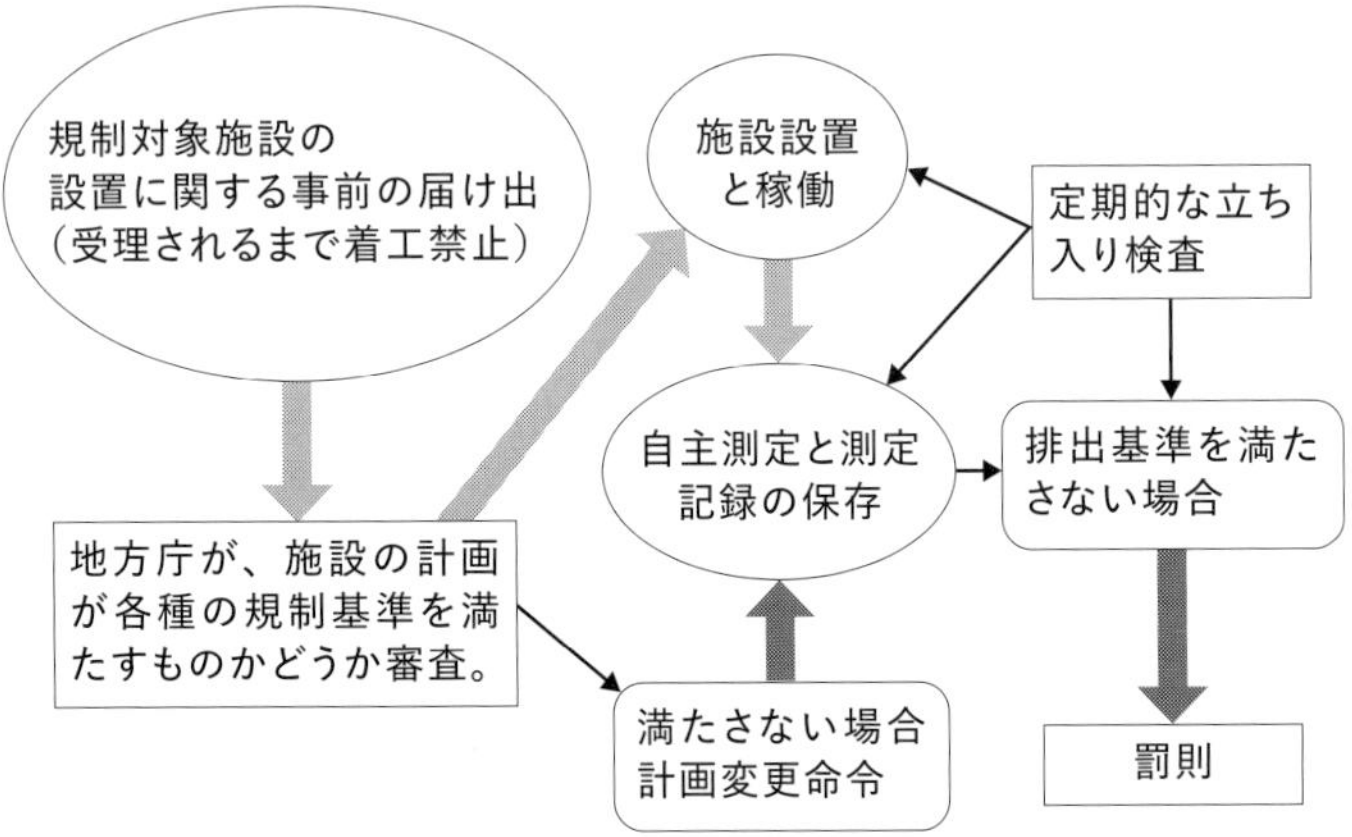

後者の、汚染行為を制限するための規制法では、古い起源を持つものとして、大気汚染防止法とか水質汚濁防止法といったものがあります。新しいものには、フロンやその他の化学物質を規制するものがあります。

こうしたタイプの環境規制法のだいたいにおいて共通している仕組みは図表3-2のとおりです。まず、公害の原因になりそうな機械や装置を導入する時に、計画書を県庁などに提出し、事前の審査を受け、OKとなって初めて工事ができ、そして操業ができることになっています。操業が始まると、公害を出していないことを定期的にチェックすることが義務付けられます。

もし、立ち入り検査などで汚染物質の排出の許容限度（「排出基準」と呼ばれます）が守られていないことがわかると、操業停止の命令が出されたり、悪質な場合は、直ちに（といっても裁判を経てですが）罰金などの刑罰を科されたりすることがあります。

少し脇道にそれますが、「環境基準」という大事な概念がありますので、解説しておきましょう。これは汚染源、例えば、煙突に当てはめる基準ではなく、そうした排出口から汚染物質が環境中に出されて薄まっていって、人々の生活している所に届いた時の汚染物質の濃度についての基準です。そして、基準として定められる濃度は、実は十分に薄く、ずーっと呼吸したり摂取したりしても病気にはならない安全なレベルが選ばれています。法律的には、「望ましい環境の状態」というふうに表現されています。排出基準は、汚染物質を出す個々の人が必ず守らないとなりませんが、環境基準は特定の人に守ることが義務付けられる基準ではなく、皆の力を合わせて実現を図る目標、と思ってもらえれば良いです。幸いなことに、ほとんどの汚染物質について、ほぼ日本中で環境基準は達成されています。それは、いろいろな技術、専門家の知恵の動員の結果であり、ビジネスの成果でもあります。ちなみに、今日でもなお達成されていない事例で、有名なものは「光化学スモッグ」です。これを退治するビジネスができれば皆さんは大きな成功が収められましょう。

汚染行為を制限するタイプの規制法は、環境へいろいろな汚染物質を出してしまう可能性のある、主に製造業などを営む時に守らなければならないものです。多くの環境ビジネスは、製造業が環境を守りながら操業しようとするときの「困った」といったことを解決する役割を果たすものなので、こうした環境ビジネスにとっては、環境規制法は、お客様の悩み、ニーズの原因や背景とも言えます。そこで、環境規制法の強化の見通しなどを把握して、自分のビジネスを先回り的に設計していくことが重要です。

環境規制法の分野では、どうやって汚染物質を正確に測定するのか、どうやって汚染物質を確実にそして廉価に処理するのか、といったことが一番重い課題になります。

一例を見てみましょう。中国では、エネルギーを無駄遣いする旧式の石炭火力発電所がいまだにたくさんありますが、一層の経済発展のためには、限られたエネルギーを合理的に使う必要性がますます高まってきています。また、温室効果ガスの削減も、国際ルールによって強く求められています。そこで、中国は、EUにならって、個々の石炭火力発電所の排出量に枠をはめた上で、枠を守れない発電所は、枠を大幅に下回って排出を減らした発電所から余った枠を買ってくることができる規制（排出量取引と言います）を導入しました。発電所全体を合計した時の環境対策費用が最小になる、効率性を重んじる規制の仕組みです。２０１３年頃から、２省5市の中国の重要な工業地帯で試行が始まりました。20年代早々には、中国全土の石炭火力発電所が規制対象になっています。さて、ここで、重要になった機器は、何でしょう。それは、煙の中に含まれるＣＯ$_2$の量を正確に測定する機器です。中国政府が、この場面で頼ったのは中国製の測定器ではなく、日本の有名企業㈱堀場製作所のものでした。その理由は、高い精度が期待できることだったのです。排出量が正しく測れなければ、排出枠の取引が不正なものになるからです。

どんな汚染物質が問題になっているのかに目を光らせておくことは重要です。そうした汚染物質の優れた処理方法が、商売の対象になるのは言うまでもありません。自動車のハイブリッドシステムや、ディーゼル車から出される微細な煤《すす》をトラップする陶器製のフィルターなど、日本発の低公害技術はいっぱいあります。今後を考えると、温暖化対策のほか、脱プラごみも大きなビジネスニーズを生じる分野と思われます（これら新規の商機については、最後の第7課を読んでください）。

規制法の先を読んでビジネスをするにしても、先を読むことの基礎は、現行規制法を遵守することにあります。遵守の苦労が、技量や発想を高めます。皆さんの会社から、あるいは皆さんがコンサルする会社から基準を超えて汚染物質が排出されるようなことが起きないように工程を管理することは、ビジネスの基礎となる大切な取り組みです。これは、環境マネジメントと言われます。この中身は、すでに第2課で、皆さんは学びました。ＩＳＯが定めた１４００１シリーズの規格は、このマネジメントの仕組みの、いわば国際標準です。

この環境マネジメントの自社への当てはめや実行は、大きな会社では自社で内生させて行われていますが、専門の企業に委託する場合も多く見られます。環境コンサルタント、公害防止機器の運転といった環境ビジネスがそこに生まれるのです。

特に、廃棄物の場合は、工場の現場で処理せず他の場所に運んで、リサイクルしたり処理されたりすることが通例です。こうした時に活躍するのが、廃棄物処理業です。単に安全に埋め立て処分するのではなく、最近の環境ビジネスでは、不要と思われていた物を生まれ変わらせて有用物にして販売するタイプがよく見られます。こうしたことに取り組む方が多いと思われますので、廃棄物に関連するルールについてはもう少し、掘り下げでみましょう。

一見不要な物でも、適用される法律はさまざま。不要物を扱うビジネスでは、それが法律の世界では何に当たるかを見抜くのが不可欠

皆さんは廃棄物をどう定義しますか。取っておきたくない物、不要な物でしょ、と答える方が多いです。これはそのとおりですが、実は必要条件でしかありません。ある人が要らないと思っても、そこに含まれている物質が他の人から見ると価値があり、それを使って商売ができる場合があります。不要な物を発生させているビジネスが、しかし、他のビジネスに有効に使ってもらえると思ってきちんと保管し、使いやすいように加工していることもあるでしょう。つまり、廃棄物とは、そうした有効に使うことが確実な物を除いた物、皆さんが要らないだけでなく、他の人々にとっても使えない物が、典型的なものです（その他、ガス状のものや放射性のものは、法律的に「廃棄物」でなく、別の法律で律せられています）。

まず、他の人にとって有用で価値を持つ物の例をいくつか見てみましょう。

廃棄物の処理ルールができる前から専ら再生利用の対象になっていた物が一つの例です。これらは、専門家の隠語では「専ら物《ブツ》」と呼ばれ、古新聞などの古紙、古着などの古繊維、古銅や空き缶などのアルミ、鉄のくず、そして空きガラス瓶です。これらは皆、段ボールやトイレットペーパー、そしてガラス瓶などに戻されます。

さらに、一層広い範囲のいろいろな種類の物が、工夫を凝らして有効に利用されていま す。ペットボトルのＰＥＴや、食品トレイに使われる発泡スチロールなどでは、再生されて、元の用途に使われるケースが最近増えてきました。廃天ぷら油などは、水分子を抜くエステル化という処理をして性状を軽油のように変えて、ディーゼルエンジンの燃料にします。食品廃棄物が飼料に、動物の糞尿が肥料にといったリサイクルもよく行われています。

統計によると、日本で生じる廃棄物約5億5千万トン（17年）のおよそ43％（重量ベース）が何らかの形でリサイクルされていて、残りのものは、そのまま、あるいは燃やされて熱を取られ、灰になって埋め立てられて処分されます。その量は同じく17年で約１４００万トンと、廃棄物全体の２・５％です。これは、00年と比べ約76％減った量です。

リサイクルの観点では、さらに、洗濯機などの家電、自動車、電子機器が入っているパソコンやその他の小型家電、エアコンといった様々な分類の下で、特別の、それに即したリサイクルの扱いをされるものがあります。それぞれに特別の法律が定められていて、大概の場合、それを使っていた人の費用負担でリサイクルに回されるのですが、それは、その中にある有用物の回収を動機としてリサイクルを行うと、ややもすれば、儲けにならない部分のリサイクルが行われなくなるおそれがあるからです。全部をリサイクルできるように、リサイクル料金を負担するよう、元々の製品使用者に求められているのです。

もう一つ、特別な形でリサイクルされるものがあります。プラスチックなどでできた包装材や容器です。これについては、包装材に包まれた製品を製造する事業者がまずは費用を負担して、そのリサイクルが行われる仕組みになっています。自動車などと違って、細かいものですから、使用者、つまり消費者にリサイクル費用をいちいち求めても実効性がないのでしょう。代わりに、製造者がまとめて負担し、その金額を製品原価に加え、結果的に個々の消費者が少しずつ負担してリサイクルが行われています。こうした製造者に環境保全のイニシアチブを発揮してもらう考え方を、「拡大生産者責任」と言います。ビジネスをするときに、その製品が使われる時や廃棄される時の環境への影響を、製品生産者が製品設計段階で考えて、悪影響を減らす対策を施すことは、これからの時代、とても重要です。この考え方をぜひ覚えておいてください。

さて、いろいろな形で再生利用され、結果的に有用に使われる物を見てきましたが、これらと、法律で言う「廃棄物」との関係はどうなっているでしょうか。

実は、今挙げた例は、皆、廃棄物なのです。

逆に言えば、ある人にとって不要だけれども廃棄物にならない、という例は本当に少ない、と考えた方が間違いがありません。確実に買い手が付くくらいに、自分にとっての廃棄物の性状をわざわざ揃えたり、使いやすく加工したり、といった努力をした過程を経て、初めて廃棄物に関する法的な規制の外でビジネスをすることができるのです。読者の皆さんが、廃棄物のようなものを商売の対象にすることもあるでしょうが、十分に気をつけてください。混ぜればごみ、分ければ資源、という言葉がありますが、その手間を掛けて、まずは排出する人が資源に生まれ変わらせることが大事です。混ぜてはいけない、というのは、廃棄物を扱う時のイロハのイです。

少し脱線しますが、そのままでもすぐに有用に使える物だけど、ある人にとっては要らなくなった物は、何と言うでしょう。それは古物と言って、骨とう品や趣味の美術品などがこれにあたります。念のためですが、もし皆さんがこれをビジネスとして扱う場合は警察署に古物商としての届け出が必要になります。

では、皆さんの扱う物が廃棄物であったとしましょう。どんな規制がかかるのでしょうか。

それは、「廃棄物の処理及び清掃に関する法律」という長い歴史のある膨大な条文の法律の、主に政令や規則に詳しく定められています。基本は、安全に区分して保管し、環境に悪影響の出ない形で減量（容）化や無害化などの処理をして、その結果出てくる物の性質に応じて、ガードの厳しさに三段階の違いがある廃棄物埋め立て施設に処分する、という形になります。そのための技術的な基準が事細かに定められています。

ここで、これも専門家の隠語に近いですが、蘊蓄《うんちく》を一つ。「処分」とは、廃棄物を最終的に隔離して環境中に出ていかないようにする行為を言い、「処理」とはそれに至る中間的な過程で、脱水したり、破砕したり、焼却したり、といった工程を言って、区別されているのです。これも、廃棄物に絡む、基礎知識の一つです。覚えておいてください。

この処理についてもう少し詳しく見てみると、当然ですが、危険な廃棄物については、厳重な規制が課されています。病院から出される感染性のある廃棄物、毒性や爆発性のある廃棄物などは特別管理産業廃棄物と言われて一層厳しい取り扱いが求められます。

さて、ある物が廃棄物に当たると、法律の適用上、特に重要な配慮が必要になります。自分の廃棄物を、前述の技術的な基準に則って自分で処理処分することは良いことですが、その処理などを他人に頼むこともよくある話です。こうした場合、その頼まれた他人は、きちんとした注意義務を果たせるような知識や能力を持っていないといけなくて、具体的には、法律に基づく許可書を持っていないといけないのです。ここが重要です。その許可書には、どんな種類の廃棄物をどのような範囲で処理したり処分したりができるかも、記載されてあります。たとえ運ぶだけの行為であっても、そのための許可書が必要なのです。

他人の廃棄物は、許可のない人は扱えない。これも廃棄物規制におけるイロハのイです（正確に言うと、昔からあった古紙回収業などの、「専ら物」を扱う業態には許可は不要です）。例えば、皆さんが廃棄物を集めて、有用な資源に生まれ変わらせるビジネスをしていたとしても、廃棄物を集め、中間的に処理をすることに関しての許可を取得している必要があります。リサイクル制度の対象になっている廃家電などを扱う場合でも同じです。許可を持たずに他人の廃棄物を扱えば厳罰を受けてしまいます。他方、許可を持たない人に処理処分を委託した企業は、その不分明のゆえをもってこちらも厳罰を課されます。さらに、許可を得ている人に処理処分を頼んでも、廃棄物を出した企業の責任は終わりません。廃棄物を運んだ人、処理した企業、埋め立てた業者などから、その行為に関する伝票が戻ってきますので、それを通じて、自分の廃棄物が正しく処理処分されたか、確認し、定期的に所管の行政庁に報告などする必要があるのです。

なお、廃棄物には、大きく分けて二つの種類の廃棄物があります。もし皆さんが単なる消費者でなく、事業者だったら、事業者である皆さんの廃棄物は、事業系の一般廃棄物か、産業廃棄物になります。産業廃棄物と言うのは、企業が出すもののすべてではなく、特定の業種から大量に出されたり、有害物質が多く含まれている可能性があったりするものなどに限られています。例えば、紙ごみは、印刷所や製紙メーカーなどから出るときは、産業廃棄物ですが、普通の事務所から出るときは、事業系の一般廃棄物です。そのような区別は、一般廃棄物については、基本的に自治体が焼却処理して灰の埋め立て処分をしてくれる一方、産業廃棄物は、基本的に行政の関与のない中で、自力で適正に処理処分しないとならない、という、処理処分の責任が区分されていることに対応しています。ただし、企業から出る一般廃棄物は量が多いので、収集が有料制になっていたりという具合で、各家庭が少量のごみを出すときとは扱いが違うのは致し方ないところです。

以上が、廃棄物ルールのサクッとした説明です。我ながら、世間には珍しいほどサクサ

ク し過ぎた説明だとやや反省していますが、それにしたって厳しいなあ、というのが読者の皆さんの印象でしょう。

ここまでルールが厳しいのは、環境法の違反で最も件数が多いのが廃棄物処理法違反であり、中でも、廃棄物を野山に捨てて逃げてしまう、不法投棄が後を絶たないからです。私は、もう40年ほど前になりますが、北九州市に出向し、現場の課長として、産業廃棄物の不適正処理や不法投棄の取り締まりに精を出していました。当時は罰金も安く、捨て得、といった塩梅でイタチゴッコでしたが、今日では、廃棄物の不法投棄への罰金の上限は3億円（行為者が属する法人への罰金額。行為者本人には1千万円を限度に罰金が科される）にも引き上げられています。皆さんが、廃棄物、あるいはそれに類したものを扱う時は、くれぐれも、法規制をきちんと守ってビジネスをしてください。もっと言えば、皆さんが規制をきちんと守ることによって、それが新たなビジネスチャンスを呼び込むことになるのです。私の経験では、この世界はなかなか奥深く、ビジネスチャンスはまだまだある、と言えるのです。

環境を良くすることを奨励する助成法

規制法は、環境を汚す行為を取り締まるものですが、その対極には、環境に良いことを奨励することを目的にした環境法もあります。他の行政分野では、「業法」というカテゴリーがあって、ある特定の業種の企業の健全育成を目指すものですが、環境の場合には、そこまでの深入りした助成の仕掛けや商売育成の仕組みはありません。しかし、環境ビジネスで利益を高めたいなら、助成策をできるだけ活用するに越したことはありません。

助成の程度にはいろいろありますが、まずは、間接的な助成策を見てみましょう。消費者や投資家などに対してビジネスの質、すなわち、環境の観点からの適不適をわかりやすくするための法的なルールです。こうしたルールは、良質なビジネスをする企業などをそうでない企業と区別しやすくすることによって、企業の自助努力や自浄努力を引き出すことにもつながります。いくつか例を紹介しましょう。

化学物質排出把握管理促進法では、工場から出される化学物質の種類や量を、毎年、把握して、所管官庁に届け出ることや一般の開示請求に応じて情報を開示することを求めています。温暖化対策推進法でも、やはり工場ごとに毎年、温室効果ガスの排出量を計算して官庁に報告し、開示請求があれば官庁は排出量等を公表することになっています。その他、官庁などは、環境配慮事業活動法に基づいて定められる標準的な様式に即して環境報告書を出さなければならないとされていて、大企業もそれにならうことが奨励されています。そして、企業が出す環境報告書（あるいは財務情報も入った統合報告書）は、今日では、年金基金や銀行などの機関投資家が企業の株を買うなどの際に、重要な参照書類となっています。皆さんが環境ビジネスをされるならば、しっかりとアピールできる環境報告書を作るのが重要です。ちなみに、そうした優れた企業報告書として、19年度の環境コミュニケーション大賞に輝いたのは、コニカミノルタ株式会社のものでした。是非、参考にしてみてください。

助成策のうち最もシンプルなものは、経済的な誘導策です。優れた環境性能の装置、機械・器具に対して、それを据え付ける人に補助金が出される、固定資産税などの税金が減額される、あるいは、年々の償却額を多く計上できる、といった仕組みです。

もし皆さんが、環境性能に優れた製品を売り込む立場であれば、このような助成を受けられるように作り込み、そしてお客様には、そうしたお得がある、ということを宣伝する必要があります。前述の家電のトップランナー規制の基準値をはるかに凌ぐ高性能品には、

５つ星などの表示が認められ、そして、時々行われるエコポイント政策などで、支援の対象にされることがあるのが身近な例と言えましょう。どのような製品、あるいは性能レベルが、公的に支援されるのかは、環境問題の深刻化の程度や技術の進歩を反映し、年々変わっていきますので、アンテナを高くしっかりと張って、中央官庁や地方庁の政策情報などを見張るのがいいでしょう。

また、受け身の姿勢で制度改正をゆっくり待つのではなく、もし、皆さんが、優れた製品、技術を持っていらっしゃったら、それを担当官庁に積極的にプレゼンし、助成の対象に加えて貰うよう働きかけるのもビジネスの重要な段取りになります。一例ですが、グリーン購入法、という法律があって、これは中央官庁や政府系法人が購入する様々な製品などが備えなければならない環境性能を事細かに定めたものです。官庁は、基本、この性能を満たした製品しか購入しません。他方、その製品には、グリーン購入法適合製品といった表示ができますから、自治体や多くの民間企業でも、そうした表示のある製品を好む傾向があり、販路確保上、大事な性能基準になっています。21年現在では、２７５品目について基準が定められています。ところで、この基準の強化や追加については、毎年、誰もが意見を言うことができるようになっています。おおっぴらに売り込みができる、とも言えましょう。

ここで、グリーン購入法に適合する身近な商品について適合しないとならないスペックを見てみましょう。図表3-3はコピー用紙のものです。古紙100%でなくとも許容されていて、基本的には、極端に難しい製造技術を要するほどの高い環境性能を求めるものではないことが見て取れます。ただ、前述のとおり、年々更新されますので、技術を進歩させるための努力が不可欠なことは忘れないでください。

皆さんが、助成を受けられる、あるいは他の人と違う役割を担う特別な立場に立てる場合には、優れた環境製品などを持っているというだけでなく、ビジネスのクオリティが高い場合もあります。例えば、自らが自然公園の中で土地を買い取って自然を保護する場合や、自然を再生する事業を行う場合があるでしょう。あるいは、自然の中で環境学習を行う事業をするとします。これらの場合などであって事業者がそれぞれの要件を満たすときは、関係する法律（「自然再生推進法」、「環境取組促進法」など）によって、特別な権能を与えてもらえ、事業が円滑に進めやすくなります。すでに紹介した廃棄物処理法の世界でも、規制的なルールだけでなく、優良産業廃棄物処理業者の認定制度があります。法律上の直接の根拠はありませんが、環境に優れた独自の先導的な取り組みを行う企業を「エ

図表 3-3　グリーン購入法におけるコピー用紙の調達基準の改定について

1. コピー用紙における判断基準の改定

●総合評価指標方式の導入

1.各製紙会社の環境配慮への技術力及び消費者が求める品質に応じて、古紙に加え、間伐材等及び未利用材等の環境に配慮された原料についても利用可能とし、環境配慮の指標である「白色度」及び「坪量(紙の単位当たりの重量)」を加えた総合評価指標方式を導入

2.総合評価指標の計算式に、各指標の数値を代入して算出し、一定以上のポイントを獲得した製品を適合品とする

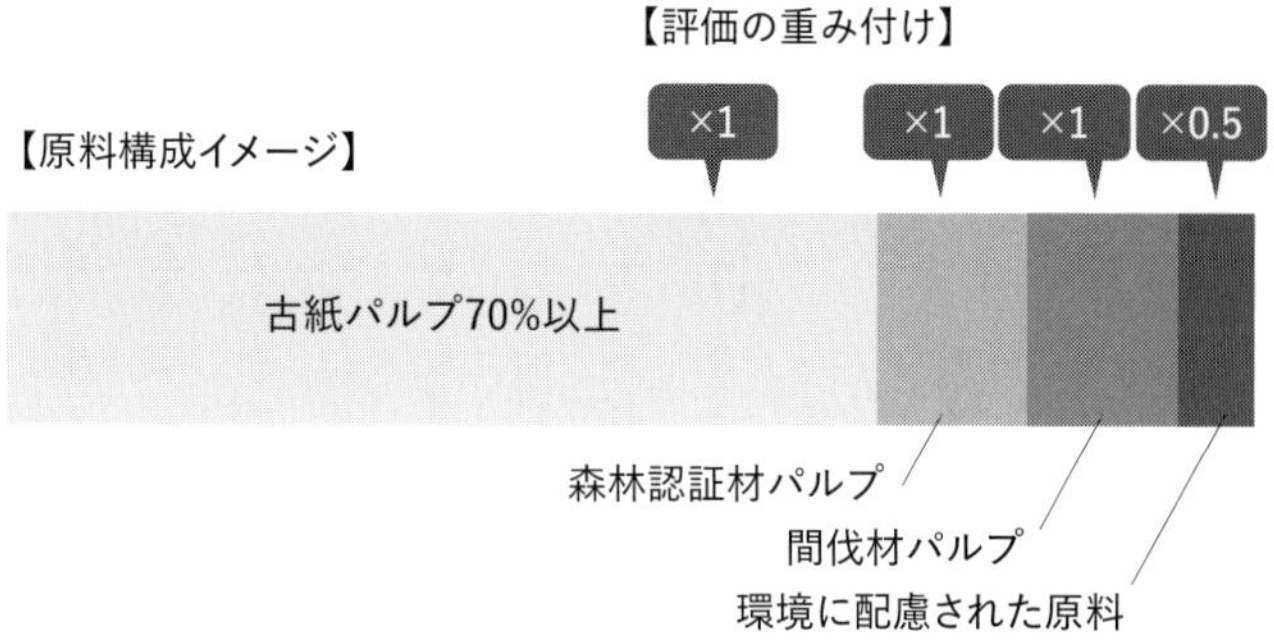

総合評価値

＝ 古紙パルプ配合率 ＋ 間伐材及び森林認証材 ＋ 環境に配慮された原料 ＋ 白色度(低い程加点) ＋ 坪量(少ない程加点) ≧ 80

（古紙パルプ配合率～環境に配慮された原料：基本項目／白色度・坪量：加点項目）

出所：環境省公式サイトより

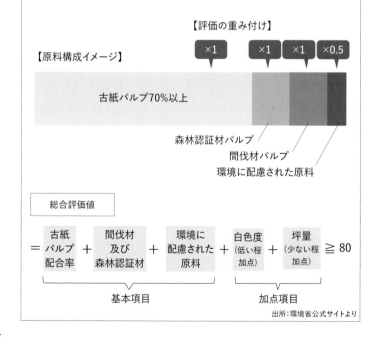

図表3-4　エコ・ファースト企業に選ばれたビックカメラのケース

環境大臣認定
環境先進企業として
『エコ・ファースト』第1号に選ばれました
平成23年4月21日、ビックカメラは目標の達成を受け、より進化した約束を環境大臣と交わしました。
ECO FIRST 1
ビックカメラの環境保全活動
エコ・ファースト の約束
1．循環型社会の形成に向けた取組みを積極的に推進します。
2．業界の枠組みを越えた環境分野における企業間の連携を積極的に推進します。
3．チャレンジ25キャンペーンへの協力などの啓発活動を積極的に推進します。
4．省エネ型製品の普及促進を通じてCO2排出量削減を積極的に推進します。
5．環境配慮型の店作りを推進します。
節電
節電家電に買い替えよう
チャレンジ 20%削減

出所：ビックカメラ

コファースト企業」として環境省が認定する仕組みもあります。環境省との間でいわば協定を結んで、環境的なビジネスに取り組む仕掛けです。図表3-4は、その第一号になった㈱ビックカメラのケースです。優れた事業者に対象が限られる、こうした政策を活用することも、皆さんのビジネスの差別化に役立つでしょう。

被害救済・対策費用の手当てに関する法律など

環境法の3番目のカテゴリーは、不幸にして被害が生じてしまった場合、その被害を補償したり、被害をこれ以上起こさない対策を進めたりする必要があるとして、そのための費用を事後的に、あるいは事前に確保する仕掛けを定めるものです。

お客様のニーズに進んで応えるのが良いビジネスだから、こんな後始末的な法律は、ビジネスに関係ないよ、と思われるかもしれません。でも真実はそうではありません。

産業公害が盛んであった時代に課せられた健康被害補償の「汚染負荷量賦課金」と言う制度は、いわば汚染税のような働きをして、その納付額を減らすべく、製造業が公害対策機器を導入する強い動機づけになりました。今日では、容器包装材、そして家電や自動車などのリサイクルに備えた掛け金が身近な制度です。積みあがった掛け金をどう使うのが良いのか、には、知恵を発揮する余地が多そうです。

公害の分野で、近年大きな課題になっているのは、工場跡地の土壌汚染対策です。こちらも、今日の企業財務情報においては、資産除去債務として、負債側に計上することが求められます。寝た子として隠しておくことはできないため、どうやって土壌汚染対策法に則りつつ土地の有効利用をするかが、大きなビジネス上の課題、したがって、環境ビジネス側からすれば大きなオポチュニティとなっています。

私がアメリカの大学で講義をしていた時、その機会を利用していろいろな都市を巡りました。その一つに、かつて公害都市として有名になってしまった、テネシー州東南部に位置するチャタヌーガがあります。ここでは、第二次世界大戦中からそのしばらく後の時代に、産業公害の元となった工場がたくさんあり、空気が全米一きたない街と呼ばれました。そうした工場は、現在は廃墟になっています。しかし、今日では、その再生利用に力が入れられていました。同市の担当者に聞くと、「かつての工場は、物流インフラなどの基盤がしっかりした場所に立地していたから、そうした土地を眠らせたままにしておくことはとてももったいない、むしろ、そこを活用してこそ地域が活性化する。」と述べていました。そして、地盤を改変しないで済む方法、古い建物を解体しないで活用する方法などに工夫を凝らし、先端企業の誘致などをしていました。土壌汚染地は、ブラウンフィールドと言われますが、そうした負の遺産が、今や良い意味での玉手箱になっているのです。

今後を考えると、新種の商品が考えられます。例えば、「天候デリバティブ」いう保険が注目されます。これは異常気象などで農作物が一定程度以上の不作になった場合に損害が補填されるものです。地球温暖化の下で気候災害が増える中で、このようなリスクヘッジの方法はますます活用されるようになりましょう。

被害というものはそもそも避けたいものですが、避けられない場合は、被害を補填したり、被害をヘッジしたりする上で、ビジネスには大きな期待が寄せられています。

環境法の働きを区分した上で、もう一つ知っていただきたいこと。ルールを重層的に構築することの高い意義

ここまで環境法の働きに着目し、規制、情報開示などを含めた助成、そして回復のルールを概観しました。そこで、もう一つ、知っていただきたいことがあります。それは、特定の機能を持つ法的ルール一つがあれば、目的が十分達せられる、というわけではないことです。実際のビジネスの現場では、様々な環境法規が組み合わさった形でルールが適用されるのが普通なのです。

それには、おそらく三つの実務的に有用な理由があると思います。

一つには、フェイル・セーフ的な発想と言いますか、善意の人が前提であれば、ここまでの規制、例えば情報の届け出や開示にとどめればいいが、悪意の人に備えて、深刻な事案、危険を含む事案などでは、より厳しい手続きを課する、といった階層性があるルール

になっていて、善意の人、あるいはよくあるような種類や規模の行為を行う事業者には比較的簡易な義務が課される、という仕組みになっていることが多くあります。さらに、とても優れた取り組みには、助成、優遇の政策が行う一方、環境上危険が大きい行為や、実際に危害を加えてしまった場合には厳罰を加える、といった助成と規制の組み合わせもよく見られます。

また、ルールがいくつか束になって適用される二つ目の理由としては、ポリシーミックスという考え方があります。それは、環境保全という公益の達成は重要ですが、世の中には、他にも大事な公益があります。一例を挙げましょう。第7課で論じているカーボン・プライシングでは、生活必需品のエネルギーの価格が上がりますから、低所得の家庭にとっては、支出増加の割合が相対的に重くなります。いわゆる「逆進的な」効果が副作用として生じるのです。そこで、炭素税などの導入に際して、低所得の家庭への所得移転を増やしたり、といったことが同時に行われることが起きてくるのです。一般に、複数の政策目的があれば、政策はたった一つという訳にはいかなくなり、最低でも、目的の数だけ違った政策を組み合わせる必要が出てくるのです。

法的ルールの重層的な適用の例として、最後に、国際法と国内法の組み合わせを紹介しましょう。

本書の第4課以降では、炭素クレジット（CO_2の削減に関して、本来削らなければいけない量を越えて削った場合に生じる過剰削減量で、きちんとした手続きで認証されたものは国際的に売買が可能になるもの）が、ビジネスの対象物としてどしどしと登場しますが、これは、京都議定書という国際条約によって定義され、取り扱いの手続きが決められているものです。きちっとしたルールによって内外を通じてその信頼性が守られているので、ビジネス上の財産として取引が可能になっているのです。このように、国境を越えたビジネスを行う場合に、相手国の国内法も遵守しないとなりませんが、しかし、それぞれの国内法が、国際法に定める国際標準に準拠して定められていると、大変に便利です。

国際法には、国内法が準拠すべき世界共通の定義やルールが定められていることがポイントなのです。私（小林）自身、相当数の国際環境条約の策定過程や国内での適用過程にタッチしました。オゾン層保護のためのモントリオール議定書、地球温暖化防止のための、前述の京都議定書やパリ協定、砂漠化対処条約、有害廃棄物の越境移動を規制するバーゼル条約などです。蘊蓄《うんちく》話はたくさんありますが、本書では省きます。しかし特に、京都議定書の国際交渉と国内での適用に関して、担当課長をなんと3年間も勤めましたので、激務に悩んだ覚えがある一方、国内法である地球温暖化対策法には我が子のような愛着があります。国際約束がなかったら、地球温暖化防止を目指す国内法はなかなか誕生しなかったでしょう。地球環境には国境はありませんし、その上、環境政策には、国際貿易上の影響が大なり小なり必ずあります。そうであれば、国内法の発展にとって、しっかりした国際的な基礎があることはとても重要です。皆さんのことではないですが、環境対策に消極的な事業者にとっても、たとえは悪いですが、「赤信号、みんなで渡れば怖くない」ということで、競争条件が海外の同業者と同じであれば、経済への悪影響を過度に心配せずに、対策に取り組めるのです。

他方、しっかりした国内対策があると国際法も進化できるのです。オゾン層保護では、国際約束が各国に求めたのはフロンなどの生産の削減でしたが、日本は、生産枠を守っていてもフロンを最後に空気中に捨てるのはよくない、と考え、国内の独自の政策として、使用済みフロンの回収業者の制度、そしてフロンの破壊の技術的な基準設定を含めた規制の政策を展開しました。生産規制に加え、排出抑制を行うことは今は国際的な考え方になり、それが地球温暖化対策にも役立てられています。

このように、国際法と国内法の相補的な関係と、共進化は、私は、環境法の発展に関与する人々が感じる、仕事の醍醐味だと思います。ビジネスパーソンの皆さんにもその醍醐味を味わえるチャンスがきっとあります。国際法を理解し、うまく活用してください。

環境法の発展に向けて意見を言おう

以上、環境法規の究極の目的、原則的なアプローチ、そして個別法の持つ三つの働き（働きはいろいろと細分類することはもちろん可能です。三つにこだわるものではありません）、そして、複数のルールの間の相補的な関係を紹介しました。どうですか、環境法の世界が見えてきましたか。私は、こうした鳥瞰図が読者の皆さんの頭の中にあれば、環境法は皆さんの敵ではなく、強い味方としてビジネスの中で活用できるツールに見えてくると信じます。

私が現役の環境行政官であった時に大いに頼りにしていたことがあります。それは、企業が開発中の環境対策技術に関する情報です。環境省に、専門家からなる技術評価の検討会を設置し、技術開発の最新情報を集め、その先行きの可能性を評価して、排出基準や、自動車などの環境性能の基準を強化していくことは、いわば定石ともいうべき政策発展のメカニズムです。これに加え、企業の技術者の方々と直接にお話することも多かったですが、大変に有意義でした。「もっと厳しい規制をしても多くの会社が対応できますよ」と、教えて下さる方もいましたし、「遠慮なく世界で一番厳しい規制にしてもらった方が、外国の同業者との競争に勝ててありがたい」と諭されたこともあります。行政庁は、残念ながら、ビジネスの最前線を知っているわけではありません。現場のビジネスパースンの行政への入れ知恵こそが、実は頼りなのです。

役所がビジネスパーソンから聞かせてもらいたいことは他にもあります。読者の皆さんも、もっとエコなビジネスを進めようと考えた時に、差し障りになる法的ルールに気づくことがきっとあるに違いありません。そうしたルールを改善したり、一歩進んで、エコなビジネスを進めやすくするルールを開発したり、ということも、当事者のビジネスパースンこそ気づくことです。今は、いろいろなチャネルで民間の創意を受け止め、法的ルールの改正に活かしていく仕組みができています。ぜひどしどしとルールの提案をして、ビジネスと環境政策との関係を、環境を一層早く確実に良くしていくことに役立つものに変えていきましょう。こうした貢献は国際的にも歓迎されることは言うまでもありません。

ISOなどのソフトローの作成に日本の産業界も参画し、世界スタンダードの起草に加わっています。皆さんも先輩にならって、大いに活躍し、環境が円滑に良くなっていくビジネスのルールを内外で作っていってください。

さて、環境法を概観してみましたが、環境法についてもっと突っ込んだ勉強したい方にお勧めする書物は、①大塚直先生（早稲田大学教授）の著した「環境法」（有斐閣）です。改訂を重ね、最新のものは第４版（20年７月刊行）です。幅広く参照されるのは、オーソドックスな最も定番的な教科書であるからだけでなく、判例も紹介されておりますので、実務家にも役立つからです。また、②元環境事務次官（明治大学前教授）の西尾哲茂さんが信山社から上梓した「わか～る環境法」もあります。これも改訂版が19年２月に出されていて、広く支持されています。この本の特色は、立法論的な視点を随所に盛り込んでいる点です。法ルールを柔軟にとらえて、ビジネスに活かそう、あるいはもっと優れたルール、すなわちビジネスを支えるようなルールを提案しようと考えると、法解釈を越えた情報を与えてくれる、こうした書物はとっても示唆深いのではないかと思います。

ケース・スタディ②
自治体の政策と民間企業をつなぐビジネス
OB吉本さん
（WiseVine［ワイズバイン］社の
代表取締役社長）の場合

小林　吉本さんの会社のミッションは、官民連携の強化です。そして、効果的な連携を生み出すプラットホームを作る、というのがお仕事の内容だと承知しています。なぜ、行政と民間企業をつなぐような仕事が必要と思い立ったのですか。個人的な経験がそこにはありそうですね。

吉本　前職の野村総研では、地球温暖化対策の実装支援を担当していましたが、対策の担い手とならなければいけない一般の企業人には、行政庁とやりとりする情報のフォーマットすら理解できていませんでしたし、いろいろと設けられている補助金についても何もご存知ない、といった大変に困った実態だったのです。環境省などの情報は実際に仕事をする人には伝わっていない。情報の大きな非対称性があるのを実感しました。まずは、野村総研の仕事として、個々の地方自治体の温暖化対策推進計画の内容とその実現に必要な人、物、お金をマッチングさせる仕組みの開発をしましたが、その時に、このような情報の非対称性は、実はあらゆる行政課題に及んでいるので、もっと汎用性のある仕組みを作らねば、と強く思いました。そこで、独立して起業を考えたのです。

小林　官民の間にある情報の非対称性をなくすのは、とても重要なお仕事ですが、取り組むのに許可が必要な仕事ではないので、競争者はたくさんいるのではないですか。なぜ、自分はその中で勝ち抜けると確信できたのですか。

吉本　まずは、狙い目です。行政庁が施策や事業を予算化する前に、金銭面での相場観を確かめるために「参考見積」をしますが、これを風通しのよいものにする、という所をターゲットにしました。自治体が知りたい情報には、実は公開情報がたくさんありますので、それをデータベースに整理し検索できるようにしました。この検索を使うために、数百の自治体が弊社の情報システムにアカウントを持ってくれました。力づくで入力して、施策や事業に関する使いやすいデータベースを持った、ということが弊社の独自の競争力です。このデータベースには民間企業もアクセスでき、情報を仕入れられますが、さらにアカウントを持った自治体から民間企業に向けた、企画中の新施策や新事業への知恵出しの募集を見ることもできます。参考見積の見える化ですね。この知恵出しに応じる時に民間企業からはフィーをいただきます。企画書書きといった販売管理費が経費の半分を占めてしまう、などということが知恵を販売する企業の悩みです。既存の知恵の流通をよくすることで、無駄な売り込み費用などはなくせますから、弊社のような、売買仲介業は成り立つと確信しています。

小林　なるほど。しかし、実際に仕事を始めてみて苦労はなかったんですか。どんな苦労をされましたか。また、逆に、仕事の醍醐味、報われることは何ですか。

吉本　２０１８年に起業をしましたが、ガブテックという言葉すらまだ聞かれなかった頃ですから、民間、それもスタートアップが、行政の施策や事業の向上を手助けして商売を成り立たせられるとは誰も信じてくれませんでした。そのため、例えば、融資を受けるのは本当に大変でした。そんな状態ですから給与も高くは払えません。人集めにも苦労しました。しかし、その後、行政側のニーズを集め、類型化し、それに応えられる形へとデータベースが整備されていくにつれ、弊社のような、いわば販売代行業の意義が分かってもらえるようになってきています。「よい所に目を付けたね」などと言われるととても嬉しいです。十分報われる状態にはまだ至っていませんけどね。

小林　そうですか、もうちょっとですね（笑）。では、今後のお仕事が目指す未来はどんなことですか。

吉本　官民連携のプラットホームづくりがミッションです。官民だけではなく、官官も連携すべきで、そのためのプラットホームが必要です。その上で、プラットホームのプロダクトマーケットフィットの一層の向上です。公益を高めるために民間が力を出し、収益する。そうしたハイエクが説いたような経済社会を目指したいです。

小林　私も大いに共感します。頑張ってください。ところで、昔の話です。ＳＦＣの思い出、そして、「環境ビジネスデザイン論」の思い出はどうですか。

吉本　ＳＦＣはやりたいことをさせてくれる大学で、１年生でも研究室に行ける。つまり、課題を持っている学生にはとても居心地の良い学校です。自分は、学部時代、スタンフォードに短期留学して、これからは環境問題を解決しなきゃ、と確信し、そして、大学院に進学して、低炭素社会デザインコースや、環境ビジネスデザイン論に巡り合えて、とても幸せでした。その後、就職して、地球温暖化対策を仕事にもできました。しかし、今思うと、毎日の授業をもっと大切にしていればもっと蓄積ができていたと反省もします。

小林　環境ビジネスにこれから挑戦する人たちに何か贈る言葉はありますか。

吉本　偉そうなメッセージを申し上げられるような立場にはまだありません。しかしながら、私の眼から見ても、日本のビジネスパースンの地球の危機に対する感度はまだまだ極めて低いと感じています。したがいまして、環境ビジネスには苦労も多いとは思いますが、しかしそれは多くの商機があるということでもあります。ぜひ挑戦してください。

第3課のまとめ

- 取り締まりを避ける、という発想ではなく、ビジネスをうまく進めるツールとして環境法を見て欲しい。
- 環境法の究極目的は、恵み豊かな自然を子々孫々に伝えていくこと。
- 環境法の原則的な考え方は、科学主義、予防原則主義、そして原因者（環境を利用する人）負担主義。
- 環境法の担う役割には、主に、規制、助成、被害回復の三つがある。
- 規制法では、事前の届け出、常時の監視、違反行為への直罰の適用が一般的なルール。
- 環境ビジネスの対象となることが多い廃棄物については、他人の物を扱うには処理業者としての許可が必須。
- 製品・サービスの設計に当たっては、使用者が環境保全をしやすいように十分な配慮を。
- 規制だけでは、環境法の目的は達せられない。様々な政策手段を組み合わせて講じるポリシーミックスが常態。
- 国際ルールも大いに活用しよう。

中間試験

次の問いに答えなさい

- 次の用語を、自分が理解できる言い方でやさしく説明しなさい。
  社会的費用　　機会費用　　持続可能性
  マテリアル・バランス
  ライフサイクル・アセスメント
  ISO14001　　原因者（汚染者）負担原則
  予防原則　　拡大生産者責任

- ケース・スタディ①「小林光のエコ賃貸経営の場合」で取り上げた、環境性能の良い賃貸住宅を環境商品の例として、これをもっと普及していくために、大家、住み手、不動産業者、建築工務店、銀行、保険会社、自治体役場、中央官庁、国会議員、報道機関などの関係者は、今よりももっとどのようなことをするのが良いと思いますか、あなたの考えを書きなさい。理想論ではなく、それぞれの関係者が、なんとか実行可能であると思われるような現実的な範囲で、それぞれが担うべき行動、取り組みなどを考えてみてください。

第4課

すべての会社のソリューション、企業内環境起業をしよう

環境ビジネスの新たな夜明け

新型コロナウイルスは、私たちの生活を、自然に対する見方を一変させました。そのような世界を〝ニューノーマル〟という言葉で表すようになりました。元々、ニューノーマルは、2008年から始まった世界的金融危機・リーマンショックの時に、もう元の経済には戻れないという認識の上で使われ始めた言葉です。日本では11年の東日本大震災により、想定外の災害に対する社会システムの脆さが露呈、福島の原子力発電所の事故は、エネルギーに対して改めて考える機会となりました。今回の新型コロナウイルスの影響により、リーマンショックの時以上に経済が悪化するのではないかという懸念もあります。また同時にテレワークが進むなど、生活スタイルが劇的に変化しています。

地球規模で起こっている、様々な異常気象、新型コロナウイルスの出現はビジネスの常識も変えはじめています。その上、途上国では、人口が爆発的に増加し、先進国では我が国のように少子高齢化が進みますが、このような状況下では、環境への負荷を減らし、限られた自然資源を有効活用しなくては、経済そのものが成り立ちません。新型コロナウイルスからの経済復興に対し、世界的に環境に配慮する「グリーン・リカバリー政策」が打ち出され、我が国も脱炭素社会への移行に向け、急速に舵が切られています。環境（グリーン）・ビジネスは、特別なことではなく、むしろ、企業は、その潮流に適応していかなければ生き残れなくなるかもしれません。そういった事情から、環境ビジネスへの必要性が急激に高まっています。第４課は応用編です。新たな展開を迎えている、環境ビジネスについては、まさしく今の時代ならではの、背景、さらには、切実なニーズなどを理解しましょう。その上で、皆さんが、企業内で環境ビジネスを始めようと思ったとき、どのように進めていけばよいのか？　さまざまなケースを織り交ぜながら、そのヒントを探ります。

株式会社とは？
松下幸之助「企業は社会の公器」

今日では、まずもって、企業の存在意義すら、問い直されるようになっているのです。その昔、松下電器産業㈱（現パナソニック㈱）の創業者松下幸之助は「企業は社会の公器」であり、〝社会の求める仕事を担う〟ものであると言い伝えています。株式会社は企業価値を向上させ、利益を上げることも使命なので、この二つを両立させなければいけません。

これまで、欧米では、米国の経済学者ミルトン・フリードマンが唱えた株主第一主義が主流で、企業は株主の利益を最大化することが使命であり、環境問題や社会貢献、ボランティアに資金を投じることは、株主に対する責任を果たしていない行為ともみられてきました。一方、米国の経営学者、ピーター・ドラッカーによれば、企業をはじめとするあらゆる組織が社会の機関であり、企業はそのステークホルダーに対して役割を果たすべきとあります。企業のステークホルダーの主体は顧客であり、顧客を創造し、役割を果たすことだとドラッカーはいいます。そのほかのステークホルダーには、株主、従業員、金融機関、債権者、取引先、競合企業、地域住民、環境保護団体、税務当局、行政官庁などがいます。

このような二つの考え方があったにも拘らず、重要なステークホルダーは株主や投資家だという考えが主流でした。しかし、リーマンショックを起こしたショートターミズム（短期的な利益やリターンを重視した行動）の反省から、機関投資家にとっては、他のス

図表4-1　企業は、社会が求める仕事を担い、
次の時代に相応しい社会そのものをつくっていく役割がある。

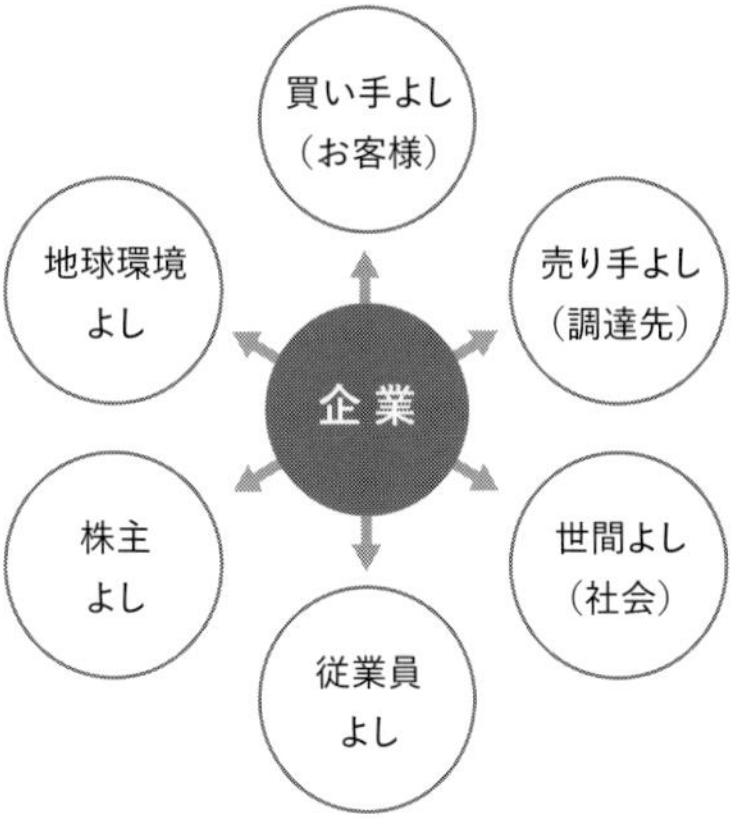

株式会社は、企業価値を向上させ、株主の期待に沿う利益を上げることが使命。

テークホルダーへの企業活動も長期的には企業価値向上につながるとみるべきとする考えが浸透し始めました。つまり、ESG（E＝Environment〔環境〕、S＝Social〔社会〕、G＝Governance〔ガバナンス〕）に関する非財務的な要素が企業の評価の対象とされているのです。

　コロナ禍以前より、米国の財界ロビー団体であるビジネス・ラウンドテーブルによる「株主第一主義」から「ステークホルダー資本主義」への転換の宣言などにも見られるように、企業は自社の利益の最大化だけでなく、パーパス（Purpose〔存在意義〕）の実現も目指すべきだという姿勢を表明し始めていました。パーパスとは、企業の存在意義を示し、

まさに、松下幸之助の伝えることと一致します（図表4-1）。

新型コロナウイルスとの闘いを通じて、サステナビリティやガバナンスの重要性が重視され、株式市場でESG企業に対する投資家の期待が高まり、マネーが集まる傾向が見られるようになりました。このような企業は、ESG経営やSDGs（持続可能な開発目標）活動が顕著です。

ESGとは何かは、第6課で詳しく解説していきます。企業は、基本的に企業の価値を上げることが使命です。いままでは、企業の価値を上げるイコール利益の追求が主流でした。しかし、今は企業の価値を上げることは、それとともに、顧客を創造し市場を作り出すことであり、持続可能な企業価値の向上が重要であると考えられるようになりました。

投資家とESG

ESGは、〝E〟がEnvironment＝環境［気候変動、資源・廃棄物管理（サーキュラーエコノミー）］、〝S〟がSocial＝社会（人的資源、人権、製品サービスの安全、サプライチェーン管理・サイバーセキュリティ）。〝G〟がGovernance＝企業統治（コーポレート

図表 4-2　企業における環境経営は、
ステークホルダーである投資家に対して、説明責任がある(ESG投資)。

E
Environment

- 気候変動
- 資源・廃棄物管理(サーキュラーエコノミー)
- 環境ビジネスの創出

S
Social

- 人的資源、人権
- 製品サービスの安全、サプライチェーン管理
- サイバーセキュリティ
- 社会議題解決のビジネス機会の創出
- 新型コロナウイルス対応

G
Governance

- コーポレートガバナンス、取締役会構成・評価、資本効率
- リスクマネジメント(不祥事未然防止)
- 企業倫理行動

ガバナンス、取締役会構成評価、資本効率、リスクマネジメント（不祥事未然防止）、企業倫理行動）を表しています（図表4‐2）。

06年、このESGは国連の責任投資原則（PRI）からきています。当時の事務総長コフィ・アナンにより提唱されました。PRIはPrinciples for Responsible Investmentのことで、信託、年金基金、生命保険など、個人の資金を預かり運用をする、機関投資家の投資の意思決定プロセスに、ESGの課題を、受託者責任に反しない範囲で反映させるべきとした国際ガイドラインです。ESGに関する情報とは、それまで重視してきた財務情報以外の、非財務情報を示しています。これまで投資家は、収益や業

図表 4-3　将来の不安は、社会の課題。
それは、将来のビジネス機会ととらえる。

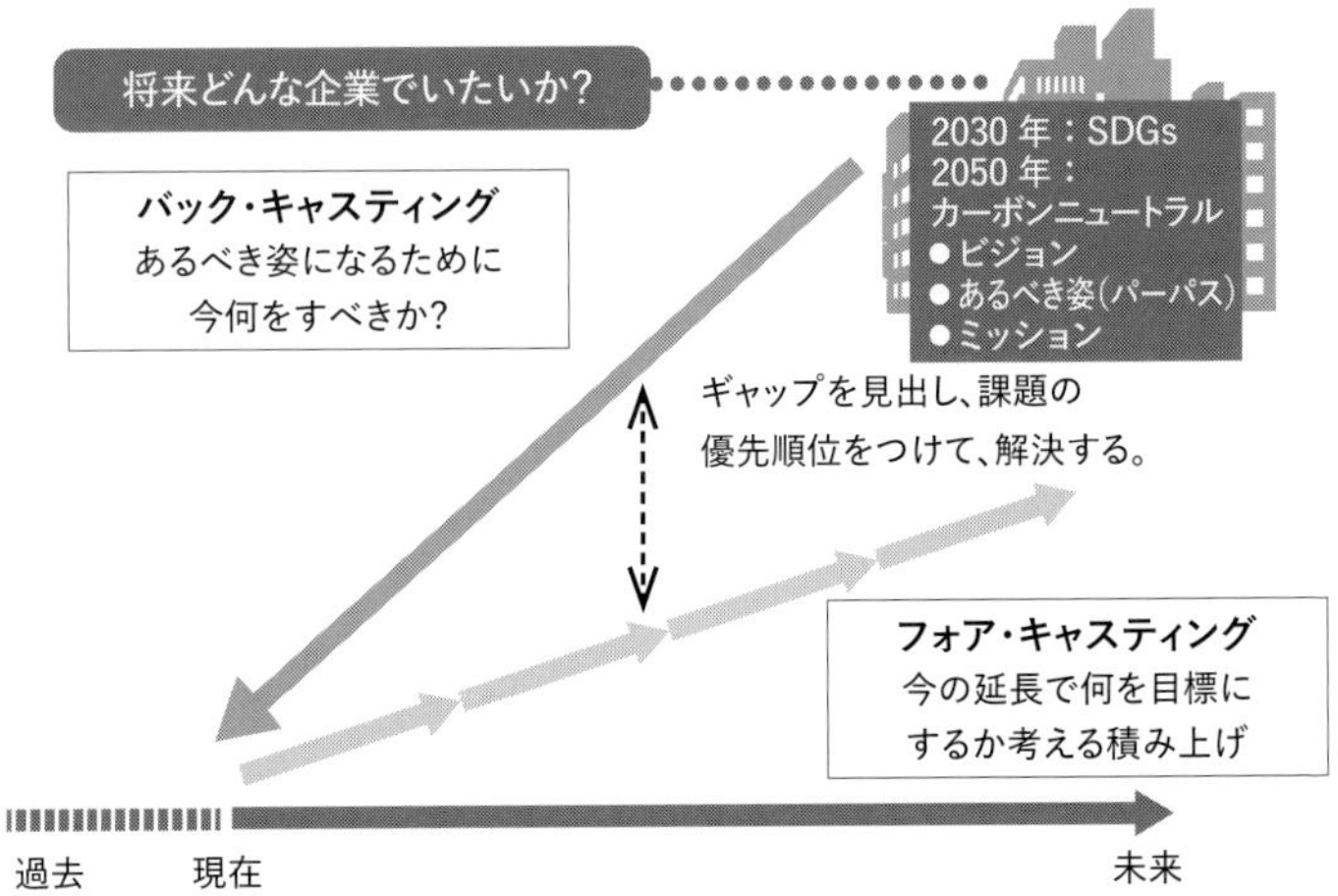

績見通しなどの財務情報で投資判断をしてきましたが、ＥＳＧ投資は、それに加えて財務以外の情報と統合し、非財務情報が財務情報にどのような影響があるかなどを評価します。年金基金や生命保険などの加入者から多額の資金を預かる資産保有者（アセットオーナー）や、それらから運用を受託する資産運用会社（アセットマネージャー）は預かった資金の将来価値に見合う運用益を上げるなどの責務（受託者責任）があります。これらの投資家を機関投資家といいます。

ＥＳＧ経営の考え方というのは、企業の存在意義（パーパス）、つまり、将来どのような企業でありたいかということを設定することです。そのパーパスを実現するために、実現した将来の時点からいまのビジネスを考える（バック・キャスティング）ということであり、それが長期視点で評価しようとするESG投資家の求める情報です（図表４-３）。この考え方は大手上場企業だけではありません。ESG投資ではサプライチェーン全体での評価が必要だと考えています。なぜなら、大手上場企業は個社でビジネスを成功させるわけではなく、ステークホルダーの一つである、様々なビジネスパートナー（取引先）とビジネスをしていくからです。小さなスタートアップや中小企業など実績が多くなくとも、「地球温暖化に歯止めをかけたい」「廃棄物の再利用を進めたい」という、将来の目標やビジョンがあり、有望なビジネスであれば、長期視点の投資家は、次に活躍するプレーヤーを見つけて育てたいと考え、そのようなビジネスを共にしていく企業を評価しようとします。

新型コロナウイルスの影響でESG投資、SDGsに注目集まる

そもそも、なぜ企業は、とりわけ、株式会社は投資家、株主に対する説明責任が生じる

のでしょうか。

「株式会社」とは、株式を発行して資金を調達し、それを元手に事業を行う会社形態をいいます。すなわち、株式会社は、株式（証券）という商品を発行することによって、その買い手である株主から資金を得ます。株主は、投資先の会社が有望で成長すると価値を認めた場合に株式を買います（投資をします）。株主は、企業の価値はどうやって判断するのでしょうか？　株式会社の経営者は、企業の価値を評価してもらい、継続して資金を供給してもらうために、株主に対し、定期的に経営状況、業績や経営方針を説明しなければならない義務があります。株式会社は、情報を開示し、株主とよいコミュニケーションをとることが重要なのです（図表4-4）。

株主（投資家）は、企業価値が上がることを期待します。企業の業績が良ければ企業価値が上がるため株価が上昇し、業績が悪い会社は企業価値が下がります。従って、株式会社は、株価に直接影響する、業績などの財務情報を開示することが責務となります。また、投資家は、単なる財務情報だけで評価するわけではありません。新型コロナウイルスがパンデミックとして顕在化し株価が急落したように、為替、国際情勢（経済、外交、災害、戦争など）、国内外の景気などでも企業価値は影響されるため、投資家は、財務に影響す

図表4-4　株式会社と資金のよい循環

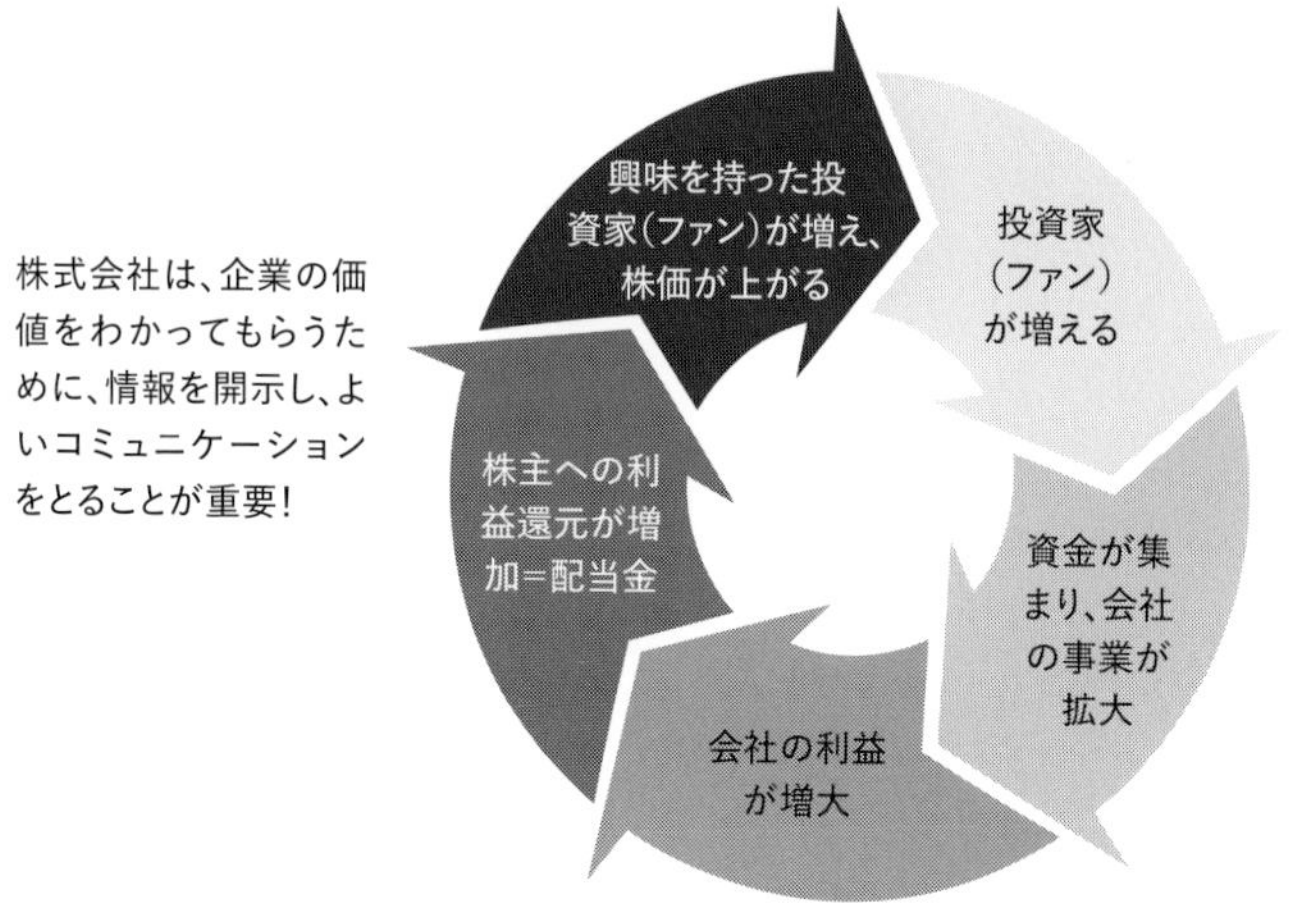
興味を持った投
資家(ファン)が増え、
株価が上がる
投資家
(ファン)
が増える
資金が集
まり、会社
の事業が
拡大
会社の利益
が増大
株主への利
益還元が増
加=配当金
株式会社は、企業の価
値をわかってもらうた
めに、情報を開示し、よ
いコミュニケーション
をとることが重要!

る情報もウォッチします。特に、企業価値を棄損するようなリスク要因になる情報には敏感です。それ以外に、投資家の信条によって評価されるケースもあります。それが、ESG投資の起源である、「社会的責任投資(SRI：Socially Responsible Investment)」です。

その起源は1920年代の欧米にあります。米国においてキリスト教教会の教会資金の運用に際して、聖書の教義に反する、たばこなどの中毒性のあるもの、兵器産業にかかわる企業を投資対象から除外したことで社会的責任投資が生まれました。60年代からの公害問題(E)、人権運動(S)の勢いから、環境問題、社会問題を考慮し、その評価によっては投資を引き揚げる等、ネガティブスクリーニングをする手法が確立しました。さらに、ＥやＳの問題に対し、議決権行使をする株主が登場し、例えば、ベトナム戦争において非人道的な兵器といわれるナパーム弾製造に関与した企業に対して株主が製造の中止を求めるなど議決権行使がされました。ＥおよびＳの他、90年代はガバナンス（Ｇ）などの観点でのリスク評価に関心が集まり、企業決算の粉飾問題が発覚したエンロン事件（エンロンの巨額粉飾決算）などを経て、持続可能な経営管理への関心が主流化します。日本でも企業の社会的責任（CSR：Corporate Social Responsibility）が一般化しました。

06年にＰＲＩのガイドラインが制定されてから、本格的にその効力を発揮する転機が訪れるのは08年のリーマンショックです。世界的なショートターミズムへの反省から、財務的な面だけでなく、非財務的な価値で企業を評価するようになります。ＥＳＧ投資は、社会的責任投資の進化形と言えるでしょう。

時代が下るにつれ、投資家の評価手法は特定の企業を批判して投資対象から外すだけでなく、望ましい経営方針の企業を積極的に評価して投資するＥＳＧ投資、サステナブル投資、インパクト投資へとシフトしていきます。社会規範から逸脱した企業を排除する評価方法をネガティブ・スクリーニング、環境や社会に対し責任を果たし、企業価値を向上させる企業に投資する方法をポジティブスクリーニングと呼びます。そして、投資家が求める見返りとして、経済的リターンと、社会的リターンを同時に追求するインパクト投資に注目が高まっています。

リーマンショック後、ＥＳＧ投資額は欧州で成長します。15年にはＳＤＧｓとパリ協定が相次いで採択され、国内でも15年にＧＰＩＦ（年金積立管理運用独立行政法人）がＰＲＩに署名したことでＥＳＧ投資への関心が一気に高まりました。さらに新型コロナウイルスの影響による不透明な経済状況により、企業が短期的な業績見通しの発表を出せなくなりました。すると投資家も財務情報だけで企業評価ができないため、非財務の情報を求める機運が高まり、ＥＳＧ投資への期待が高まっているのです。

機関投資家と言われる長期視点のＥＳＧ投資家は具体的にどのような情報を求めているのでしょうか。図表４-５を参照してください。

投資家は一般的に、短期には四半期ごと、中長期といっても通常3年から5年くらいの計画で企業がどれくらい業績を上げ達成していくかを見ていきます。ＥＳＧ投資家はさらに、10年単位の経営の在り方の情報開示を求めるようになりました。その情報とは、前述したＥＳＧ経営の考え方、パーパス、バック・キャスティングのシナリオなどです。短期、中期の業績目標と同時に、長期的な目線に立って持続可能な社会にアプローチしていけるかどうかを求められているのが株式会社、とりわけ上場企業であるということです。

また、これまでも投資家は基本的に「Ｇ（ガバナンス）」については評価をしていました。例えば、法令を遵守しているか、粉飾決算などコンプライアンス違反はないか、正当に役員報酬を出しているかなどです。このＧに関しては、企業経営の基礎的なエンジンとして投資家側も評価はしてきましたが、さらに強化を求めています。その一方で、企業価値の将来に関連するＥやＳの情報で企業評価をしてきたとは言えません。Ｅの環境で重視するのは、主に気候変動です。最近では、サーキュラーエコノミーへの関心も高まっています。Ｓでは、ジェンダー、人種をはじめとするダイバーシティや人権問題、サプライチェーンの管理が注目されています。例えば、現在、企業に法的な温室効果ガス排出削減の目標設定が課せられているわけではありません。しかし将来は義務化される可能性もあり、法令になっていなくとも対策を怠れば、リスクとして経営に影響がないとは言えないですよね。経営陣が環境対策、社会問題に対してどのようなスタンスを取ってい

図表4-5　ESG投資の考え方

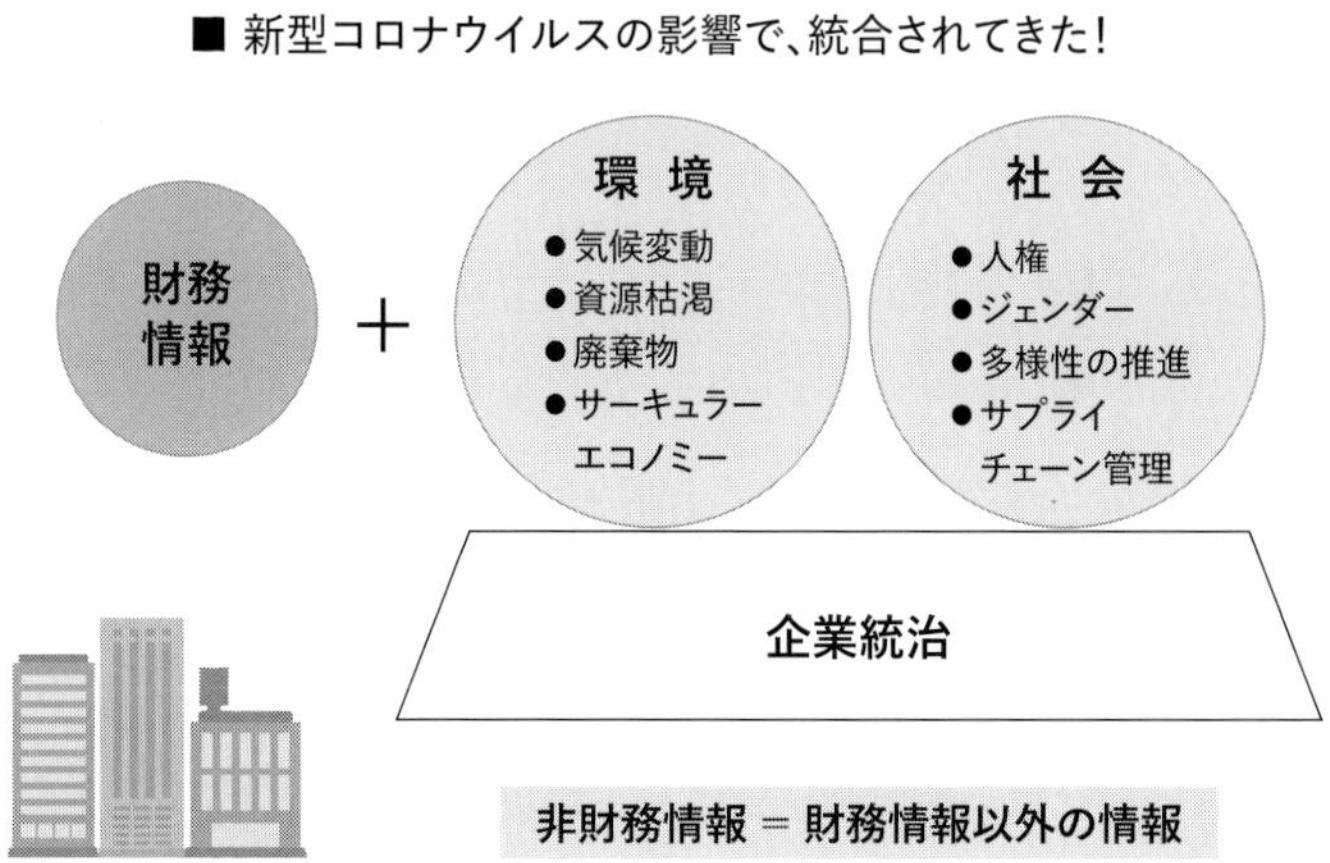

るのか。もちろん、将来リスクに感度の高い経営層であれば、それに対応してビジネス機会も創出できます。しかし、まだこのようなＥやＳのリスク、またはビジネス機会の企業評価に関して投資家側は十分な経験を持ち合わせていない。従って、企業側から投資家に向けて、投資家が企業価値の評価がしやすいような非財務情報を開示していく必要があります（図表４‐５）。特に、投資家からはＥ、つまり、グリーン・ビジネスについては成長戦略として評価がしやすいという声もあります。なぜなら、気候変動、少子高齢化などの課題を多く抱える現代において、生命維持に価値をおき、安全性や環境意識の高い消費者が増加します。それらに対して、規制や政策の対応を超え、企業価値を上げ競争力のある新たな商品やサービスをつくるグリーン・ビジネスに期待があるからです。

さて、ＥＳＧ投資というのが増加しているというのはわかった、といっても、「ＥＳＧ投資が注目している環境ビジネスとは、どのようなものなのか？」いまひとつ具体的なイメージが浮かばないという人も多いのではないでしょうか。皆さんならどのように投資家にそれを伝えますか？　そこで、環境分野での「グリーン・イントラプレナー（社内起業）」の事例を取り上げ、その役割や社会に対する新たな取り組みを追いかけてみましょう。

グリーン・イントラプレナーのビジネスアプローチ

「さあ、環境でビジネスをしよう」と一念発起した時、頭に浮かぶのはスタートアップとして独立した会社を立ち上げて中小規模の事業から拡大していくことでしょう。比較的制限の少ない環境でスピード感を持って事業を始めやすく、社会の課題に直接アプローチできるので、アントレプレナー（起業家）本人の原体験やテーマに対する想いを込めたビジネスを、自分の考えたストーリーで展開することも夢ではありません。

一方で、この第４課のテーマでもあるイントラプレナーとして社内起業する方法もあります。どうしても、環境関連の事業というとＣＳＲ扱いで事業化しにくい、儲かる事業ではないというイメージがあります。しかし、パリ協定やＳＤＧｓの採択、ＧＰＩＦによるＥＳＧ投資の運用開始が、「環境で稼ぐこと」の意味を問い直し、追い風となりつつあります。これらの追い風を力にして、本業の中で、会社の力を借りてやりたいことを事業化し、会社の信用力や財務力を基盤に、社内で関係者を巻き込み、資金調達や人材の獲得ができるというイントラプレナーには利点もあります。本書では、まず、イントラプレ

図表 4-6　グリーン・ビジネスと本業とのシナジー
本業とのシナジーがあり、社内で新規事業の機運があるか？

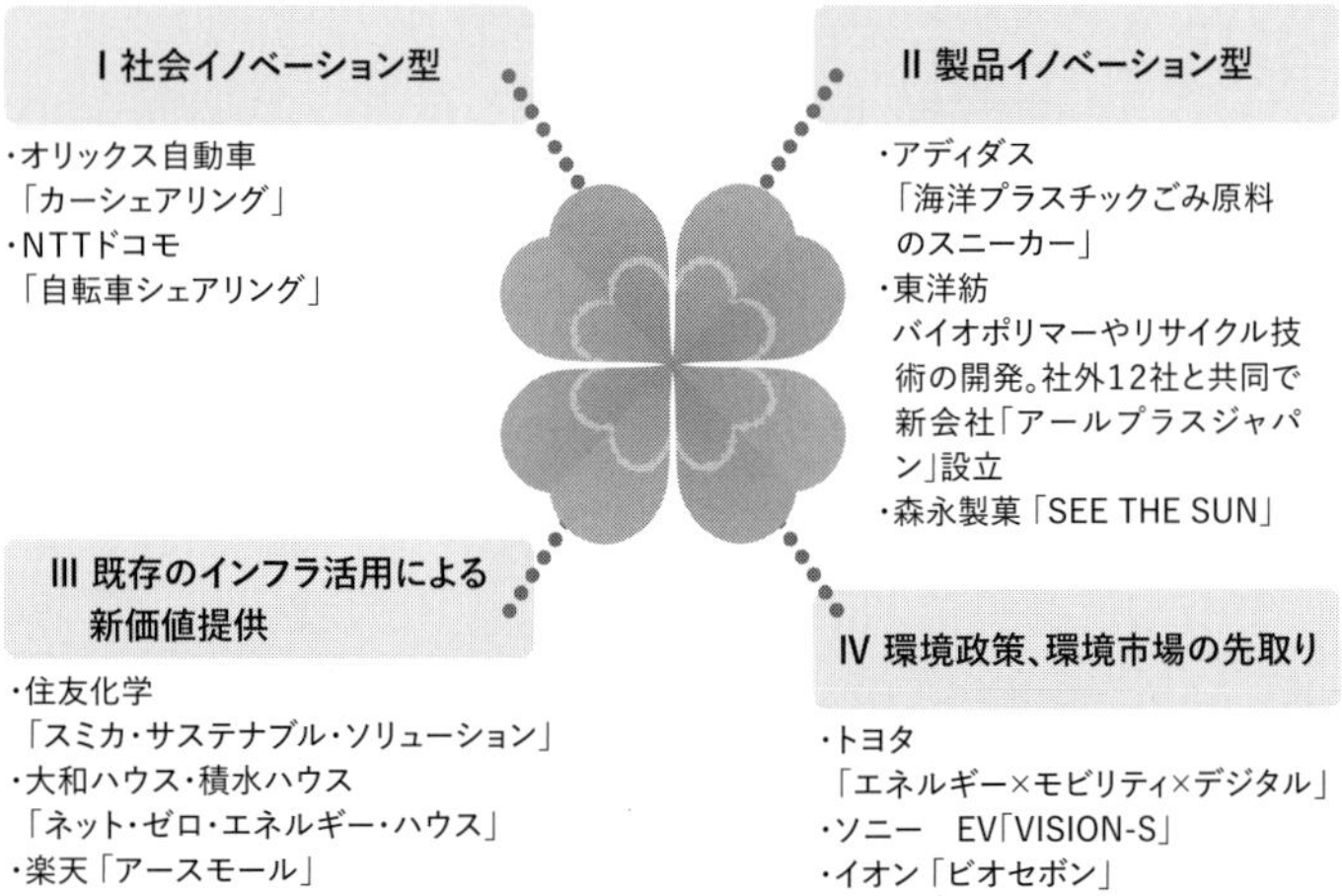

ナーとして、環境ビジネスに取り組むことを想定して、通常のビジネスを行うことと環境ビジネスを行うことの違いを皆さんに理解してもらおうと思います。

環境で社内起業をする「グリーン・イントラプレナー」に期待されるのはどのようなことでしょうか。イントラプレナーが得意なこと・苦手なことを明らかにすることでアントレプレナー（起業家）の役割が変化し、環境ビジネスの潮流そのものも変わって来るでしょう。企業の具体的な先行事例を見ながら、自分のやりたいことと比較して企画をブラッシュアップしていきましょう。

大まかに、事業として企業が実施してい

る環境ビジネスのタイプは次の四つに分けられます（図表４-６の、四つの象限をご覧ください）。

資源効率を上げるために環境負荷の低い社会システム自体を構築する、といった方向性がⅠ。名付けて、社会イノベーション型です。つまり、今、当たり前だと思っている社会システムを変えてしまうというものです。例えば、シェアリング・エコノミーです。シェアリング・エコノミーとは、個人等が保有する活用可能な有形、無形の資産等を、インターネット上のマッチングプラットフォームを介して他の個人と利用可能とする経済活動のことをいいますが、これは、消費活動の変革であり、無駄や過剰を減らし、環境への負荷を抑えることにつながると考えられます。シェアリング・エコノミーは、主に、移動、モノ、空間、スキル、お金などが挙げられます。世界的にシェアリング・エコノミーが認知されたのは、個人が所有する空き部屋や別荘を利用して、民泊を仲介するサービスAirbnb（エアビーアンドビー）ですね。また、日本で一般的に進んでいるのは移動手段分野でしょう

例えば、「自転車シェアリング」は、温室効果ガスの排出削減につながり、地域の活性

化や健康の増進等にも貢献します。㈱NTTドコモ傘下の㈱ドコモ・バイクシェアは、自転車のシェアのみならず、利用分析データの活用を通じた新たな付加価値サービス創出などモビリティのサービスを通じて社会を変えるためのプラットフォーム作りをしようとしています。また、NTTドコモは、富士運輸㈱・トラボックス㈱・イーソーコ㈱などと協力し、物流のプラットフォームとして開始したサービスdocomap JAPANがあります。このサービスは、荷物を積まないまま走る空車が、どこにいるのかをGoogle Map上にリアルタイムで表示し公開します。これにより、運送業者は車両をシェアし、空車のまま走るトラックを減らすことができ、温室効果ガスの排出削減につながるだけでなく、人手不足の解消に役立ちます。

また、カーシェアリングもあります。タイムズモビリテイ、オリックス自動車㈱のオリックスカーシェアなどレンタカー会社が実施するものもありますが、最近では、トヨタなどが車の販売ではなく、「車を利用するサービスを提供する」ようなビジネスを始めています。月額制車乗り換えサービスのKINTO（キント）などがそれに当たります。車のサブスクリプションモデル（定額制サービス）は、新車販売を抑え消費を減らすこととなり、これまでの消費で経済を支えるという社会システムを変革することになります。

Ⅱは、新たな技術や素材を開発する製品イノベーション型です。もっとも身近でヒットした例に、スニーカーがあります。話題になったものといえば、ペットボトル、Tシャツ、糸くずをリサイクルした再生素材を85％以上使用したナイキのスペースヒッピー。スニーカーは消費財で安価なものもありますが、一方、愛好家が多く、高価格で取引されるコレクター市場でもあり、ストーリー性の高い製品です。アディダスは、海岸や沿岸地域から集めたプラスチックごみを原料とする再生素材のスニーカーを開発し、２０１９年には１００万足を販売したと言われます。年間4億足の売上からみれば微々たるものですが、アディタスは、24年までに、シューズのみならず、ウエア、バッグなど全商品で再生ポリエステル１００％を実現する方針を表明しています。海洋プラスチック問題に取り組むと同時に、使い捨て型の消費モデルが前提のアパレル業界のビジネスモデルのイノベーションともいえるでしょう。

製品に対して新たなイノベーションを起こすということでは、東洋紡㈱のバイオポリマーやリサイクル技術が挙げられます。バイオポリマーとは、バイオマス（植物資源）由来のナイロン樹脂で、東洋紡は、50年までに工業用や食品包装用などの全フィルム製品をバイオプラスチック化するとしています。社外の12社と共同で新会社「アールプラスジャパン」を設立し、環境負荷の少ない効率的なプラスチック再資源化技術を開発し、普及しようとしています。製品のイノベーションは、ディープテックと呼ばれる他社が真似することのできない分野です。このようなテクノロジーの開発は、他社からの追随が難しく個社の価値が高まるため、投資家からは歓迎されます。

また、食品資源や気候変動の問題解決につながるイノベーションとして植物由来肉があります。植物由来肉は、畜産などの食料供給の過程で出る温室効果ガスの排出の抑制につながると言われます。米国ではすでに大きな市場になりつつありますが、日本でも、数社が植物由来肉の開発をしています。

3番目は既存のインフラを、グリーンの価値を付与するインフラに変容させ、ビジネスの真ん中に持ってくるもので、Ⅲの分類です。

住友化学㈱は、気候変動対応、環境負荷低減、資源有効利用の分野で貢献するグループの製品・技術を「Sumika Sustainable Solutions（SSS）」として自社で認定しています。そのSSS認定製品の売上収益やライフサイクルを通じた温室効果ガス排出削減貢献量をKPI（Key Performance Indicators：重要業績評価指標）として位置づけ、それらの社会価値創出への貢献を社員の功績表彰制度の評価項目の一つとしています。また、投資家向けにＳＳＳ認定製品の売上目標やその進捗も公開しています。コニカミノルタも同様に、11年に独自の認定制度「グリーンプロダクツ認定制度」を導入しました。17年度からは、地球環境問題のみならず、ＳＤＧｓの視点で社会課題の解決にもつながる製品・サービスに対し「サステナブルグリーンプロダクツ認定制度」を開始しています。同社は、サステナブルグリーンプロダクツの売上高が19年に７３３１億円となり、グループ総売上高に占める割合は74％に達しているとしています。これらの開示情報は、投資家にとって定量的で比較しやすく、企業のＥＳＧ評価がされやすいでしょう。

既存の製品・サービスに対し、どのようなグリーンの新価値を付与・提供できるかも重要な視点です。大和ハウス工業㈱が提供するネット・ゼロ・エネルギー・ハウス（ＺＥＨ）は、エネルギー消費の見える化や省エネ、太陽光発電システム設備の設置など、既存のハウジングサービスにグリーン価値を提供しています。さらに、太陽光発電システムの固定価格買取制度において買取期間満了（卒ＦＩＴ）を迎える戸建住宅オーナー向けに、太陽光発電システムの余剰電力買取および電力販売を行うサービス「ダイワハウスでんき」を提供することにより、ゼロエミッションハウス販売の好循環を作るインフラを構築しています。積水ハウスも同様のサービス（積水ハウスオーナーでんき）を提供していますが、買取った電力は自社のＲＥ１００の達成のために使用しています。ＲＥ１００とは、事業活動において使用する電力を１００％再生可能エネルギーにすることを目指す国際イニシアチブで、積水ハウスは、ＥＳＧ経営を推進する中で08年に持続可能な社会構築のために「脱炭素宣言」をいち早く行っています。

このように、既存のビジネスそのものを環境問題解決に仕向けることにより業績を向上させるストーリーとして、投資家向けへのよい説明になるのです。

また、楽天グループ㈱は、ＥＣコマースの中で環境にいいものや社会にいいものだけをあつめたプラットフォーム「アースモール」を運営しています。楽天は、５万店舗以上、２・７億点以上の商品を扱っており、楽天アースモールは、扱っている商品を環境やエシカルの視点で整理し、価値の組み替えを行なっているのです。これは、楽天が持つビジネスアセットを活用した消費者へのメッセージになります。このような価値の組み替えをストーリーとして伝えることにより、新たな消費者層の開拓につながると同時に企業価値の向上にも貢献するのです。

最後のタイプのⅣは、目の前の環境規制の対応に取り組むだけではなく、将来の環境政策や環境市場を先取りするビジネスに参入するというアプローチです。競合他社より一歩先に出て差別化をし、リードタイムの間に利益を出すというアプローチです。

まず、モビリティです。世界が、脱炭素社会に移行していくにあたって、運輸部門でのゼロエミッションは大きな課題です。そこで、欧州をはじめ、世界最大の自動車市場である中国、米国カリフォルニア州などが、ガソリン車、ディーゼル車の新車販売を30〜40年にかけて禁止する政策を打ち出しました。そして日本政府が35年に純ガソリン車／純ディーゼル車の新車販売禁止の方針を発表しました。これらの動きは、パリ協定が採択された15年末以降急速に進んでいます。トヨタは、15年に「トヨタ環境チャレンジ２０５０」を発表し、50年に新車平均ＣＯ$_2$排出量を90％以上削減、ＥＶ販売量を25年に３０００万台にする目標を立てました。トヨタは、環境目標としてＥＶ販売を掲げ、18年にモビリティサービス専用ＥＶ「e-Palette Concept」というコンセプトカーを打ち出しています。また、トヨタは、静岡県裾野市において、あらゆるモノやサービスがつながる実証都市「Woven City」構想を掲げ、様々な脱炭素や環境配慮をされたコンテンツが含まれています。ＥＶコンセプトカーはその主要なコンテンツです。つまり、将来の環境市場やデジタルトランスフォーメーションを先取りしたビジネモデルの創造です。

そして、ソニーグループ㈱がＥＶ試作車「VISION-S（ビジョンエス）」の公道走行の実験に乗り出しました。ソニーが自動車開発に参入するのは、主力事業である画像センサーや、映画・音楽といったエンターテインメント事業にとって自動運転車が重要な技術となると見ているからです。自ら車両をつくってデータを集め、変革期にある自動車業界へのアプローチを探っています。特に、ビジョンエスには３６０度のあらゆる方向から音楽を聴ける立体音響技術を搭載しており、エンターテインメント事業でもあります。ソニーは、コロナ禍にあっても、巣ごもり消費として、主要事業であるゲームソフト、機器等のエンターテイメントビジネスへの需要増があったので株価も堅調でした。「ソニーが電気自動車やるなんて」という驚きをもって評価されています。そこには、ソニーの環境計画「Road to Zero」において、エレクトロニクス事業だけでなく、まさにエンタテイメント事業など各事業においても、地球環境への負荷低減に取り組む戦略が現れています。トヨタのような自動車会社によるＥＶ戦略と、エレクトロニクス企業のＥＶ戦略では本業との絡ませ方のストーリーによって評価が異るわけです。

環境市場の先取りに食品流通業界があります。イオン㈱は、ビオセボンというヨーロッパで１４０店舗以上展開しているフランスのオーガニックスーパー・マーケット（現在はカルフールに買収されている）に出資し（ビオセボン株式の19・９％をイオンが保有）、ビオセボンジャパンとして20店舗以上出店しています。イオンは海外で普及しているビジネスモデルをいち早く新規ビジネスとして取り入れてきました。オーガニック食品流通が主流になってきた欧米を見て、「小売業はこのままのビジネスモデルでは持続可能ではない。欧米のように、オーガニック製品など高付加価値の商品を買ってくれる消費者をつくる必要がある」と考えたようです。ビオセボンは、コロナ禍において高価格帯の商品展開ながら、売上は伸びています。

ⅠからⅣの企業の環境ビジネスの区分タイプの事例から見えるのが、グリーン・イントラプレナーにとって経営戦略の二つの方向性です。

マクロ的アプローチとミクロ的アプローチがあります。環境問題を解決するために、社会システムそのものの変革を目指してコンセプトを描き、そこに必要な技術や、サービスを組み合わせるのがマクロ的アプローチです。一方、個別の問題解決のためにイノベーションを起こし、技術開発を行い、その技術の実用化を目的とするのはミクロ的アプロー

図表 4-7　グリーン・イントラプレナーのストーリーは？

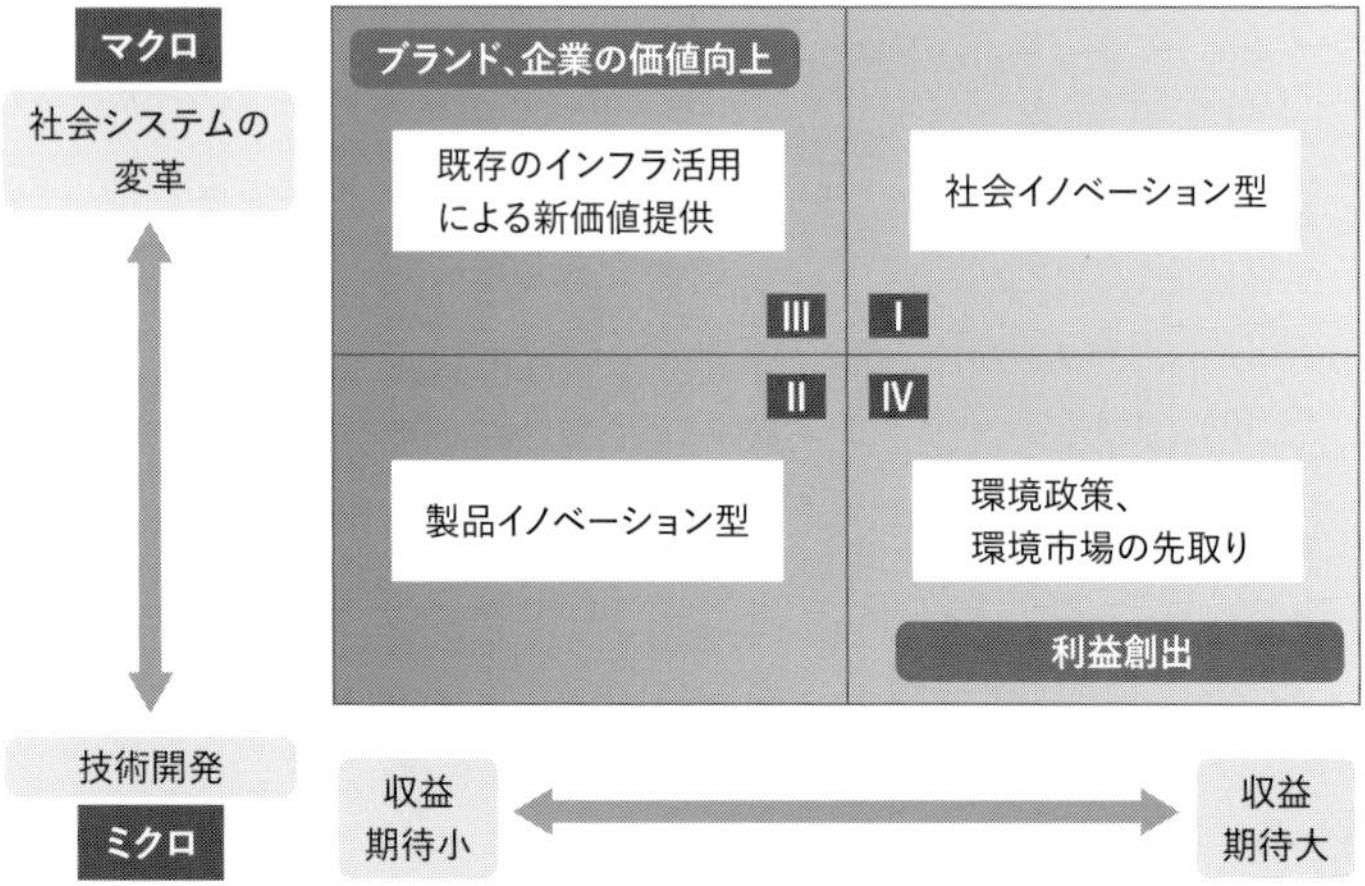

チです。そして、これらのアプローチにおいてはまず、企業の中長期的な価値向上を狙うのか、または、商品として短期視点で利益創出を狙うかにより、動員する資源や人材などが異なるかもしれません。

図表4-7では、縦軸を、社会システム自体や市場の変革などのマクロ的アプローチと素材・技術開発を主体としたミクロ的アプローチの方向性の違いで表しています。また、横軸は収益に対する期待の大きさで分けています。デザインするグリーン・ビジネスの目指す方向性が、社会システム自体や市場の変革と、素材・技術、サービス開発の二つがあるとして、さらにそれぞれを収益が大きく見込むか、企業価値を向上

図表 4-8　環境ビジネスの発想のアプローチ（社会の環境課題解決）

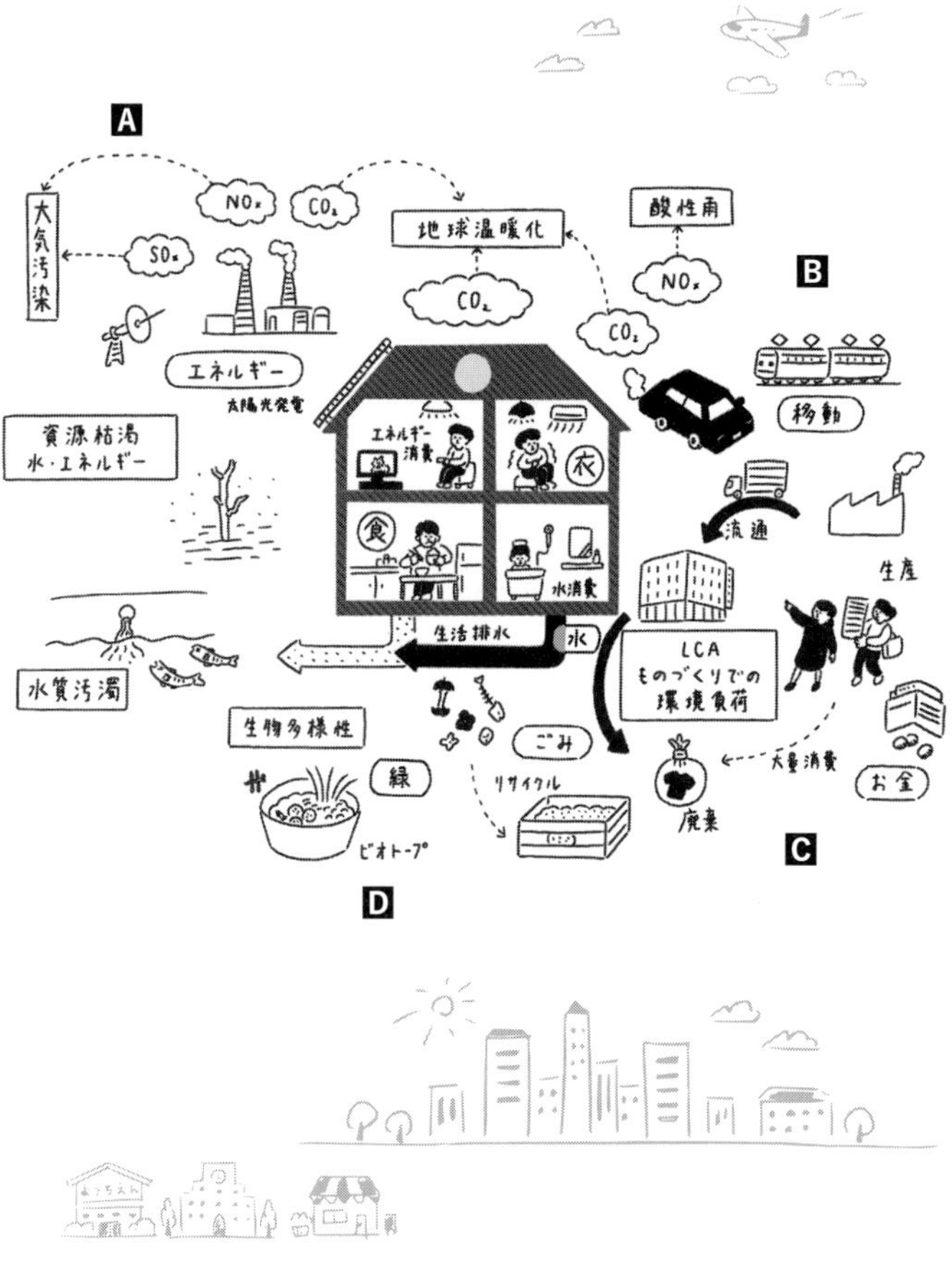

出所：木楽舎刊　『地球とつながる暮らしのデザイン』

させる効果を狙うか、というところで四つのマスをつくりました。色が薄い方が収益力、色が濃い方が価値向上力を表します。だんだんと濃い色からグラデーションで薄くなっていく。白に近づくほどビジネスとしての収益を期待するという色分けです。左上に当てはまるのはⅢで、企業が既存の生産、流通のインフラを見直して活用するため、パートナーや顧客の認知も得られやすいです。収益率が短期的に大きく変化しないものの、企業価値の向上が図れます。なお、Ⅰに分類されるような社会システムの変革に取り組む場合、市場の意識改革も含めかなりのリードタイムが必要であり、収益期待に対し不確実性はありますが、企業への社会からの期待感が向上します（図表4-7）。

その対極にあるのが、Ⅳの環境政策、環境市場の先取りをした技術・サービス開発による利益の創出です。後々、先取りした市場が拡大して収益が上がることが期待できます。同様に技術開発をベースにしたⅢのディープテックも、事業単独では短期の収益の見通しが立ちにくいものの、実質的に環境負荷の削減に直結する商品を機会をとらえて市場に投入し、利益獲得を追求します。

社内起業でグリーン・ビジネスをスタートする際の方向性として、収益拡大目的だけでもなく、企業価値の向上の目的だけでなく、図表4-7中の真ん中あたり、すなわち、双方のバランスをとった方向性を示すことが重要です。なぜなら、これまでの価値観では、グリーン・ビジネスへの投資は、コストであると考えられがちで収益期待が見込まれないと社内では思われるからです。つまり、濃い色を中心にするとＣＳＲの枠組みに収まってしまいスケールアップが見込めず、薄い色だと短期的な黒字化を要求されてしまいます。いくら、ＥＳＧ投資やＳＤＧｓといった外部環境が変わったといっても、その変化を一足飛びに社内で理解してもらうのは容易ではないかもしれません。

私もまた、社内を説得してイントラプレナーの道を切り開いてきました。この課の最後に、自己紹介を兼ねてパーソナルヒストリーを載せておりますので是非参考にしてください。

グリーン・ビジネスのニーズ

ここで、皆さんが国内でグリーン・ビジネスを展開する場合を想定し、環境省が取り組んでいる環境ビジネス分野の政策を踏まえながら、社会にどのようなビジネスニーズがあるのかを追いかけてみましょう（最近までの話は、小林先生の第２課で説明されているので割愛します）。２０１８年４月に、第五次環境基本計画が閣議決定されました。環境省は、ＳＤＧｓやパリ協定（15年）といった世界を巻き込む国際的な潮流や複雑化する課題を踏まえ、複数の課題の統合的な解決を目指す「地域循環共生圏」（＝ローカルＳＤＧｓ）を創ることを提唱しています。その具現化のために掲げるのが、地域資源を活用する課題解決に向けてまとめた「自立分散型のエネルギーシステム」、「人に優しく魅力ある交通・移動システム」「健康で自然とのつながりを感じるライフスタイル」「災害に強いまち」「多様なビジネスの創出」の五つの軸です。

これら課題の解決に有効な環境ビジネスの業種は、大きく次のＡ～Ｄに分けられます（図表４-８及び４-９）。

Ａ．環境汚染防止（大気汚染防止、下水、排水処理、土壌、水質浄化、騒音、振動防止、化学物質汚染防止など）
Ｂ．地球温暖化対策　→　気候変動
Ｃ．廃棄物処理・資源有効活用　→　サーキュラーエコノミー
Ｄ．自然環境保全　→　生物多様性、資源枯渇回避

図表4-9　社会イノベーションを促すビジネスの創出＝環境ビジネス創出

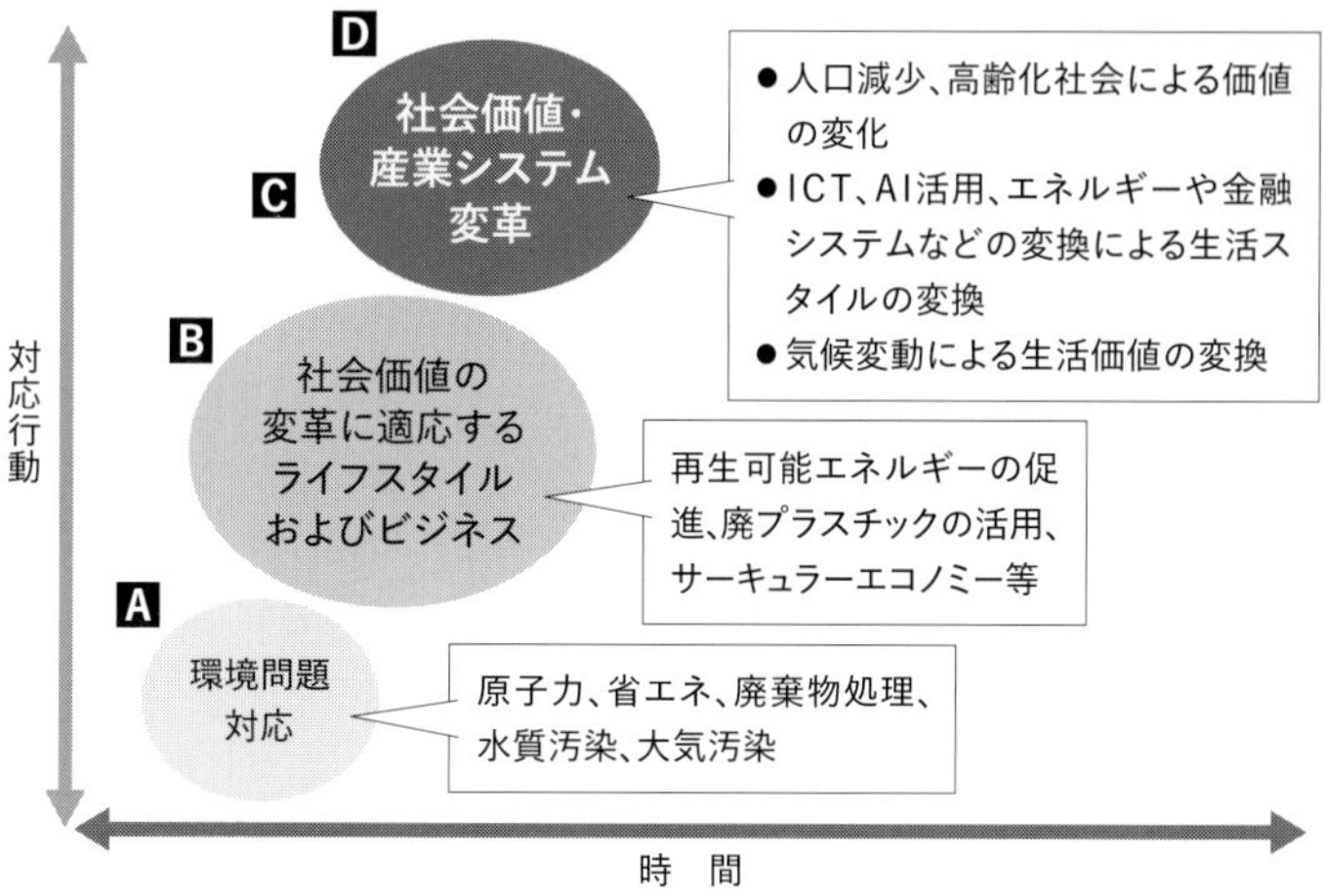

そして、環境ビジネスは大きく分けて二つのタイプがあると言えるでしょう。一つは、明らかにニーズがわかっているＡのタイプ。もう一つは、ニーズを作り出すタイプです。

一方は、Ａのように環境法などの規制をベースとしたＧ（ガバナンス）を意識したビジネスで、他方、Ｂ、Ｃ、Ｄのビジネスは ESG のＥの分野と考えるとわかりやすいでしょう。Ａは法令によって、問題があきらかになっていますが、Ｂ、Ｃ、Ｄは将来起こるであろうリスクとビジネス機会です。企業の多くはこれまで、規制や政策に対応することをベースに、環境保全をすることが中心でした。企業が環境保全活動を行う場合、リスクは低減されますが、収益を生まない事業であるため、企業のランニングコストが増加することになります。一方、Ｂの気候変動課題にみられるように、外部不経済の市場規模が、現時点では計り知れないリスクがあります。その反面、リスクの低減手法が見つかれば、大きなビジネス機会にもなることも期待できます。これまでの市場システムでは推し量れない、リスクと、それに相反する、ビジネス機会。そこに、金融機関が動き出した理由があります。ＩＴバブルの時と同様の〝何が起こるかわからないが、それ故の期待感と対応が遅れると損をするかもしれないという恐怖感〟が、気候変動関連の投資の原動力になっているように思われます。

人口が増加しＧＤＰが右肩上がりの高度経済成長期には、環境に負荷をかけながら、少しでも経済的に豊かな生活を求めてきた結果、公害が起こりました。公害を起こさないように法律が制定され、それに対処するビジネスが生まれ、さらに、企業は社会的責任を果たすために、エコビジネスを生み出してきました。しかし、日本は40年には全国１８００市区町村の半分がなくなり、日本の将来推計人口統計では、60年には人口が９０００万人を切り、老年人口が40％近くになるといわれています。つまり、今のままの社会システムでは、一部の地域以外では生活が困難になり、これまでのような裕福さや、便利さが継続していけるかというとはなはだ疑問なのです。これまでのエネルギーや交通などの社会インフラは、多くの人口がいかにうまく動くかを考えてきました。しかし、そのような今のインフラを維持することは将来にわたって負担になることが考えられ、システムを変えなくてはいけない時代になっているのです。

そのひとつの表れとして、前述したシェアリング・エコノミーがあります。米国では、個人所有の家に宿泊する民泊のAirbnb、個人の車をシェアするライドシェアのウーバーテクノロジーが誕生しました。そしてライドシェアは、日本より、アジアや中南米の新興国で急速に普及し、各国では独自の企業が生まれています。日本と違って、公共交通網が未発達で現地のタクシー会社の信用が低いため、かえってウーバーで登録されている個人ドライバーのほうが信用できると、もっぱらウーバーが使われます。そして、このライドシェアは、それまで流しで客を獲得していたタクシーが無駄にガソリンを使ってCO_2を排出していたビジネスモデルと違い、最もそばにいる遊休の個人所有の車を活用することにより、CO_2の排出が削減できると考えられます。しかし、スマートフォンを使ったリムジンサービスを始めたウーバーの創業者は、グリーン・ビジネスを始めようと思って同サービスを始めたわけではありません。

Airbnb の創業者は、大学で開かれるコンファレンスに集まる参加者に対して、ちょっとしたおこづかい稼ぎに、自分の部屋を貸したことからビジネスが始まったといいます。これまで空室だった部屋を活用するということは、部屋の維持にかかるエネルギーや資源を有効活用し、資源の無駄をなくすグリーン・ビジネスともいえます。しかし、その創業者が意図したことではなかったはずです。つまり、これまでの無駄を承知で追及していた利便性や快適性の常識を破り、無駄をなくす利便性から新たなサービスを生み出すと、それが環境に負荷をかけない新たなグリーン・ビジネスとなりえます。もちろん、その際に新たな環境負荷がかかっては、元も子もありませんし、ゼロにならなくても、相対的に負荷が下がらなければなりません。

どんなビジネスチャンスがあるかわかりません。裏を返せば、関心を持っている課題＝ビジネスシーズ（種）と、その課題をどのように社会のニーズに結びつけて解決するかは自分で考えなくてはなりません。つまり、ニーズを作り出すということです。消費者にとっての需要やニーズそのものがわからないB、C、Dの分野のグリーン・ニーズとは何か。例えば、コロナ禍で大量の余剰食材が発生したことを機に注目されている食品ロス（フードロス）の問題があります。食品ロスの問題は従来からありましたが、このようにニーズはいつどのように現れるかわかりません。

また、環境問題や公害問題は思いもよらないところから起こります。例えば、なかなか問題が解決しない宅配便の人手不足は、再配達の見直しや宅配ボックスの設置、働き方改革などの解決策がとられようとしています。宅配便という便利のよいビジネスの競争が激化し、コストを下げ効率上げるようにビジネスを構築してきたため、労働者にしわ寄せがきました。しかし、これは、宅配の人手不足だけの問題でなく、即時配達のサービスが増え、再配達の無駄が出るということにより、それだけ余分に配達のトラックからCO_2を排出していることになります。公害問題とならなくても、気候変動の観点からみれば環境問題です。利便性を追求すれば、環境問題が起こる、ビジネスを始める時にはどんなことが問題となるかわからず、起こってみないとわからないことが多々あります。

第２課で小林先生が指摘しているように人間のあらゆる活動が環境に負荷をかけており、その負荷を少しでも減らすことがグリーン・ビジネスとなるのです。果たしてどのようなサービスをどのタイミングで生み出すことができるのか。環境の価値や、社会貢献価値を産み出すことと並行して、いかにキャッシュを生み出せるのかという視点が環境ビジネスを行う上では重要です。

グリーン・ビジネスの創造のアプローチ

この本を手に取った方のなかには、「環境で起業をしたい」と思っている方は少なからずいらっしゃるでしょう。実際にプランを立てたとき、最も難しいのが〝どうやってシーズとニーズを結びつけるか〟のアイデアを出すことかもしれません。ビジネスのシーズおよびニーズを探しだすことは重要であり、また、環境ビジネスを創出することは、すなわち現代の市場と環境に関する状況を見極めて社会的なイノベーションを促すビジネスを創出するということです。

前述したとおり、企業は、環境や社会課題解決に向けて、規制や政策のリスクへ対応するだけでなく、それに先んじた、アクティブなアプローチが必要であるという認識を高めてきました。

企業の活動は、自社単体の生産活動だけでなく、一つの商品ができるまでには様々な素材や部品が使われ、それらのすべての生産工程、また、バリューチェーン全体として考える必要があります。企業活動は、自然資源をインプットとして、自然が受け入れられるだけのアウトプットをすれば、つまり、このサークルの中で、資源循環がされれば環境に負

図表4-10　環境ビジネスの発想のアプローチ
=社会の環境課題解決

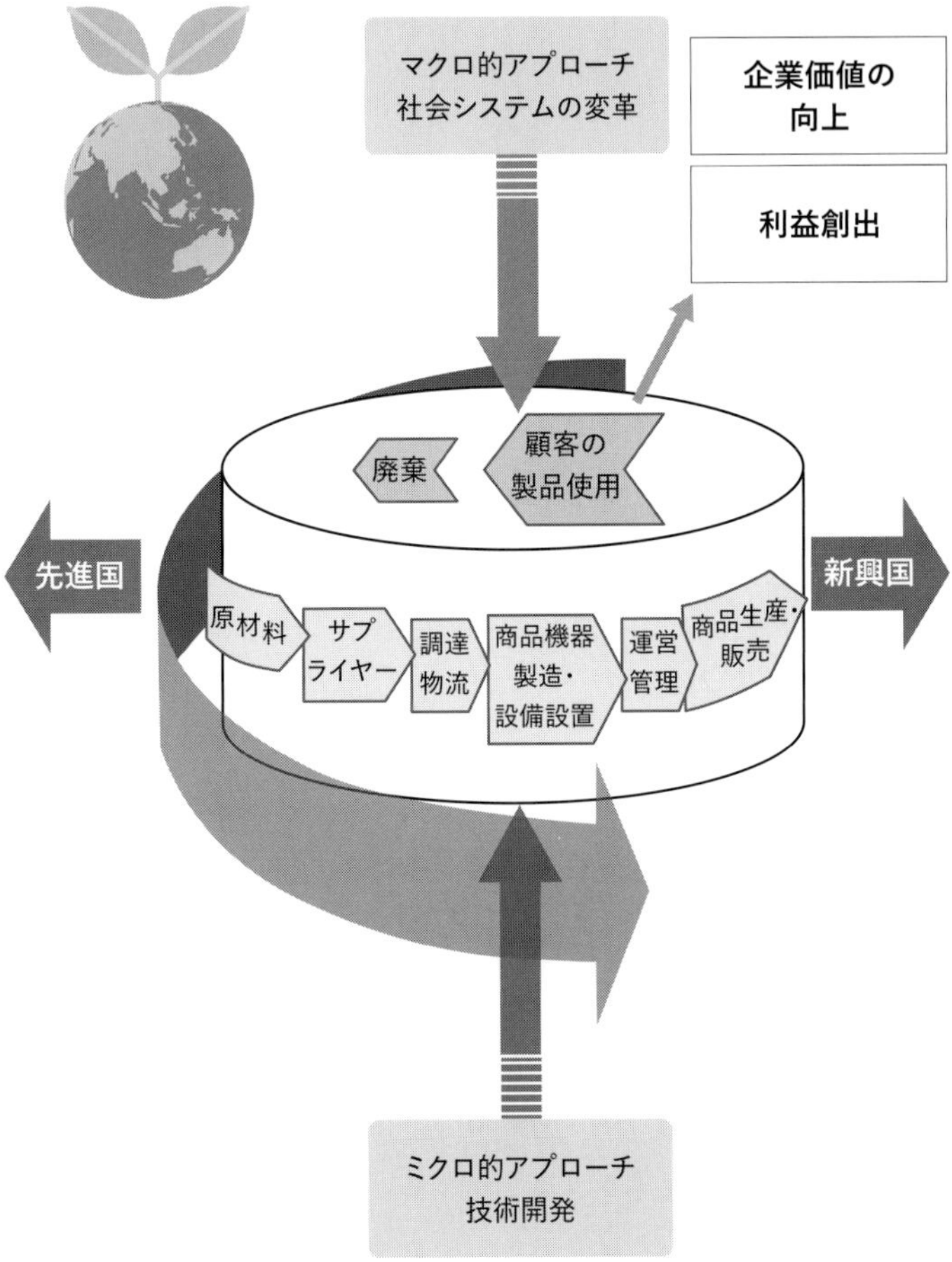

荷をかけることはありません。生産活動が利益追求中心になると、自然が消化できない負荷が生じるため、それらを解消するためのコストを払わずに外部に押し付けてしまい環境問題が生まれます。第1課で学んだとおりです。通常のビジネスにおいても、コスト削減がビジネスアイデアの生まれる源泉となるように、環境コストの削減にビジネスの機会があるとしたら、どのようなアプローチがあるかということを考えることが、グリーン・ビジネスといえます。では、コスト削減をするためにはどんなアプローチがあるのでしょうか？　それが、前述で整理したマクロとミクロ視点の二つです（図表4-10）。

これまでの多くの環境ビジネスは、初めから利益追求を目的で生み出されたものよりは、起こった問題の解決をすることが中心で、環境ビジネスが莫大な市場になるという期待は乏しかった感があります。しかし、環境価値が市場の中で認識され、その環境問題を解決するためのコストを削減するビジネスが、企業のインセンティブとなるビジネスがを生むのだと思います。そして、これらの環境ビジネスのアプローチは、これから市場が発展していく新興国でも同様に使われるように思います。特に、気候変動など地球規模の環境問題などに対峙するのは、先進国のみではありません。インド、東南アジアなど新興国でも深刻な問題ですので、日本の優れた環境技術やビジネスモデルを、現地のニーズに適応させたビジネスを構築することによりさらにビジネス機会が広がることでしょう。

グリーン・ビジネスは、フォロー型（規制や業界の動向への対応や、企業の当然の姿勢として環境保全を実施する、もしくは環境リスクを未然に防ぐ）だけではなく、アクティブ型（企業価値の向上を図るため環境商品で新しく市場を作りあげ、新たな収益源として目指す）のプレーヤーの時代が来たといえます。

一般的には、企業のバリューチェーンにおいて、原材料はサプライヤーによって調達・運搬され、加工アセンブリーする企業で商品として生産され、販売されます。市場に出た製品が顧客の手に渡った後、使用され、廃棄されるまでの工程での環境負荷については、通常、消費者自身、生産者や販売者以外の企業、公的機関などが係わります。まず、その工程におけるネガティブな影響を洗い出し、それを削減し、もしくはゼロにする、ダウンサイド・リスクの低減の方法がグリーン・ビジネスのアイデアの源泉となるでしょう。その低減方法を考える際、グリーン・ビジネスのアプローチⅠからⅣを思い出してください。皆さんが直面する課題は、社会システムを変革する「マクロ的アプローチ」、技術開発により環境負荷を低減する素材や製品を生み出す「ミクロ的アプローチ」といった方法で工程内の負荷を下げることができるか考えてみてください。そして、この場合、コスト削減か、もしくは、企業価値の向上を目的にするかによって事業構築のプロセスの選択ができます。

一方、環境リスク低減のためにコストをかけて実施していた活動が、新たな製品やサービス提供としてビジネスチャンスであることを見過していること、つまり、アップサイド・リスク（利益の発生する可能性の見過ごし）の発見があるかもしれません。そして、これらのグリーン・ビジネスのアイデアは、個社で展開させることが難しければ、ビジネスパートナー又はエンドユーザー（社会）とともに実現するように考えてもよいでしょう。さらに、他の先進国や新興国などグローバル・バリューチェーンにもこの考え方を適用する可能性が広がります。

グリーン・イントラプレナーのコツ

図表4-6には、グリーン・イントラプレナーの四つのタイプⅠ～Ⅳに該当する様々な企業が登場しました。ぐっと心を掴まれた事業はありましたか？　イントラプレナーの立

ち上げる事業が社内外の関心を最も引き付けるのは「本業とのシナジーがあるストーリーづくりができている」ときだと思います。そのストーリーが単独でどんなに納得性があっても、本業との連携が取れていなければ、予算が組まれなかったり、長続きしなかったりするかもしれません。制約が多いなかで、企業が環境ビジネスに取り組むことの意義や目的を明確に表すことができれば、皆さんの企業の利益と公益とを共通に創造（Creating Shared Value：CSV、第2課参照）することとして説得力のある新規事業に成長できるでしょう。将来どんな企業でいたいか？　将来の不安は、社会の課題は、それが、将来のビジネス機会と理解されるようなストーリーづくりが肝です。2030年以降にSDGsの目標を達成するためのビジョンやあるべき姿、ミッションを自社でどうしたら実現できるのか、何をしたいのかを書き出していきましょう。思い描いた、その企業のありたい姿、あるべき姿を元に、〝今、どうあるか〟を導きます。このバック・キャスティングによる現在の姿と、このままで発展していった未来の姿（フォア・キャスティング）とを比較しながら間にあるギャップを見出し、課題の優先順位をつけて解決していくというプロセスを考えます。そのようなビジョンを語れる経営戦略を持つ企業をESG投資家は評価します。その課題の発見には、SDGsコンパスの示すSDGs経営の二つのアプローチが参考になるでしょう（図表4－11）。

1．インサイド・アウト・アプローチ

企業が市場へ向けて提供する本業での製品・サービスまたはその事業プロセスなどを、社会的問題に直接作用させ、その解決に資する。

2．アウトサイド・イン・アプローチ

企業が本業の共創環境を改善するために、ビジネスの周辺に存在する社会的問題の解決に向けて投資を行い、本業に役立てる。

さらに、ESG投資家に評価されやすい、Eで成長するわかりやすいストーリーを提供する意識を持つことは、社内を巻き込むにおいて有益かと思います。Eを攻めることで、サプライチェーンも含めた、将来のリスクに備えながら、積極的にビジネスの機会を狙ってもらいたいものです。そのストーリー展開については後程説明いたします。

グリーン・ビジネスのアイデアが整理されたら、その実現のために何をすべきでしょうか？　イントラプレナーのアクションのステップバイステップをまとめると、

図表 4-11

インサイド・アウト・アプローチ	アウトサイド・イン・アプローチ
目標設定に対し、内中心的なアプローチを取る今日的なあり方では、世界的な課題に十分対処することができない。	世界的な視点から、何が必要かについて外部から検討し、それに基づいて目標を設定することにより、企業は現状の達成度と求められる達成度のギャップを埋めていく。

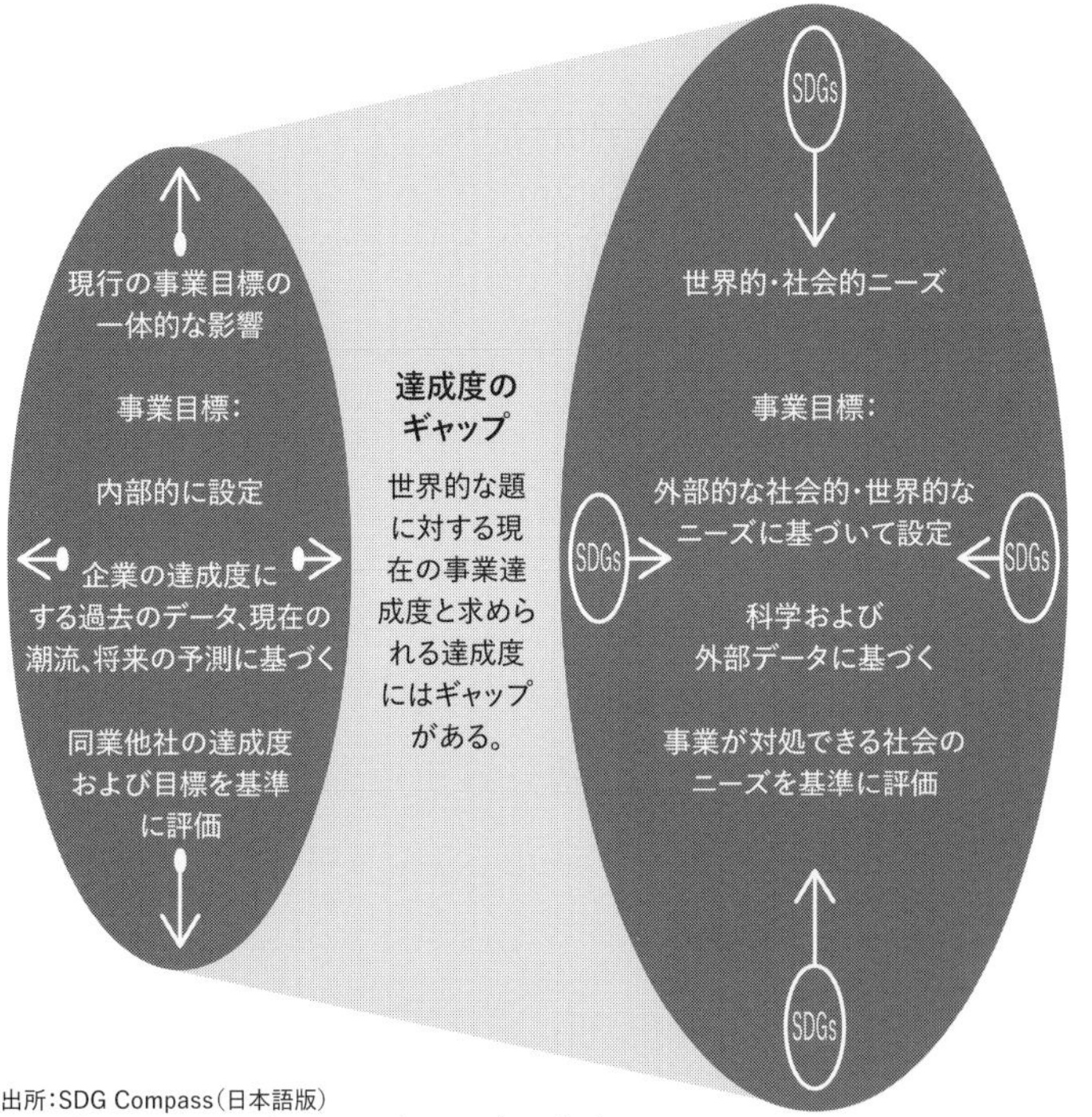

現行の事業目標の
一体的な影響
事業目標:
内部的に設定
企業の達成度に
する過去のデータ、現在の
潮流、将来の予測に基づく
同業他社の達成度
および目標を基準
に評価
達成度の
ギャップ
世界的な題
に対する現
在の事業達
成度と求めら
れる達成度
にはギャップ
がある。
SDGs
世界的・社会的ニーズ
事業目標:
外部的な社会的・世界的な
ニーズに基づいて設定
SDGs
SDGs
科学および
外部データに基づく
事業が対処できる社会の
ニーズを基準に評価
SDGs

出所：SDG Compass（日本語版）
https://sdgcompass.org/wp-content/uploads/2016/04/SDG_Compass_Japanese.pdf

1. アイデアとビジネスプランの検討
アイデア探し、市場規模調査、競合の可能性、許認可などの必要性、収益モデル構築、他社事例や前例などの調査
2. 社内外協力者へのアプローチ
社内関係者やトップへのプレゼンおよび巻き込み
3. 具体的事業計画の策定
4. パイロット事業などの実績つくり
5. スケールアップ

イントラプレナーとして起業するということは、社内予算を獲得し、事業化をするということです。したがって、イントラプレナーにとって、収益予想などを数値化した具体的な事業計画はあったほうがよいでしょう。また、大規模な事業をする場合は、企業の信用力で外部からお金を借りることもできます。このように、活用できるインフラが社内にはあります。社内で実現していくためのポイントを六つ挙げてみます。

1. コストは人件費など最小限で始める。さらに必要な資金は、外部の補助金も含め、既存インフラを利用して、実績作りをする
2. 社内内部の理解を得るために、メディア、社外圧を利用する
3. 市場のニーズを先取りし、提案する（ＳＤＧｓの将来市場の獲得ストーリー）
4. イントラプレナーは、周りの巻き込みが重要
5. 新たなソーシャルバリューの金銭化（＝見える化）の仕掛けを作る
6. 未来世代の思考を取り上げる。将来の消費者・従業員へのアピール

1は、企業のリソースを活用できるイントラプレナーならではの強みになります。新プロジェクトを提案し採用され、社内で予算が組まれればベストです。しかし、会社からの指示なしで始める場合にはまず、コストは、理解をしてくれる社内外の仲間など手弁当で始め、必要な資金は、政府などからの補助金を獲得し、小さくとも実績を積み上げることから始めます。政府や助成団体の補助金は既存の公募を探すこともありますが、ネットワークを作り、その団体に有用なアイデアを提案し、新たな公募をしてもらうこともあるでしょう。

2は、1でも説明しましたが、新規に何かを始めるためには、または、そのスケールアップを図るためには、社内外の協力者をいかにつくり増やしていくかに尽きます。例えば、メディアからの取材を受けて記事にしてもらうことで、「自分の会社でこんなことが行われていて、注目されているんだ」と社内の理解を深める工夫も戦略の一つです。スタートアップと違うのは、上司の許可が得られれば、事業がスケールアップできることです。スタートアップは投資家など資金提供者がないとスケールアップはできませんから、事業計画が重要ですが、イントラプレナーは、社内での信頼を勝ち取ることが重要です。そして、実績をつくってスケールアップを考えます。

ESG投資家の視点が有益だと言いましたが、ESG投資家は社外圧です。これらの動きに感度が高い人は、グローバルな視点を持つ上司です。ESG投資は欧米から拡大していますから、海外経験のある経営層からの理解が得られやすい傾向にあります。また、経営層は、同業他社から遅れをとることを気にします。したがって、国内外を問わず同業他社の動きを、上司に提示しながら説得するのも、会社を巻き込むには重要な戦略です。

3は、「こんな事業ができます」とシーズとして提案するだけでなく、どれくらいニーズがあるかもしっかりととらえて、本業にどれくらい貢献するかを踏まえて提案する必要があります。２で社外圧としてＥＳＧ投資家を挙げましたが、ＥＳＧ経営を重視している企業は、環境部、ＣＳＲ部とは別に経営企画の中でＥＳＧ推進部をつくるようになりました。これは、企業が投資家やステークホルダーに対して経営層の意思を説明できるような体制を整えていくためです。そのＥＳＧ推進部が、皆さんの提案する事業が長期視点で企業の価値を向上できるかを判断することになるでしょう。

意外と重要なのが４。経営層に事業の将来性を見込まれれば、一歩前に進めるでしょう。その事業が、企業のＥＳＧに関連する将来のリスクに対しての解決方法であり、あるいは、成長戦略を描くビジネス機会であれば、投資家への期待感につながります。これらのアイデアの実現は、環境部やＣＳＲ部だけではできません。本業に係わる部署、経営企画部、営業、生産部門などの協力を得ながらでなければ、持続可能な企業の成長戦略としてのストーリーは描いたことになりません。また、ＥＳＧ投資家は、企業の評価を個社だけで評価するのではなく、サプライチェーンも含めて評価しようとしています。したがって、様々な関係者を巻き込むことを念頭に、プランを練ることで説得力が増すでしょう。

５に関しては、環境ビジネスを実施するのはコストと考えられがちであることを逆手にとることです。ＥＳＧ投資家にとっては、そのようなビジネス機会があるときに、一歩進んでビジネスの価値が金銭的に定量化されていれば、企業の評価がしやすくなります。例えば、ＥＳＧ投資家が使っている「カーボンエフィシェント」指数という、株式銘柄を集めている指数があります。これは、同業種内で炭素効率性が高い（企業の温室効果ガス排出量を売上高で除した値が小さい）企業と温室効果ガス排出に関する情報開示を行っている企業の投資比重を高めた指数です。炭素効率がよいということは、エネルギー効率、生産効率が高いことを表し、かつ、クリーン技術関連の売上高をどれくらい達成しているか、将来どれくらいその商品を売りたいかなどの情報が開示されれば、投資家は評価がしやすくなります。このような定量的な情報を開示できるかも重要なストーリーのポイントです。例えば、前述した住友化学やコニカミノルタのように、グリーンやサステナブルな商品として将来の売上目標を掲げＫＰＩとして定量化することです。この数字を作成する過程で経営層が関わり投資家に本業の成長戦略として説明することが、とても有益なプロセスとなります。

最後に、６の未来世代、Ｚ世代の思考を取りいれることです。スウェーデンの環境活動家グレタ・トゥーンベリさんの登場は世界的に大きな波紋を広げました。我が国でも、

ＳＤＧｓが義務教育に組み込まれ、高校、大学も含め学校教育で取り上げるようになったことで、未来世代はＳＤＧｓネイティブとなります。将来の従業員、消費者である未来世代との意識のギャップは、企業のリスクになります。他方、この世代のニーズを取らえられることは企業の持続可能性につながります。

グリーン・イントラプレナーにとって、ビジネス環境としてこれまでと大きく変わったこととして頭にいれてほしいことは、ＥＳＧ投資の発展です。投資家が、企業の環境の取り組みに関する情報を積極的に求めるようになったことです。社会価値の変革に適応するライフスタイルやビジネスの創出、社会価値・産業システム変革といった取り組みで企業が結果を出すには時間がかかります。そこを〝どう見える化し、納得のあるストーリーを提供していくか〟がイントラプレナーの腕の見せどころなのです。世の中の環境意識が高まり、これに応じて企業内で環境ビジネスを始めるには様々なきっかけがあります。企業内で環境ビジネスを実施する場合、時代の要請に合わせて新規に環境事業を起こすように指示されることもあるでしょう。またこれまで環境事業をしていなかったけれど、個人的に環境事業を会社に提案したいと思うこともあるでしょう。

ストーリー展開について企業の事例に基づいて整理をしてみましょう。企業がグリーン・ビジネスを取り入れ発展させていった過程には、名前こそ知られてはいませんが、それぞれイントラプレナーがいたはずです。既存企業によるグリーン・ビジネスへの取り組みを見てみました。

技術のイノベーションで導くストーリー

企業は環境に負荷のない、もしくは、低い技術のイノベーションを起こすことでグリーン・ビジネスを生むことができます。でも、技術のイノベーションの開発には、多額の資金が必要だったり時間がかかったり、開発できてもコストと見合わないこともあります。そうしたものを世に出すタイミングの判断には、ストーリー作りが重要です。企業がこのような技術開発を始める場合、収益が大きく見込まれるものについては機密保持をするのは当然です。例えば、カーボンニュートラルを目指す社会における技術は、開発すれば必ず収益を上げられるか不透明なため、補助金や社内の小さな研究から始めることがあります。その時に、現在の事業規模が小さく、また将来性が不確かで続けられるかわからないとしても、その説明を控えめにする必要があるでしょうか。確かに、時期早尚ということもあるかもしれません。しかし、DX（注9）が進み、ある時、いつそれが注目されるかもしれません。そのような世界の情勢を見て開発を始めるのであれば、企業の経営者は、そうした見極めをきちんと説明していくことにより、積極的な資金獲得を目指すべきでしょう。それがESG投資の世界です。

【帝人フロンティア㈱　～コストとの戦いと時代の要請】

リサイクルビジネスは、投資家から見ると、潜在的な利益幅が高く評価されない傾向にあります。これは、リサイクルやリユースというと、新品で販売された商品より原価に対して利益幅が低くなり、また、相当の付加価値がない限り、新品より低価値とみなされるからです。そのリサイクルされた製品の売上予測も確定的ではなく、高い将来キャッシュ

（注9）DX　デジタルトランスフォーメーション（Digital transformation）「ITの浸透が、人々の生活をあらゆる面でより良い方向に変化させる」という概念。デジタルシフトも同様の意味。ビジネス用語としては定義・解釈が多義的ではあるものの、おおむね「企業がテクノロジー（IT）を利用して事業の業績や対象範囲を根底から変化させる」という意味合いで用いられる。

フローを生むビジネスとしての認識がなされない分野です。しかし、ポリエステルのリサイクル事業は、ポリエステルという素材に戻し、新製品を開発することができるため、新品と同様の価値を生みます。リサイクル・ポリエステルを使用することにより、原材料としての石油への依存が削減されますし、廃棄物を活用することで、製造段階の温室効果ガスの排出量を削減します。

帝人フロンティアは、世界に先駆けてポリエステル製品のケミカルリサイクル技術を開発し、1995年ペットボトルリサイクルポリエステル繊維「ECOPET®」の販売を開始しました。02年からは使用済みポリエステル繊維から新たなポリエステル繊維にリサイクルする「エコサークル」（繊維to繊維）を開始しています。その後、同社はリサイクル素材などが入手困難な状況になったとして18年にリサイクルを休止しています。登場当時はコストの高さ等があり一時的な注目で終わってしまいました。環境によい商品は、品質は向上したとしても、コストの課題がつきまとい、市場や消費者の理解が不可欠となります。前述したアディタスや、パタゴニア、㈱ユニクロなどリサイクル・ポリエステル製品を採用するアパレル企業が増加しているのは、NGOからアパレル業界への批判が高まる一方、ESG投資家などからの関心が高まっていることが挙げられます。サーキュラーエコノミーが注目されているという背景もあり、リサイクル・ポリエステルは成長産業としてみられるようになり、帝人はリサイクル素材技術をリブランディングしＥＣＯＰＥＴ®ブランドとして拡大しようとしています。

【味の素㈱　～グローバルな視点】

味の素は、日本の１００年企業のひとつで、調味料・加工食品のほか、アミノ酸を起点として、飼料・医薬・化成品に事業領域を拡大し、グローバルに展開しています。アジア、欧州、米州など9ヵ国18工場において発酵生産するアミノ酸の生産規模は世界最大級です。同社は、事業を通じて社会価値と経済価値を共創する取り組み「Ajinomoto Group Shared Value（ASV）」を実践しており、世界各地で、資源循環型生産モデル「バイオサイクル」を導入しています。これは、農作物から低資源利用発酵技術でアミノ酸を取り出した後に残る栄養豊富な副生物（コプロ）を、肥料や飼料として地域内でほぼ１００％近く有効利用する地域循環の仕組みです。「バイオサイクル」は、資源の無駄をなくし、資源を循環し自然資本を回復・増強するビジネスモデルです。ブラジルでは、アミノ酸発酵工程由来の副生物を飼料や有機肥料として地域農家に販売し農地に還元することで99％の再資源化に成功しています。12年5月には、バイオマスボイラーを導入し、搾りかす（バガス）を燃料とする「燃料のバイオサイクル」へと拡大、14年には工場で使うエネルギーの約40％をバイオマス燃料で安定調達しているのです。農業大国ブラジルでは、肥料使用が慣習化しコプロを肥料として販売できる十分な国内需要があったこと、現地に根付いたビジネス展開を行ったことで単なる資源循環を超え生産物、副産物、雇用、消費、生活等様々な角度から地域全体にメリットを生むシステムとなったことがバイオサイクルの定着に貢献しました。同社は、「２０５０年度の再生可能なエネルギーの利用比率１００％」を目標に掲げており、発酵原料の非可食部等を使用したバイオマス燃料を生産するなど、資源循環のシステムは、CO_2排出削減にも寄与し、気候変動問題の解決にもなるという、投資家へ伝わりやすいストーリーを打ち出しています。

顧客などからのニーズで導くストーリー

これまで社内で思いも寄らなかった、既存の技術に関連して、外部から要請が入り、事業を検討し開発することにより、グリーン・ビジネスを始めることになった企業がありま す。自社で、世界の情勢を先取りして実践するのが以前のストーリーでしたが、同じ技術開発でも、顧客やビジネスパートナーの要請が思わぬビジネスアイデアとなりえます。特に、ＥＳＧ投資家は、投資先の上場企業だけを見るわけではありません。その企業が契約する企業、すなわち、サプライチェーンの中で関連する企業のＥＳＧまでも評価し始めています。実際に、地方のある中小企業の方とお話したら、新たに契約交渉をしている米国の企業から、その中小企業の契約先に、女性や障碍者が経営している企業はあるか、また再生可能エネルギーで物品を製作しているかという、情報開示の要求があったといいます。以下の事例のように、１社で解決できない環境問題を、同業他社で競争するだけではなく、顧客とともに解決していくことこそが、今後の環境ビジネスの潮流かと思います。

【サラヤ㈱　～時代の要請】

グリーンな商品は価格が通常の同種の商品より高くなりがちです。したがって、グリーンな商品を開発し、その商品がヒットすれば企業の大きなインセンティブになります。一方、価格の高いグリーン商品をどのように売るのかが重要になります。サラヤは、石鹸、洗剤メーカーで、生分解度99％以上の製品を販売しています。サラヤは、椰子の実を材料として洗剤等をつくる企業で環境経営度の高い企業としてアイコン的存在です。サラヤの商品は生分解性100％であり、環境配慮の高い製品であるとともに、循環型ポリエステルによる容器なども導入しています。椰子、すなわち、アブラヤシのプランテーション開発には熱帯林が伐採され、焼き払われており、また単一のプランテーションが生態系をも破壊するということで、NGOなどからの批判があります。植物性油脂であることは、製品自体の環境負荷は低いですが、生産工程での環境負荷の低減も重要です。そこで、サラヤは、使用する材料に関して、RSPO（Roundtable on Sustainable Palm Oil：持続可能なパーム油のための円卓会議）の認証であるグリーンパーム認証を取得するようにしています。サラヤは主力製品に係わる環境配慮にコストをかけていますが、花王㈱、ライオン㈱、P&Gに次いで、売上があり、創業理念の自然への配慮がブランドイメージとなり、時代のニーズとともにその市場が拡大してきたケースでしょう。

【シャボン玉石けん㈱　～意外なニーズ】

創業者が時代の流れを読んで1961年から合成洗剤の製造・販売を始めたのが、シャボン玉石けん㈱です。時代は電気洗濯機が普及し始めたころ、合成洗剤の売れ行きは順調に伸びていたなか、当時の国鉄から機関車を洗う無添加粉石鹸（合成洗剤ではさびができてしまうため）の開発を依頼され、その石鹸を自分で使ってみると、悩まされていた創業者の皮膚の湿疹が良くなったことに気づき、合成洗剤から無添加石けんに切り替えました。当然のことながら、無添加石けんは価格も高く大量生産もできないことから、売上が落ち、17年間も赤字が続いたそうです。そのうち、環境への意識の高まりを背景に自然志向の時代も始まり、92年に黒字へ転換しました。環境に優しいという商品イメージが一般ユーザーへも広がったのです。そして、95年の阪神・淡路大震災の後に消防庁から泡による消化剤を依頼されたそうです。日本は水が豊富なので泡で消化するという文化がなかったそうですが、阪神・淡路大震災のとき、消火栓が壊れ、水が出なくて被害が拡大した経験から、海外で普及している泡消火剤の開発を、泡つながりで、シャボン玉石けんに依頼があったのです。それも、海外の消火剤は化学素材で作られており、泡の消滅に時間がかかり生態系への影響が高いため、生分解性の泡消火剤が欲しいということでした。同社は、意義があると感じ開発を引き受けました。シャボン玉石けんは、合成系の界面活性剤は使わず、天然系（石けん系）の界面活性剤を使用した、環境にやさしく、かつ消火能力の高い石けん系消火剤を開発しました。水・空気と混合させ泡状にして、水のみの消火に比べ少水量かつ素早い消火が可能になりました。その後、日本は水が豊富なので平常時は使われない消火剤をインドネシアの泥炭地の火災の消火剤に使えることに気づいたのです。泥炭地は、地中に大量の炭素を含むことから、乾燥による森林火災が発生すると消火は非常に困難で長期化します。世界の熱帯泥炭地の約半分を有するインドネシアは、「地球の火薬庫」と称され、同国では深刻な問題で国際問題ともなる火災については、インドネシア政府はその未然防止や消火を国の重要施策としています、同国では水が豊富ではないので、アメリカの泡の消化剤に比べ生態系への負荷がないシャボン玉石けんの消火剤を採用したのです。乾季に頻発する森林火災で生じる泥炭からの煙害の減少や、消火による森林保護により、動植物の生息域の保全等に貢献しています。これは、気候変動ビジネスでは、化石燃料使用減少の範疇だけではなく、多くの分野のビジネスがリンクされていくことを示す良いケースです。

サステナブルシティ・DXの新たなトレンドを先取りするストーリー

トヨタが進めるWoven Cityについては前述しましたが、このWoven Cityなどのプロジェクトは、広くは、スマートシティなどと呼ばれます。スマートグリッドなどによる電力の有効利用に加え、熱や未利用エネルギーも含めたエネルギーの「面的利用」や、地域の交通システム、市民のライフスタイルの変革などを複合的に組み合わせた、エリア単位での環境配慮型社会システムのことをいいます。このほかに、国が進める様々な都市づくりのコンセプトがあります。例えば、スーパーシティ、コンパクトシティなどです。このような将来に向けたインフラ計画では様々な環境ビジネスのストーリーを語ることができます。トヨタは、Woven City事業始動のために、サステナビリティボンドを発行し、多くのＥＳＧ投資家が購入し、話題を集めました。しかし、投資家から資金が集まっても、それで成功ではありません。そこで本当に、サステナブルなインパクトが起きているのか、投資家が引き続き、さらにますます注目することになるのです。以下の事例のように、そのコンセプトから、次の段階では、具体的なインパクトを測るための仕掛けをつくることが求められるようになります。特に、気候変動のインパクトは、あらゆる都市づくり、街づくりの土台であり、その点が強靭でなければ絵にかいた餅です。他の先進国に比べ、資源が少なく、自然災害の多い日本において忘れてはならない視点と考えることが重要です。

【三井不動産㈱の柏の葉スマートシティ　～客観的基準の活用】

三井不動産の千葉県柏市の柏の葉で実施している都市開発事業が日本で最初のスマートシティのプロジェクトと言われています。この都市開発は社会貢献やブランドイメージアップの目的だけで行われているわけではありません。これまでの都市開発に付加価値をつけることにより、不動産価値を上げることにその狙いがあります。今後日本では、世界に類をみない人口減少が起こり、一方で海外からの移住者も増えることになるでしょう。将来の不動産の需要にあった商品を開発していく必要があります。特に、外資などが不動産を賃貸、または購入する際に重要となる指標がＬＥＥＤと呼ばれる米国のグリーンビルディング協会（ＵＳＧＢＣ）が運営する国際的な環境性能認証制度です。現在、このＬＥＥＤ認証は、欧米のみならず、新興国などの都市開発でも活用されています。三井不動産は、柏の葉スマートシティに対してＬＥＥＤの最高ランクである「プラチナ認証」

を初取得しています。特に、このＬＥＥＤは、街づくり部門「ＮＤ（Neighborhood Development：近隣開発）の計画認証です。認証獲得には厳しい審査がありコストもかかりますが、その基準が客観的な付加価値となることが期待されます。

【Fujisawa サスティナブル・スマートタウン構想　～社会的実証による将来性】

パナソニックが、藤沢市とともに２０１４年にグランドオープンしたこのスマートシティは、民間17社と藤沢市とのパートナーシップの下、くらしのエコアイデアを活かしたサービスやエネルギー機器の導入によるスマートタウンの開発となっています。戸建て住宅にはすべて、太陽光発電システム、蓄電池、ＨＥＭＳ（家庭内エネルギー管理システム）、スマート家電が標準搭載されています。街の商業施設や公益施設の屋根、道路沿いに太陽光パネルが設置され、ソーラー付きＬＥＤ街路灯も配備されるなど、各家庭でエネルギーを作り環境負荷を下げます。各家庭にはＨＥＭＳなどからのデータにより、エネルギーが「見える化」されます。住宅すべてに搭載されたスマートテレビとタブレット端末を見れば、リアルタイムで太陽光発電の発電量や、電力消費量がわかり、ＨＥＭＳはマネジメント会社のサーバーともつながっているので、各家庭のデータを基にした毎月のレポートを閲覧することが可能です。街では電気自動車や、電動アシスト自転車を住民同士でシェアし、環境負荷の低減を図ります。カーシェアリングの電気自動車に加え、街のモビリティサービス拠点では、電動アシスト自転車の時間利用が可能な管理システムも設置されています。また、災害で停電が発生したとしても、3日間生活できる体制がつくられており、太陽光発電システムと蓄電池が標準装備されている戸建て住宅では、災害が起きた時に電力を自家消費する自立運転に切り替えられます。また拡大を続けるEコマースやフードデリバリーなど新たな宅配サービスの出現により人々のくらしが便利になる一方、それを支える現場では宅配員不足の深刻化に加え、非対面・非接触など新たな生活様式への対応も急務となっています。そこでこの街では、小型低速ロボットを使った住宅街向け配送サービスの実証実験を実施しています。20年11月から公道での走行検証を実施、21年2月から実証サービスの提供と検証を行っています。人に寄り添うロボットで新たな配送サービスを提供し、人とモビリティが共存する活気あるコミュニティづくりを目指しています。スマートシティは社会システムの価値変革の試みであり、個社は実証を通して実際のビジネスにつながる新たな市場作りに関わることができるのです。

これまで、いくつかの企業のグリーン・ビジネスのストーリー展開をみてきました。雇用されている範囲で起業ができるというのは、自分のやりたいことに、大企業のリソースが使えるということが一番大きなメリットです。アントレプレナーは、そのリソースを自分で調達しなければなりません。ただ、新規事業をするのと同様、新たな分野で事業を作り出すということは、その過程で視野が広がり、事業としてのポートフォリオが広がる可能性が見えてきます。そして、もっとも重要なことは、人脈が広がることとです。いえ、広げる必要があります。そして、これらのリソース間でよい循環が起こるようになります。その循環を通じ、最終的に自分のやりたいことがまとまってきます。社内にいたら、会社のハードルを自然と意識してしまうけれど、枠をはみ出ることによって、本当の課題などが明確になり、業界を超えた、視座や大義を同じくする人たちとチームアップができるのです。大事なのは仲間づくりです。

環境問題を解決するビジネスには、負担などのネガティブなイメージがぬぐえませんから、とにかく新しい価値をつくるビジネスだということを見せていくのが必要だと思います。今、ＤＸが急速に進み、クラウドがあり、ＡＩがあり、フィンテック等、イノベーションを起こすテクノロジーが多々あります。これらのテクノロジーによって、これまでの皆さんの生活は劇的に変わってくるはずです。そして、環境負荷の考え方も変わってくるはずです。環境ビジネスをどう捉えるかですが、省エネは確かにエネルギーコストの削減になりますのでビジネス的にもメリットがありますが、爆発的に販売が伸びる市場になるとは思えません。CO_2の排出量削減は、パリ協定の各国の目標達成に向けて必要な、企業のリスク対策などの面だけで考えると、ビジネスの展望に限界があるように感じられます。また、業務の効率化やミニマイズというと聞こえはよいですが、単なる縮小感や停滞感を感じるかもしれません。ですので、枠をもっと広げて、サステナブルな都市をつくるとか、何か新たなビジネスが環境に結びつくコンセプトを示すことにより、可能性が高まるように感じます。

日本の人口が世界に類をみないレベルで減少し、新興国との経済格差が縮小すれば産業構造の変化が起こります。エネルギー源も再生可能エネルギーが主流となり、その供給の形態も分散型が中心になるでしょう。既存の環境ビジネスではない新しい価値を生む、マーケットが生まれる期待がでてくれば、投資家が動きます。ＩＴバブルがあったのはなぜか、それは投資家がＩＴで何ができるのかわからない、そのわからなさに期待感が高まるからです。将来への期待感がなければ投資家は動きません。グリーンやエコにコストを減らすなどだけではなく、何かわくわくする期待があることを見せ続けることが重要です。そこでこの課の最後に吉高を含めたイントラプレナーのケースを紹介します。その成功と苦労を理解して下さい。

ケース・スタディ③
ビオセボン・ジャポン㈱の
岡田尚也社長の場合

フランスのビオセボンを日本で展開するため、最初から出資ありきではなく、ジョイントベンチャーを立ち上げ、後に出資を決定しました。環境ビジネスに着眼して新規事業を立ち上げたわけではなく、世界の消費者に食の安全・安心が浸透し始め、アジアの都市部でも広がりつつあり、オーガニック市場は年率10％で成長が続いていたのです。一方、オーガニックが日本で規模が小さくニッチなビジネスにとどまっていました。

オーガニックが日本で普及しないのは、欧米諸国に比べ農産物の生産地が高温多湿という環境で化学肥料なしでの生産は容易でないため、製造コストがかかる、また、日本の消費者の安全・安心は有機よりも国産がソリューションになっている、既存ビジネスモデルの変革が難しいなど、様々な理由があると思います。国産は、化学農薬の使用率が世界的にトップクラスで使われているにも関わらず、そのような情報は一般的に認知されておらず、知る機会が多くもありませんでした。一方、フランスなどでは、化学農薬などが自然や土壌にどのような影響があるかなど一般的教育として行われているのです。海外のオーガニック認証を取得した輸入肉のほうが環境に影響が低く、かつ、安全・安心であるも場合もあるけれど、国産肉のほうに安心を求めてしまう日本人の心理があります。

海外でのビジネストレンドと日本のビジネスに常にギャップがあり、それがイオンの新規ビジネスのドライバーになってきたというグループの起業文化があるように思います。例えば、イオンモールの原型は海外のショッピングモールでしたし、日本にファミレスがないので、イオンの前身であったジャスコはレッドロブスターを日本に持ってきていましたよね。特に、小売業においては、海外で起きていて日本に起きていない事象のギャップに商機がこれまであったという経緯があります。したがって、イオンでは、ボトムアップ提案という側面だけではなく、トップダウンでの政策的な決定要素とのコンビネーションで新規事業が始まっているように思えます。

新規ビジネスを考える際に、それがグリーンであっても、そうでなくても、そこに需要があるのか、事業機会という視点からビジネスを組み立てなければなりません。環境ビジネスという視点から始まって、投資回収が超長期になりますなどと言ってしまうと事業としては浅薄な印象になる可能性もあると考えられます。同じ事業であっても、需要が予測され収益構造が見えれば、それが結果的に、環境負荷が下がり、株主や消費者にメリットの遡及をしたほうがよいでしょう。

ビオセボンは２０１６年に初店舗を出して以来、順風満帆であったわけではなく、今、完全にサステナブルなビジネスになったかというとそうではありません。20年になり、ようやく収益化への道が見えてきたといえます。17年、18年は想定よりも利益率の面からは、収益化できるのか不安でもありました。店舗ビジネスはある程度規模がでてこなければ、本部経費が吸収できないビジネスモデルです。現在も単店ベースで確実収益がでる店があって、親会社の経費負担がなくなっているかというとそうではないけれど、やっとその道筋が見えてきたのが20年だということです。

オーガニックストア経営は楽観的な事業ではないですし、実際、大規模店舗展開をしているところはまだありません。19年にレジ袋の有料化、添加物に対する行動の変化、ヴィーガン、フレキシタリアンなどのライフスタイルの多様性の受容力の増加、情報のグローバル化が影響していて、食の安全・安心とオーガニックがようやく結びついてきたのです。顧客の関心が高まってきた上に、想定していなかったけれど、新型コロナウイルスによる影響が大きかったです。内食の機会が増えるにつれ、食に対する安全・安心への関心への高まりました。体によいもの、質のよいものを求めるようになり、価値と見合ってきているように思います。

日本では、低価格のものでしか売れないと思われがちですが、食の小売りで最も営業利益率が高いのは㈱成城石井で、ビオセボンで販売する野菜などの価格帯は、成城石井の価格を下回るよう意識しています。低価格の魅力だけだけでなく、買い物の楽しみなどの価値が提供できれば買って下さる消費者がいるという表れです。昨年まで毎年10％の成長率で、20年はコロナのピークで160％から200％の幅で伸びている店舗もあり、平均120％ぐらいの成長になっています。当初、1店の単価が高すぎたのですが、20店舗まで増やせたので、1店の単価を下げることが可能になったのです。

世界と比べて、10年ぐらい遅れて、日本でも消費者の二極化が現れているのでこれからもそれが進むと考えています。

ケース・スタディ④
森永製菓㈱の社内起業
SEE THE SUN 金丸美樹社長の場合

入社後、マーケティング部や広告部を経て、経営戦略部内の新規事業担当として、インバウンドをテーマにした事業創造を一人で任され、アンテナショップの立ち上げを行ったのが金丸さんです。その後、２０１４年に新領域創造事業部という部署ができ、ベンチャーやスタートアップとの協業などを模索し、起業家・事業家の方のスピード感や知識、アイデアに歴然とした差を感じたとのことです。これが17年の㈱ＳＥＥ ＴＨＥ ＳＵＮの立ち上げにつながりました。

小さな頃から自然の中で自由奔放に遊び、一方「女らしくしなさい」といわれがちな世間の考えには違和感をもって育ったという金丸さんは、サステナブルとダイバーシティを両立できる社会になったらいいのにと漠然と思っていました。そんな折、16年頃、新領域創造事業部の仕事を通して、アレルギーを持つ方の増加やグルテンフリー等のニーズの拡大を体感しました。これらは体質によるものが大きいですが、体質だけでなく、個人の価値観や、宗教によって、さまざまな食の制限を持っている方がいると知ったそうです。また、その時に、世界では人口増で近い将来食料難になり、畜産によるたんぱく質不足や、畜産物増加による環境破壊の現実が見えてきていることを知ったのです。当時まだ日本ではほとんど一般的な話として語られていませんでしたが、すでに欧米ではもともとの宗教に加えて、ミレニアル世代を中心に環境負荷の低い食品を選択する人が増えてきていることに非常に興味が湧いたとのことです。

当時の社長がこの話に興味を持ってくれました。ちょうど社長がアメリカ出張から帰った翌日にプレゼンしたのもラッキーだったのかもしれません。金丸さんは、体質も思想も宗教も超えて、みんなが楽しく笑って食べられる食品をつくりたい、「ユニバーサルフード」という世界を創りたいと思うようになりました。そして、これは1人や1社で解決しようとするよりも、色々な方と一緒にそれぞれの得意を合わせて実行したいという想いが強くなりました。当時の社長に「それなら、別会社にするのもよいのでは」とアドバイスされ、外部との共創や、意思決定の速さを重んじて、子会社化する方向で進めました。そして、サステナブルな食材を扱うことで、環境に貢献できる行動が当たり前になる社会を創る、そして食にも多様な価値観や楽しみ方があることを通して、自分らしく楽しい人生を送る人を増やしたい、という「サステナブル」×「ダイバーシティ」が起業のミッションでした。

こうして17年にSEE THE SUNを創業し、ユニバーサルフードを目指して、ブランド戦略を練りました。海外、特に米国では植物由来のたんぱく源の食材「プラントベースフード」は、ミレニアル世代を中心に「環境保護」・「動物愛護」・「健康志向」といった文脈である程度の市場が出来つつありました。一方、その頃の日本では、モデルさんたちがヘルシーな食材として注目しはじめていたけれど、まだまだニッチな市場でした。またプラントベースに限らず、極めすぎることにより食の楽しみが失われてしまったケースもちらほら聞こえてきました。

SEE THE SUNは、「環境にもよく、自分たちもおいしくて楽しい」という世界を実現するために、大豆と玄米でつくられたプラントベースフードを「ZEN MEAT」という名付け、食材としての「ZEN MEAT」そのものやレトルトカレーなどの「ZEN MEAT」を使用した加工品を中心に、日本そして海外どちらも視野に入れて展開することにしました。日本ではまだニッチだったことから、先にアメリカで広め、シリコンバレーやサンフランシスコではやったものとして「逆輸入」しようという戦略も視野に入れていました。

運よく、米国市場へのご縁ができ、18年3月にアナハイムのナチュラル・プロダクツ・エキスポという世界最大級の「ナチュラル」を切り口とした総合展示会に出展することが出来ました。金丸さんたちはこれを足掛かりに一気に米国を攻めるつもりでいましたが、実際に米国に行ってみたら、その頃にはすでにプラントベースフードの競合が満載で美味しいものもたくさんありました。米国では13年頃から投資も盛んで、それにより技術はさらに進歩し、マーケットが創造されていたのです。さらに、米国ではReady to eat と言ってすぐに食べられる状態のもの（ハンバーグの冷凍パテ等）が好まれ、ZEN MEATのような「食材」は一般の方はほとんど利用しないこともわかりました。では加工品を輸出するかとなると物流費も高くなるため、現地で作る方がいいのか否かという状況に直面。とにかく、米国はすでにレッドオーシャン（競争の激しい市場）だったのです。日本国内に入っている情報は「日本語に訳されて」いるものなので、ある程度バイアスがかかっていたのです。

そんなことで、米国での展開が思った以上に厳しいと肩を落としている頃、ちょうど日本ではプラントベースフードについての問い合わせや、メディアでの露出が増えてきました。商品も青山・表参道のオシャレなカフェをはじめ、海外の方が宿泊される高級ホテルにも採用されはじめ、「ヴィーガン」といった言葉も多く使われるようになりました。業界では将来のたんぱく質クライシスに向けた事業に可能性があるという概念が広まり、多くの大手食品メーカーが大豆を素材としたプラントベースフードを展開するようになりました。メーカーだけではなく、ファミリーレストラン、コンビニエンスストアのお弁当などにも使われるようになりました。ただ、米国のような市場の飛躍や定着はなかったように思います。

日本では、文化的に「環境をよくするため」といった社会課題の解決のために食を選択するという思考はまだまだ少なく、その文脈だけではビジネスとして成り立ちません。生活者がその商品を自分ゴト化するためのきっかけがないと持続可能なビジネスになりません。

少しずつ市場が出来てくるようにも思えましたが、そこで金丸さんはある決断をします。もともとの創業の考えは「テーブルを創るすべての人を幸せに」で、そのうちの一つがプラントベースフードだったはずでしたが、気づけばプラントベースフードに注力しがちでした。そこで、会社の原点であるミッションに立ち戻り、未来に向けて食のバリューチェーンの課題を解決するために、企業や業界を超えて新しい価値を生み出す共創プラットフォームを作る会社として改めて再定義しました。そして、プラントベースフード市場のプレイヤーが増え、親会社でプラントベース食品の開発が開始できたため、プラントベースの事業を親会社の森永製菓に事業移管を行いました。

世界でも日本の食文化や食の技術は称賛されています。日本の国内の素晴らしい食のプレイヤーの皆さんが時にはライバルとして切磋琢磨することも大事ですが、これから一つの地球の中で持続的に活動していくには、手を取り合うことも必要です。現在SEE THE SUNでは、企業の枠を超えた社会課題解決や新しい価値創造を目的として食品メーカーを中心としたコミュニティFOOD UP ISLANDを設立して活動したり、生活者と企業の新しい関係性を模索し、新しい循環型社会のモデルを構築するためのクラウドファンディング型のプラットフォームを立ち上げ、テスト稼働したりしています。

このように様々な経験を経て、手段は変わったかもしれませんが、自身の「サステナブル」×「ダイバーシティ」という想いは変わらず活動を続けていらっしゃいます。

ケース・スタディ⑤
グリーン・イントラプレナーになるまで
吉高の場合

吉高は、なぜ、環境と金融をつなぐコンサルタント業務ができるようになったのでしょうか？　それは、まさにイントラプレナーの道のりでした。大学卒業後、日本では芽吹いたばかりのＩＴ企業に入りましたが、すぐに会社の経営が悪化しました。そこで、外資系投資銀行に転職しました。このころから一気に世の中はバブル期にはいり、業界は浮足立っていきました。しかし、金儲けだけを目的することに意義が見出せなかったこともあり、先の展望が見えなくなっていました。このようなバブリーな経済が永久に続くとは思えなかったのです。そのような状況で仕事することに行き詰まりを感じていました。そのうちに、ニューヨークの本社で働く機会をいただくことになり、これが、私が環境ビジネスを始める大きな転機となったのです。ニューヨーク本社での仕事は、大変刺激のあるものでした。現地の英語に慣れるために、ニューヨーク大学の社会人講座の英語クラスをとることにしました。その講座のパンフレットでみつけたのが「ビジネスと環境」という講座でした。

私がニューヨークにいた1992年の米国は、環境意識の高い民主党政権でした。そして、ブラジルのリオデジャネイロで国連地球環境サミットが開かれ、その当時のニューヨークはグリーン意識が大変高まっていました。環境問題を解決しながらビジネスができると知り、それまで、自分のやりたいことがみつからなかった私ははじめて、これだ！と思いました。そして、皆がビジネススクール（ＭＢＡ）に行くのをしり目に、まず環境の知識をつける必要があると想いました。日本の大学院ではまだ環境ビジネスを教えていなかったので、３年間でＭＢＡと環境科学修士を取得できるミシガン大学の環境スクールに行くことを決意し、退職しました。ミシガン大学大学院では、環境経済、環境法、環境紛争管理など社会学系の講義のほか、都市計画、ライフサイクル評価、熱帯雨林生態系保護など様々な環境分野の勉強をしました。

卒業後、ニューヨークでグリーン・マーケティングのコンサルタント会社に入社しましたが、体調をくずしたこともあり、帰国して新たな探すことにしました。当時、日本には環境ビジネスというものがなく、金融機関で派遣職をしながら、日本で初めてのエコファンドづくりをお手伝いすることにしました。エコファンドとは、環境意識の高い企業の株に投資する投資信託です。その仕事を通じて、環境に関する金融ビジネスの人材を探されていた東京三菱証券（当時：現三菱ＵＦＪモルガン・スタンレー証券）の副社長とお会いすることになりました。当初、エコファンドなどの商品を作ることをお考えだったようですが、留学する以前から関心のあった排出権という仕組みがしたいと提案したのです。排出権取引は、事業から温室効果ガスを排出できる権利をつくって、それを金銭化するという活動なので、これこそ、直接環境プロジェクトにお金が回る手段だと思いました。すぐに理解は示されませんでしたが、日本政府で気候変動の交渉をしている国立環境研究所の方に今後排出権取引が実施される可能性の背景について、特に、国連のクリーン開発メカニズムという排出権の仕組みが途上国の国際協力につながることなどについて示していただきました。これが私のグリーン・イントラプレナーの始まりになりました。

入社してはみたものの、まるで社内で理解は得られず、簡単な道のりではありませんでした。なぜなら、誰も排出権取引など知らなかったからです。上司は社内で調整をし、現場の仕事はほぼ一人でやっていました。最初にしたのは、まず、社外のネットワークづくりです。様々なセミナーを開催したり、外のメディアに投稿するなど社内外に認知してもらえるよう、土台を固めました。会社は、最低限のインフラを提供してくれたので、プロジェクト費用は政府の補助金公募に手を挙げました。初案件は450万円でした。国連でクリーン開発メカニズムの制度が固まり、本格的に日本でも、途上国での温室効果ガス排出削減事業での排出削減分を取引することになりました。その中には一からプロジェクトデザインをして、日本政府に2億円の排出権を買ってもらった事業に、カンボジア初のもみ殻によるバイオマス発電事業があります。この発電所は今も動いておりますが、2003年から手掛け、実際に動くまで7年以上かかりました。その間の苦労はとても書き表せませんが、でも発電所が動いたときの感動は一生忘れません。それは、現地のカンボジアのビジネスパートナーや支援してくださった方々と深いつながりによって実行できたからです。

こうして100件近く、途上国で様々な事業をすることになりました。今では、気候変動ファイナンス、ESG投資まで、サステナビリティに関しての金融や経営コンサルタントの仕事をすることになったのです。

第4課のまとめ

- 企業の存在は、利益追求だけではない。企業価値の向上のため、本業を通じたESG活動が求められる。

- ESG投資家が、企業の環境、社会配慮などを評価するようになった。コロナや世界の様々なリスクがESG投資を加速化。

- グリーン・イントラプレナーは、ESG活動に直結する業務つくること。

- 自社のリソースの活用がメリット。本業とのシナジーがあることを考える。

- グリーン・イントラプレナーの目指すビジネスモデル
  ①社会システムのイノベーション
  ②製品のイノベーション
  ③会社のビジネス・インフラへの環境価値追及の仕組みの組み込み
  ④将来ニーズへの先取り対応

- 乗り越えるべきハードルは、社内。巻き込む力が必須。

- グリーン・ビジネスはニーズに応えつつ社会をよくするストーリーを語れるか、考えよう。

- 当たり前を当たり前としない発想が重要。

第5課

グリーン・スタートアップとして想いをカタチにする

ゼロからの新規事業の創造を行う起業家のことはアントレプレナーと言われています。近年、国内でも耳にする機会の増えたStart-Up（スタートアップ）は、アントレプレナーと類義語で、今までにない全く新しいビジネスモデルを開発し、短期間で急成長するために起業することを表していることが多いようです。米国ニューヨークベースの金融情報ウェブサイトInvestopediaによると、米国のグリーン・スタートアップは、エネルギーシェアリング、ライドシェアリングから商品取引まで、ベンチャーキャピタリストを魅了しています。加えて、社会的責任投資家、グリーン投資家、クラウドファンディングプラットフォームから新たに支持を得ていると言います。この課では、革新的なソリューションの開発などを通じて環境問題の解決に寄与しようとするグリーン・スタートアップについて考えてみましょう。

グリーン・ビジネスで起業する

日本では、新しい技術や知識を軸に大企業では実施しにくい小回りの利く経営や、思い切った決断をする中小企業のことを「ベンチャー企業」と呼んでいます。ベンチャー企業という英語はありません。

起業に際して、考えるのは資金調達。そこで注目されるのは、ベンチャーキャピタルです。ベンチャーキャピタルとは、ハイリターンを狙ったアグレッシブな投資を行う投資会社（投資ファンド）のことです。主に高い成長率を有する未上場企業に対して、Exit狙いの投資を行い、資金を投下します。Exitとは、投資家の投資の資金回収のことで、その手段をExit戦略、出口戦略とも言います。Exitの手法にはIPO（Initial Public Offering：新規株式公開）と、M&A（Mergers & Acquistions：合併および買収）と大きく二つあります。詳細はまた第6課で説明しますが、このようなベンチャー投資会社は、経営コンサルティングなどを提供し、投資先企業の価値を高めようとします。また、担当者が取締役会等にも参加し、経営陣に対して監視・指導を行うこともあります。

ベンチャーキャピタルには、エンジェル投資家や専門とする投資会社がありますが、大手企業がベンチャー企業に対して出資やその他の支援を行なうファンドを保有することも、これはコーポレート・ベンチャーキャピタルと呼ばれます。コーポレート・ベンチャーキャピタルは、フィナンシャルなリターンだけでなく、ファンドの設立母体となった企業の新規事業立ち上げのために寄与する技術やアイデアなどの事業シーズを獲得するためのツールとして使われます。

一般財団法人ベンチャーエンタープライズセンターの、２０２０年1~9月の『日本・米国・中国のベンチャーキャピタル投資動向』によると、日本の国内投資金額は１０７５億円で、米国の国内投資金額は円換算で12兆４３４億円を超え、中国の国内投資金額は２兆１２１１億円ということでした。安倍前首相の中長期の経済政策、アベノミクスの「成長戦略」の政策の柱のひとつ「産業の新陳代謝とベンチャーの加速」があります。国内での新規企業の開業率を10％台に倍増する目標が掲げられ、様々な支援策が設定されました。15年の日本の国内投資金額が８００億円強であった頃に比べれば増額していますが、それでもなお、海外諸国から大きくかけ離れています。

日本政府は、社会全体でベンチャーを醸成するために、様々な支援策を行っています。経済産業省・ＪＥＴＲＯ（独立行政法人日本貿易振興機構）が主催するグローバル起業家等育成プログラム「始動 Next Innovator」、自治体が主催する創業スクール、研究開発型ベンチャー支援事業、創業・事業承継促進補助金、低利融資、エンジェル税制を実施しているほか、大企業との連携促進、産業革新機構の出資、中小機構の出資、企業のベンチャー投資促進税制などがあります。

また、日本政府の支援策の一つとして、「日本ベンチャー大賞」というのがあります。これは、ベンチャーとしてロールモデルとなるような、社会的インパクトのある新事業を創出した企業経営者を表彰するものです。本課でスタートアップの事例として紹介する㈱ユーグレナ、㈱メルカリ、Spiber㈱なども受賞しています。ベンチャーに対するこういった手厚い支援策があるので、「グリーン・ビジネスを起業しよう」としている方はぜひ活用してほしいと思います。

グリーン・スタートアップのビジネスアプローチ

前課では、企業にいながらにして、グリーン・ビジネスをするアプローチを探求しましたが、既存企業内の本業として収益を上げるには制約もあります。一方、アントレプレナー（起業家）は自分の思う社会の課題に直接アプローチできるので、ゼロからグリーン・ビジネスを創造することができます。

図表5-1　グリーン・スタートアップのめざす姿

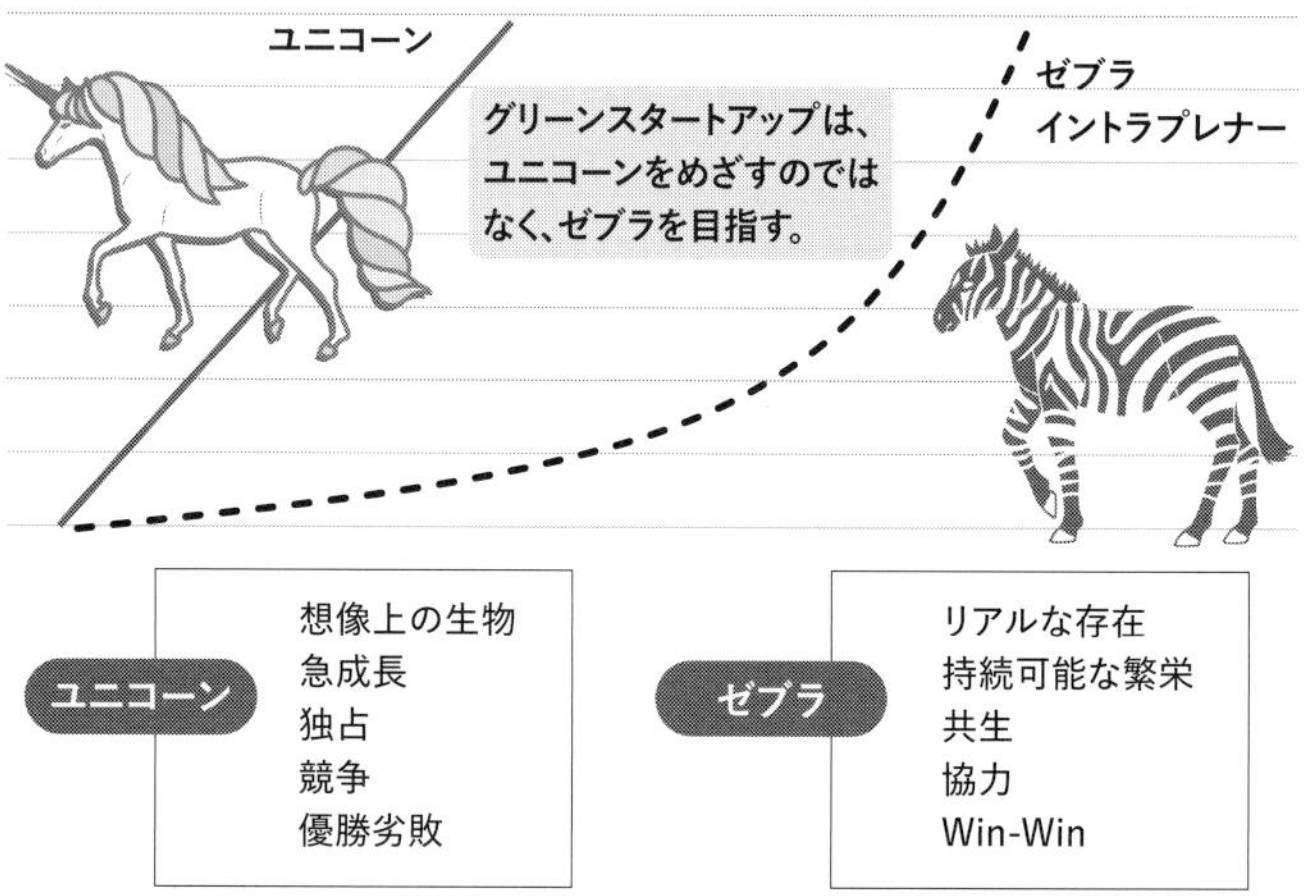

スタートアップに投資家が期待するのは、短期間で急成長することです。俗に言う「急成長するユニコーン型」企業です。ユニコーンはギリシャ神話に登場する一角獣のことであり、10年以内に評価額1000億円以上になる非上場の希少性のある企業のことを呼びます。では、グリーン・スタートアップでユニコーンはいるのか？

例えば、米国でUber、Lyftのような配車サービスとフードデリバリーサービスがあります。カナダのFacedriveは、同じ配車やフードデリバリービジネスでもハイブリッド車や電気自動車を運転するドライバーが、多くの収入を得るよう設定しています。また、インドの新興企業ReNew

Powerは、風力および太陽光事業で２０１７年に創業し19年に10億ドル以上の資金を調達したと言われます。では、日本にこのような企業はあるのか？　というと、メルカリがその筆頭でしょう。メルカリがなぜグリーンかという詳細は後程お話しますが、元来、ユニコーン企業自体が日本には少ないのです。メルカリは上場しましたので、すでにスタートアップからは卒業していますが、ゼロから起業して作ったグリーン企業の代表ということでは、本課のカテゴリーに入れています。

世界的にみても、グリーン・スタートアップの中から、ユニコーン企業になった企業は多くはありません。一方、ユニコーン企業と対比する形で、「ゼブラ（シマウマ）型企業」が提唱されるようになりました（図表5-1）。シマウマは、群をなして生きるリアルな存在であり、持続可能性を重視し、共生を価値とするスタートアップのことを言います。企業利益と社会貢献の二つの価値創造を両立させることから、白黒模様のシマウマにたとえられていると言われます。まさに、グリーン・スタートアップはこのゼブラ型と言えませんか？　ゼブラ型企業では、靴の通販会社のZapposが挙げられます。同社は、企業利益の追求の前に、ステークホルダーである従業員と顧客の満足度の最大化を重視したビジネスモデルで、10年で10億ドル以上の評価額になったスタートアップ企業です。

図表 5-2　グリーン・スタートアップのビジネス発想手法

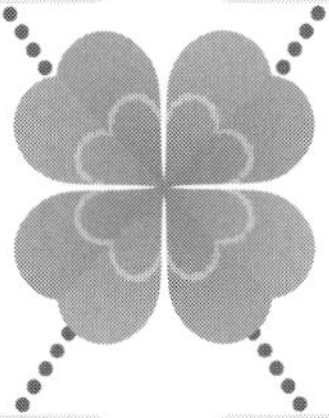

Ⅰ 社会イノベーション型

・メルカリ
・軒先
・コークッキング
　フードロスを減らすTABETE運営
・ウィファブリック
　アパレル在庫の仕入れ販売
　SMASELL運営
・ビビッドガーデン　食べチョク運営
・スペースシェア

Ⅱ 製品イノベーション型

・ユーグレナ
　ミドリムシの大量生産に成功し、食品・バイオ燃料の販売
・Spiber
　人工合成クモ糸繊維、石油由来の原料を含まない低炭素素材
・チャレナジー
　プロペラのない風力

Ⅲ　既存製品への新価値提供

・オールバーズ
　再生ポリエステル、ヒマシ油、リサイクルペットボトル使用のスニーカー
・フロムファーイースト
　途上国で生産する自然に優しい循環型商品販売

Ⅳ 環境政策、環境市場の先取り

・日本環境設計
　ポリエステル衣類やプラスチックを原料に戻すケミカルリサイクル
・みんな電力
　再生可能エネルギー電力小売
　ベランダソーラー
・ピリカ
　ゴミ問題解決のプラットフォーム作り

では、グリーン・スタートアップのビジネスアプローチを理解するために、前課のグリーン・イントラプレナーと同様に、ⅠからⅣで事業タイプを分けてみましょう（図表5-2）。

Ⅰの社会イノベーション型の企業の筆頭は、メルカリです。メルカリは、創業者である山田社長が世界一周の旅に出た時に「途上国で恵まれずに欲しいものが買えない人がいる。一方で、物が無駄に捨てられ溢れている。それをなんとかしたい。」という思いがあったそうです。当時から日本でも流行っていたスマホで簡単にモノを売り買いできるフリマアプリが解決できると気づいたことを機に始まりました。2013年7月のサービス開始から5年足らずで上場し、その際の評価額は4000億円とも言われるユニコーン企業です。メルカリのサービスはそれまでのフリマのシステムと違い、スマホの普及に伴い、予め販売価格を設定しておく手軽さが受けたのですが、これまでのフリマのオークション形式に革命を起こしたとも言えます。

そのほか、シェアリングエコノミービジネスは多々生まれています。慶應SFCの講義へのゲストスピーカーとして来ていただいた西浦明子社長の軒先㈱は店の軒先のスペースの有効活用をした不動産シェアリングのビジネスモデルを構築した起業家です。シェアリングは様々な分野に広がっています。例えば「CSV経営サロン」でフードロスについて解説していただいた川越一磨さんが代表を務める㈱コークッキングが提供するスマホアプリ「TABETE」があります。これは、日本初のフードロスを削減するフードシェアリングサービスで、近くのお店で余ってしまっている食事を、お得にテイクアウトができます。また、㈱ウィファブリックは、アパレル卸売・仕入れサイト「SMASELL（スマセル）」を運営しています。アパレルなどの商材を作るメーカーを中心にした「サプライヤー」と、それらの商品を安く仕入れたい「バイヤー」のBtoBのマッチングサイトです。「食べチョク」を運営する㈱ビビッドガーデンは、コロナ禍でオーガニックの産地と消費者を直接つなぎ、多額の資金調達をしています。

このようにグリーン・スタートアップの社会イノベーションは、スマホのアプリやマッチングサイトなど、IT社会が円熟するにつれて多く生み出されています。

IIの製品イノベーション型、つまりグリーンなディープテックを提供するスタートアップも生まれています。ディープテックとは、ハードウエアや新素材などを活用した製品やソリューションのことで、グリーン・ディープテックで成功している例としてユーグレナが挙げられます。ユーグレナのビジネスはミドリムシ由来の健康サプリから始まっていますが、現在は航空機のバイオジェット燃料を生産し、クリーンエネルギー企業としても注目を浴びています。また、山形県にあるSpiberもグリーン・ディープテック企業の代表です。大学院に在学中から創業した関山和秀社長、菅原潤一取締役とともに人工タンパク質素材「ブリュード・プロテイン（BREWED PROTEIN）」を研究開発しています。この素材は、石油を使わずに、現在の合成繊維やプラスチックと同等、あるいはそれ以上の性能を持つ成形材料を製造でき、次世代の〝脱石油素材〟技術と言われており、数百億円の資金調達をしています。

また、㈱チャレナジーはこれまでの風力発電の常識を変えた技術会社です。台風などにも耐え得る、プロペラのない風力技術を開発しました。これも製品のイノベーションです。

Ⅲは、既存の商品やサービスにグリーンな視点の価値を新しく提供するスタートアップです。米国のAllbirdsはスニーカー製造会社で、インソールを石油からではなく、炭素排出量の少ないヒマシ油で製造しており、ナイキとのコラボ商品が売れています。このようなサステナブルな素材にこだわり、快適さを追求した製品を提供するスタートアップは注目されています。カンボジア農村部において土地改良剤を利用した植林から、製品開発し、日本での販売、環境への再投資という循環型事業「森の叡智プロジェクト」を展開するフロムファーイースト㈱などもそれに当たります。

Ⅱで挙げたチャレナジーは考え方としては、Ⅲにも分類されるでしょう。

Ⅳでは、脱炭素社会やサーキュラーエコノミーなどの世界の動向を先取りして、新たなプラットフォームを作ろうとするスタートアップがあります。日本環境設計㈱は、服から服を、ペットボトルからペットボトルをつくるケミカルリサイクル技術を持ちます。みんな電力㈱は、再生可能エネルギーの法人・個人向け電力小売サービスを提供しています。みんな電力としては、Ⅱの製品イノベーション型である日本環境設計、Ⅲの既存の商品やサービスにグリーンな視点の製品を提供するみんな電力は、それぞれさらに様々なビジネスパートナーを巻き込み、環境性能に優れた製品を普及するための仕組み、プラットフォームを創っています。後ほどケース・スタディとして登場いただく㈱ピリカも、ＩＴ技術を使い、これまで把握が難しかったゴミのポイ捨て調査、マイクロプラスチック調査などのサービスを自治体を中心にソリューションを提供するスタートアップです。

グリーン・スタートアップは、制約のあるグリーン・イントラプレナーと違い、環境課題の解決に直接アプローチができることが利点です。環境課題は、前課で説明した既存企業の事業上にも存在しますし、住民、消費者や政府など社会全体が抱えるものもあります。前者の場合、自分が起こしたいと考えるビジネスと相性の良い企業（自社の技術やサービスで課題を解決できそうにない企業）との協業も視野に入れながら戦略を練ることを考えてみましょう。

前課で、グリーン・イントラプレナーのビジネスの方向性について、収益期待性とマクロおよび、ミクロ的アプローチで整理しました。しかし、グリーン・スタートアップの場合、自社で資金調達をしなければならない以上、収益期待を大きくすることを考える必要

図表 5-3　グリーン・スタートアップのアプローチ

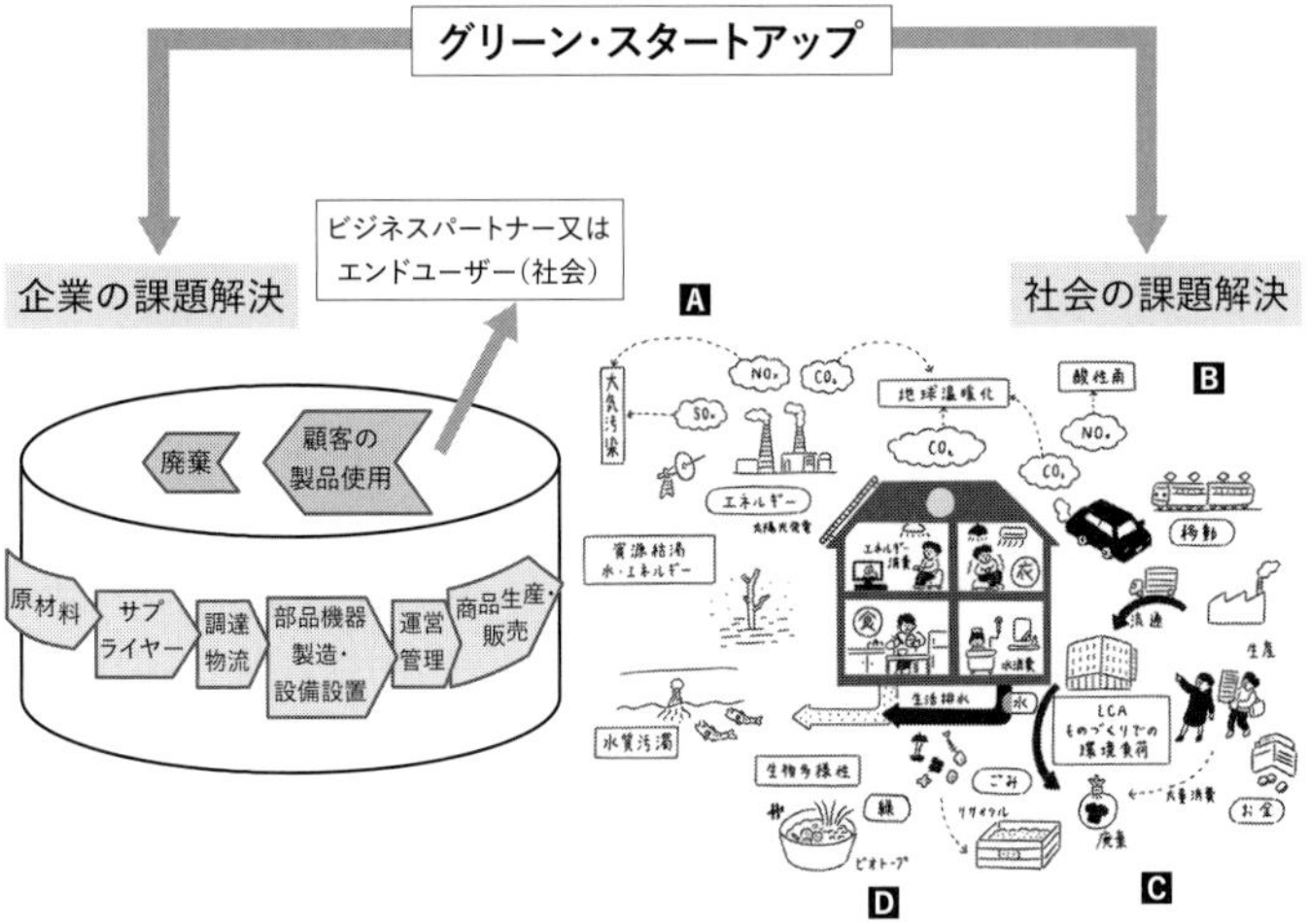

出所：木楽舎『地球とつながる暮らしのデザイン』

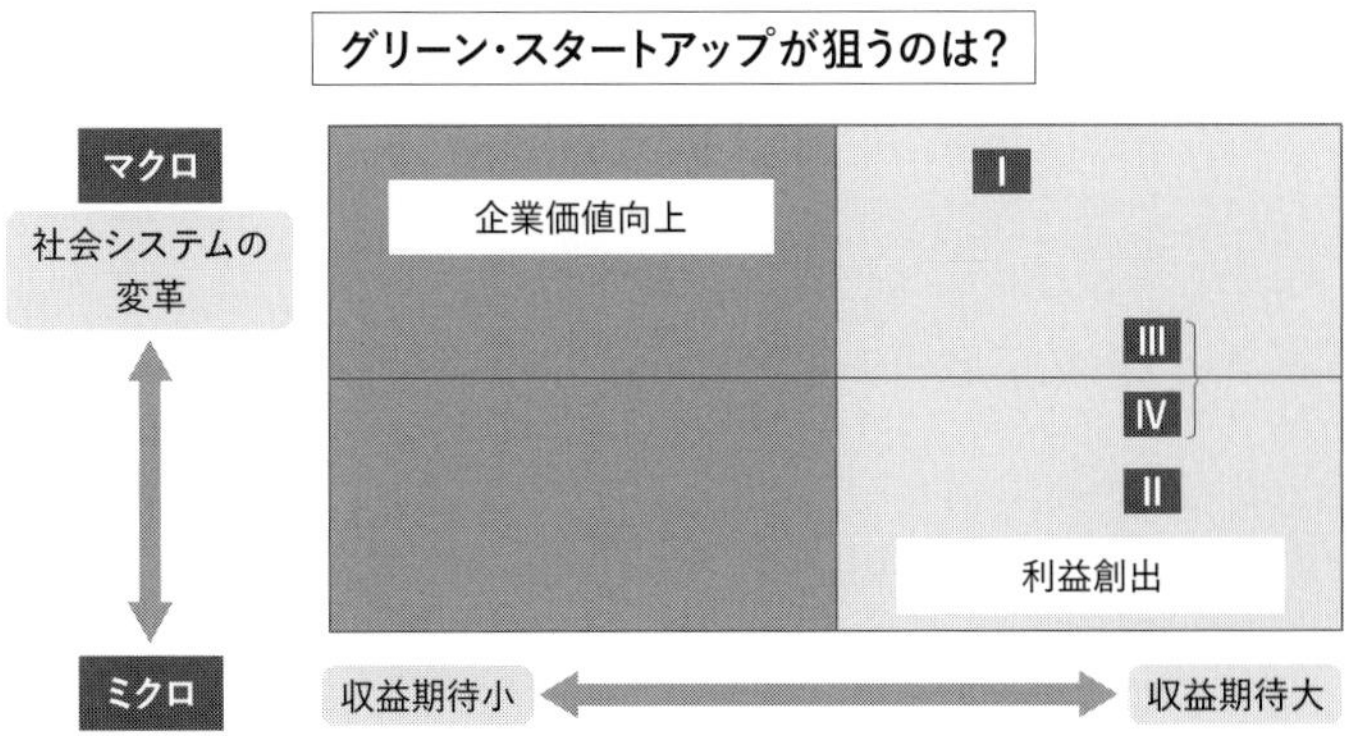

があります。事業の目的に賛同して出資する投資家もいるとは思いますが、やはり投資家は収益を期待します。したがって、ⅠからⅣのどのビジネスタイプであっても、まずは収益性の期待に応えることが重要になります。その上で、どのようなビジネスアプローチをとるのがよいかを検討します（図表5-3）。

ベンチャーキャピタルなど投資家が多く関心を寄せるのはディープテックです。ディープテックは科学的発見、革新的技術などで、世界にインパクトを与える問題解決をする取り組みのことを指します。シェアリングエコノミーなどビジネスモデルの改良で社会イノベーションを狙ったスタートアップと対比されます。たとえば、テスラが宇宙ベンチャー、電気自動車・自動運転車開発・製造など高度な技術を基軸とした事業を立ち上げ、地球規模の課題である気候変動問題を解決しようとするようなことが挙げられます。このような事業は、実現に時間がかかったとしても、世界に対するインパクトが大きく、簡単に追随者がでないことが特徴的で、投資家もこの点に注目します。同時に、このような技術が社会システム変革を促すソフト面での技術と融合して、スピード感をもって実装されるようになってきたことが、社会課題解決型のベンチャーに投資家が注目するようになった背景に挙げられます。

しかし、技術が優れているだけでは、スタートアップの成長は望めません。今までにはなかった、そうした新しい技術を使うように社会が変わっていく必要があります。

例えば、日本環境設計は、ポリエステル中古衣料をエタノールにする独自のケミカルリサイクル技術を持ちディープテックベンチャーに当たりますが、ポリエステル中古衣料の回収システムが必要であり、そのためのプラットフォームづくりをしています。中古の廃プラや衣料を集めるシステムやケミカルリサイクルの素材を使用した製品を上場企業と開発し販売してもらうというものです。前課で説明したように、上場企業はＥＳＧ投資家に向けて、将来的に価値のある新たなグリーン・ビジネスモデルやアイデアを求めています。そして、それらのビジネスに投資する、コーポレート・ベンチャーキャピタルが盛んになっています。この事例は、グリーン・スタートアップがスケールアップするためには有効なアプローチと言えましょう。

また、小売業やフードロスの二次流通の課題であれば、売れ残った商品の廃棄を防ぐために関係する事業者に自社のプラットフォームビジネスに参画してもらうことや、消費者に対しては安価（あるいは無料）で手に入るようにサービスを提供する方法があります。皆さんと同じように環境問題に関心がある消費者の良心に訴えながら、お互いにとって金銭面でもお得な状況を生み出すことができれば、サービスの完成度も上がっていきます。コークッキングのスマホアプリ「TABETE」や、㈱ウィファブリックの「SMASELL」などがこれに当たるでしょう。

以上を踏まえ、イントラプレナーと比較すると、顕著な違いは企業価値向上という目的のためにビジネスを始めるということではないということです。基本的にスタートアップは、スケールアップをする意図がない場合を除き、株式会社として収益を追求するビジネスであるべきです。投資ファンドの詳しい活用法の説明は次課に送りますが、ベンチャーキャピタルなどの投資家は将来のスケールアップの可能性を見ています。

Iのタイプの社会システムやビジネスモデルの変容に対して、投資家の関心は高いですが、簡単に追随者にコピーされてしまうようなビジネスモデルの場合、ベンチャーキャピタルの目は厳しくなるでしょう。

グリーン・スタートアップは、社会課題解決という目的があるため、ゼブラ型を目指しつつもまずは収益を出すことを目指さなければならない宿命にあります。グリーン・イントラプレナーとは異なる、グリーン・アントレプレナーのチャレンジです。

スタートアップ・アクション・ステップバイステップ

イントラプレナーがグリーン・ビジネスを実行に移すためのアクションについて第4課で説明しましたが、イントラプレナーと違い、スタートアップは自ら資金調達をしなくてはなりません。スタートアップにとって、事業計画書は重要です。ビジネスの内容の実効性を高めるためにも、提案するビジネスの信用を得るためにも、事業計画書を策定しましょう。ビジネスアイデアとそれを実行するためのビジネスプランを描き、きちんと事業計画を策定して、投資家からの出資を求めるというのが大事なステップです。

もしかしたら、できる限り自己資金で経営したいという方もいるかもしれません。実際、社会システムの変容を目指すスタートアップの中には資金調達なしで運営している企業もなくはありません。ですが、イノベーションを起こす技術開発費、人件費や設備投資に資金が必要な場合は投資を募った方が良いでしょう。

まず、環境課題で関心のある分野でビジネスアイデアを思い付いたら、とにかく市場の状況を事前によく調査します。アイデアが本当に新しいものかどうか、競合他社はいないかなどを調べましょう。事業計画書にまとめるべき主な項目は次のような内容です。

- エグゼクティブ・サマリー
- 会社の概要（資本金基本事項、経営層概要、組織、事業内容、顧客等）
- 外部環境（市場状況、規模、競争環境、勝ち要素等）
- ビジネスの基本戦略、販売計画、人員計画、損益計画、賃借対照表、キャッシュフロー書等
- 上場を目指すか、バイアウトか
- 資金調達の概要や資本政策

さて、スタートアップ企業の社長の方に何に苦労したかをお聞きすると、ビジネスのモデルの構築、資金調達と人材確保だとおっしゃいます。まず、グリーン・スタートアップに有用な資金調達の手法について、紹介しましょう。

図表 5-4　スタートアップの資金調達方法

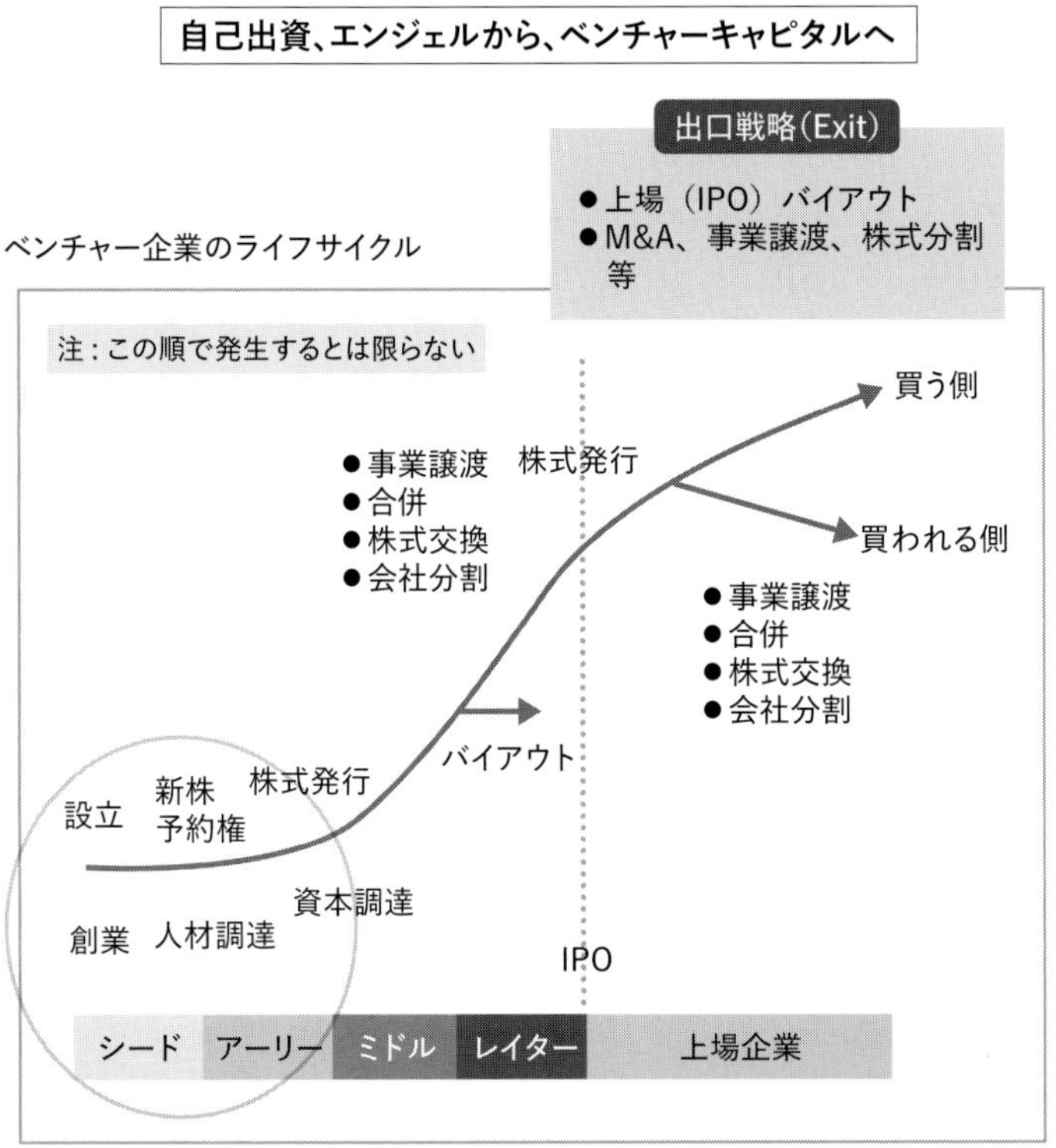

出所:日本実業出版社『起業のファイナンス』

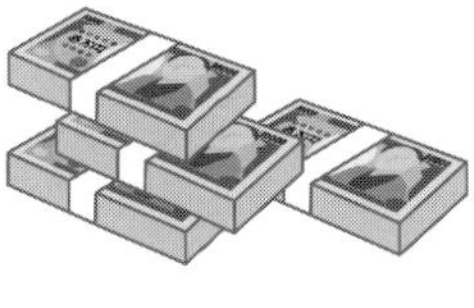

最初に調達するのは、シードマネーと呼ばれる設立準備段階の資金です。すぐに外部から資金調達ができるとは限らないため、基本的に自己資金か、助成金、補助金などで始めるしかありません。また、シードマネーとしては、親戚・知人からの借金など、比較的見返りの少ないお金（スイートマネー）やエンジェル投資などがあります。民間銀行からの融資という手段はありますが、返済に関する信用力、担保能力などが問われますので、皆さん自身もしくは仲間と始める段階では融資を受けるのは難しいかもしれません。

まだ、ビジネスモデルを構築しつつある段階なので、資金規模もさほど必要ないはずです。ただ、ビジネスモデルが本当に実現可能かを調査する市場調査などにも費用がかかります。事業の内容にもよりますが、設立してから少しビジネスを軌道にのせるまで、通常の事業活動を営むために、運転資金や設備投資資金が必要となるでしょう。資格・ライセンス料、特許が必要ならその権利料、そして、販売促進費などの負担もあります。この時期は、なるべくスイートマネーを使い、リスクを最小限にします。事業を開始し利益を上げてキャッシュフローが安定して、事業拡大のための資金が確保できるまで時間がかかります。この期間を死の谷と呼び、多くのベンチャー企業が倒産してしまうと言います。政府や自治体などではスタートアップなどを支援する助成金、融資制度、併走型のアクセラレータプログラム（大手企業、自治体などが、ベンチャー企業やスタートアップ企業に出資や支援を行うプログラム）がありますので探してみましょう。

その後、必要に応じて、儲けることのできるビジネスプランを十分練って、ベンチャーキャピタルの出資を検討します。ある程度収益が見込めるアーリー時期に入るわけですが、これは本格的に事業展開を行って間もない時期です。したがって、商品開発や人材確保等にさらに資金がいりますが、利益水準が低く実績がないと、金融機関からの信頼が低く融資を受けるのが難しい時期です。こうした時期では、政策投資銀行などの政府系金融機関からの融資や、公的機関からの助成金・補助金を引き続き探します。ただ、億単位の多額の資金調達が必要な場合は、ベンチャーキャピタルも検討します。図表5-4を参照してください。アーリー期での投資はシリーズＡと呼ばれ、投資会社は数百社あると言われます。事業計画の数字に確実性が高くなり、さらに調達したい資金の桁が上がる場合は次のステージの投資家を探します。このミドル期は、シリーズＢと言われます。その後のレイター期は上場前の状況（シリーズＣ以降）で企業価値の評価に従って、様々なベンチャーキャピタルがあります。ベンチャーキャピタルが求めるのは最終的には株式公開や株式売却なので、株式公開などの意思がなければベンチャーキャピタルからの出資は慎重に検討し、よい投資パートナーを探しましょう。

ベンチャーキャピタル以外では、大企業との事業提携を前提とした資本提携があります。研究開発の場合、自社の研究成果を開示または技術使用許諾の対価として、契約一時金や協力金を大企業に出してもらうようアプローチすることがあります。ただ、これも大企業と組みますと、大企業の都合で動かなければならないプレッシャーもありますので、注意は必要です。ある程度、事業が軌道に乗り、売上高が損益分岐点を超え、単年度損益も黒字となってきますと、売上高が増加した分、運転資金や設備投資が必要となります。

この成長期に一気に進めていくことが、ビジネスを大きくするには重要です。この段階になると、たとえ、キャッシュフローなどが赤字だとしても、民間金融機関からの融資が受けやすくなりますし、ベンチャーキャピタルも比較的出資しやすくなってくる時期です。この段階でベンチャーキャピタルから資金を入れた企業は、株式の上場（ＩＰＯ）を考えた資本政策が必要となります。その後、累積損失も解消され、フリーキャッシュフローも黒字となると、さらに、民間金融機関からの融資条件もよくなってきます。上場を希望しない起業家は、融資が主たる資金調達方法になるかもしれません。民間金融機関からの通常の借入金、特定の金融機関をアレンジャーとして指定した複数の金融機関からの資金調達を行う手法や、ストラクチャード・ファイナンス（債権・不動産の流動化等）が行われたりします。また、ベンチャーキャピタルの出資を受ける場合、取引先や金融機関に第三者割当増資をして、上場前提の安定株主対策を行ったりして、上場を目指します。

ユーグレナ、Spiberの自己資金は1000万円からスタートとしたそうです。みんな電力は最初にエンジェル投資家が500万円だしてくれたといいます。

このように、創業したばかりのベンチャー企業にとってどのように資金を調達するかという問題は、事業運営と切り離せない非常に重要な問題です。

事業の拡大に伴って、人材の獲得、営業広告費用、開発費用などの追加が必要になっていきます。企業の成長段階に応じて、ミドル、レイター、最後は上場、というベンチャー企業（スタートアップと非上場の中小企業を含めます）に出資するベンチャーキャピタルにとって様々な投資のタイミング・手法があります。これから参入したい市場の状況を調査し、自社のビジネススタイルなどと十分照らし合わせて、最適な資金調達の選択ができるよう、各段階で予想されるシナリオを肉付けしていきましょう。

自己資金や補助金などで経営している間は合同会社でもいいですし、元手のいらないコンサルタント会社の場合であれば、合同会社で構いません。しかし、融資を受け、ベンチャーキャピタルから資金を得るためには株式会社にしたほうがよいでしょう。どれくらいの規模の資金調達をするか、どこに出口をもっていくかで、会社の形態や資金調達の仕方が変わってきます。

財務諸表の作成を始めとする事業計画書の作成は、事業の信用性を高め、有利な条件で投融資を受けるうえで欠かせません。

財務面を苦手に感じる方も多いかと思いますが、財務三表と呼ばれる損益計算書、貸借対照表、キャッシュフロー計算書の作成ポイントは第6課で説明しますので、参考にしてみてください。

ここまで、ベンチャーキャピタルによる資金調達の実現を意識しながら、環境ビジネスにおけるシナリオの描き方や事業計画策定のポイントを紹介しました。

ベンチャーキャピタルやコーポレート・ベンチャーキャピタルによる投資ファンドのほか、クラウドファンディングの活用もスタートアップに合った資金調達方法です。スター

トアップへの期待、信用力は、キャピタルゲイン（出資に対するリターン、つまりは株式の値上がり益）で決定されます。将来的に株を売却した時にどれだけゲインがあるか？を投資家は注視します。Spiberのように、技術的なイノベーションが評価されたために、利益を出していなくても、その成長期待から何十億もの資金調達を実現しているパターンもあります。

投資家、金融機関がチェックする企業の価値とは？

企業価値を上げること、そして株主に利益還元していくことが株式会社の使命です。企業価値を財務情報から算出する場合、純資産法やＤＣＦ（Discount Cash Flow）法などを用いることで具体的な数字を出すことができます。しかし、創業して間もないスタートアップは財務状況が良好でない場合が多いでしょう。会社の財政状態のみに着目した形式的な基準による評価では、実質価額は著しく低く評価されてしまいます。

それでも、ベンチャーキャピタルが投資する理由はどこにあるのでしょうか。ベンチャーキャピタルは様々なベンチャー企業に出資し目が肥えています。大学発の起業家が研究者である場合、その事業計画の内容は、財務面は大抵が残念なものだと言われます。それでも、研究の内容や質が良ければ将来的なリターンが見込めるため、まずは、その企業家の資質を見ようとします。磨けば光る金の卵を見つけたいのがベンチャーキャピタルです。要は、CEO（最高経営責任者）の資質を問いたい、というのがベンチャーキャピタルの姿勢です。事業計画のレベルが見合わないものであっても、スケールの大きなビジネスを遂行できるか？　を見ます。たとえば、日本とアジアのスタートアップ企業の成長を支援するベンチャーキャピタル Boardwalk Capital.㈱の那珂氏は、京都大学発の電気自動車（EV）ベンチャーのGLM㈱に投資をしています。初期の投資を決定する際、GLMのCEOが「1兆円規模の企業になる」という大志を評価したといいます。

それにしても、夢を語るだけでは弱く、やはり事業計画（＝考える力）は欲しいところです。

スタートアップの将来性を見込んで出資するベンチャーキャピタルの中には、エンジェル投資家と呼ばれる個人投資家がいます。

本田圭佑氏（2016年に個人投資会社ＫＳＫを設立）といった著名人も実はエンジェル投資家です。エンジェル投資家の中には、数百万円から1千万円程度であれば契約書なしでも出資することもあり、経営に口を出すこともさほどありません。ベンチャーキャピタルは、出資先の企業の成長に関心があるため、事業計画のコンサルは勿論、業務提携の支援や人材紹介など、様々なサポートを行うことがあります。しかし、通常、出資の場合、株式の種類や出資比率などによっては、出資者が経営に関与することになり、アントレプレナー自身は、思うような経営ができなくなる場合もあります。あるスタートアップ企業は、ベンチャーキャピタルの投資家から資金を調達しましたが、経営層に人材が送り込まれ、元々いたチームとうまく折り合いをつけることができず、最終的には出資額を返金して経営から退いてもらったということです。経営体制がしっかりしているということを見せることが重要です。例えば、ＣＥＯとＣＯＯ（最高執行責任者）、ＣＴＯ（最高技術責任者）の三者を固めて起業するのもいいと言われています。苦手なこと、得意なことを分担できる仲間を集めるのも、後々ベンチャーキャピタルが「あの役割がいないから」、と介入してくるのを避ける上で有効な戦略と言えるでしょう。

さきほど述べた損益計算書、貸借対照表、キャッシュフロー計算書の三種の財務諸表は、企業価値を判断するために投資家や金融機関にとって重要です。

スタートアップの場合でも各事業年ごとに損益計算書、貸借対照表の作成が必要です。投資家が事業計画書を通して見ているのは、計画値の正確さよりも、事業に対してどこまで本気なのか？　を知りたいからという点を念頭においてください。まずは細部にこだわりすぎずに、完成させましょう。

ベンチャーキャピタルは、出資分の何倍ものリターンを狙うため、実際には出資先の10社中1社でも成功すればいいと思って投資しているとも言われます。グリーン・スタートアップにとって、すぐに何倍ものリターンを上げられるとは限りません。自社のシナジーを発揮できるような投資パートナーを選ぶことが大変重要なのです。

アメリカでは、オーガニック素材で起業してＩＰＯで何千億という資金調達に成功した企業もあります。環境ビジネスで上場して大型の資金調達ができたとなれば、社会的インパクトは大きいでしょう。

グリーン・スタートアップを成功させるために必要なこと

イントラプレナーと比較して個人が環境ビジネスで起業するメリットは何かというと、これは、環境ビジネスに限ることではありませんが、自由な発想でビジネスの決断が早くできるということです。大企業の中での社内起業は、インフラもありますし、多少のリスクは会社が許容してくれます。一方、個人で起業すれば、すべてのインフラを自分で整え、すべてのリスクを引き受けなければなりません。しかし、企業内で、必ず儲けになると確信のある新規事業であっても、トップダウンで進めない限り、社内を通すには時間を要するでしょう。新たにアイデアを発想し、儲かるビジネスモデルが作れるということに確信があれば、自ら起業するのは正解です。自ら起業する場合、最も重要なのは、「ぶれないミッション」だと思います。さまざまな環境への負荷を減らし、新たな価値観でビジネスを起こした企業があります。メルカリやユーグレナのように成功した企業もあれば、まだ、道半ばの企業も多くあります。環境目的で始めたわけではないのに、グリーンベンチャーとして評価されている企業もあります。起業は、動機もきっかけも様々で、失敗から学ぶことの連続の上で、成功するとも言います。

スタートアップという信用力も低く、ましてやグリーン・ビジネスに対する期待感が必ずしも高くない環境でビジネスを成功に導くためには何が必要なのでしょうか？

ただ、ニーズがあるから、環境課題が解決したいから、ということだけでなく、社会や投資家にとって魅力的かを考える、それは、どのように市場が拡大するかという期待をみせるということです。スタートアップに求められるのは、成長期待です。それは、実は、皆さん自身がそのビジネスに対してどれほどわくわくしているか、ぶれないでそのわくわく感を持ち続けられるという強い情熱が伝わるかが大切です。

そこでは、グリーン・イントラプレナーと同様、ストーリーが大事です。それを、熱意をもってなるべくシンプルに語っていくことです。そして、グリーン・スタートアップの強みは、早い決断力とフレキシブルな経営思考です。様々なコラボレーションで新たな社会変革を起こすことができます。どんなストーリー、どんなコラボレーションがあるのでしょうか？　いくつかのキーワードとパターンがありそうです。先輩たちの事例からそれらのパターンを紐解いてみましょう。

技術×地方創生

グリーン・ビジネスをしている優良な地方企業が、大手企業と組んで多角的な展開を図っています。例えば、滋賀県にある業務用・産業用センサーのメーカーであるオプテックス㈱です。オプテックスは、小林氏が１９８０年に１２００万円の自己資金から滋賀で創業し、世界初の遠赤外線利用の自動ドア用センサーを制作しています。グリーン・ビジネスとしては、水質調査、ビルオートメーション、災害避難場所向け照明等、各種センサーを通じた環境・防災製品を提供しています。同社が開発した「WATER it」は、富士通㈱のクラウドサーバーを活用することにより、遠隔地で採取した水質データが自動で収集され、簡単かつ迅速に測定情報を管理・分析することができるシステムです。この技術を中国、東南アジアで展開しています。

福井県にあるミツカワ㈱は、１９７３年に創業したニット生地の製造・販売会社です。ミツカワは、自社独自の新素材技術開発を行っていて、東レ㈱とともに開発した、筒状の農業資材繊維「ロールプランター®」は、砂漠・荒廃地の農地化とマインダンプの砂塵飛散防止と緑化に貢献する技術です。国内でも、このロールプランター®を使用した屋上・校庭緑化事業を展開し、ヒートアイランド現象の緩和に貢献しています。これらの企業に共通することは、地方にいながらも基礎的な技術を基にグリーン・ビジネスを創出するビジネスモデルであることでしょう。

慶應義塾大学ＳＦＣ出身の関山社長が率いるSpiberは山形に拠点を置くテクノロジーベンチャー企業です。新世代たんぱく質素材で、世界初の人工合成クモ糸繊維「QMONOS」の量産化に成功しています。天然のクモの糸は重さあたりの強靭性が鋼鉄の３４０倍、炭素繊維の15倍といわれ、それが人工的にできれば、自動車産業やアパレル産業まで活用できますし、原料を石油などの枯渇資源に依存することなく生産をすることができます。また、生分解性があるため再資源化も可能です。その研究を大学で行っていた関山さんたちは、原料に石油資源を使用しないで環境問題を解決することをミッションとし、慶應義塾大学先端生命科学研究所（ＩＡＢ）から、学生ベンチャーとして２００７年に起業しています。ＩＡＢは、山形県庄内地方の各市町村と県が、96年に新しい大学を誘致する方針を決め、01年に鶴岡市に設置されたバイオ研究機関です。

なぜ、起業したかと言えば、端的に、その技術開発のためには大学の資金源だけでは足りなかったので、起業して投資家から認めてもらえれば、投資してもらえる可能性があると思ったからだそうです。前述したBoardwalk Capitalが出資した電動自動車開発のＧＬＭもそうです。京都大学での研究ではあったのですが規模を拡大する段階では、起業することにより資金調達が可能になったのです。Spiberは、自己資金１０００万円を皮切りに09年にはジャフコグループ㈱等のベンチャーキャピタルから3億円を調達、その後も政府系金融機関や民間企業などから総額約２９０億円を調達しました。最初に、ＮＥＤＯ等の複数の政府系事業に採択されたことが大きかったといいます。また、山形に本拠地をおいた慶應義塾大学先端生命科学研究所の役割は大きいでしょう。その支援に応え、Spiberは、今後も鶴岡を拠点にして事業を広げるといいます。15年末に１０３人だった社員数は20年末には２３４人になっており、山形県への人口流入に寄与しています。所在地が山形であることは人材獲得にはハードルが高いとも言えますが、それを逆手に本当にこの事業をやりたいと思う人材が集まるようです。

同社では、その後、ゴールドウインとスポーツウエアに関する業務提携契約を締結し、共同開発ダウンジャケット「ＭＯＯＮ ＰＡＲＫＡ」を19年12月に発売しています。その結果、防水性や肌触りなど目的別に様々な機能を作り出せる技術を確立できたため、構造タンパク質素材をブリュード・プロテインという名称にしています。そして、今、21年中にタイの工場が稼働し、米国への進出に向けさらに資金調達、ＩＰＯ（株式公開）も期待されています。なぜここまで来れたのか？　これはひとえに時代の要請と期待感に他なりません。Spiber は多くの投資家や企業に支えられている一方で、相当のプレッシャーを受けているはずです。しかし、彼らの技術に対して応援する投資家や先輩方による出会いが大きいと言います。関山社長の地球への愛は、投資家や企業を引き付けます。どんな困難にあってもぶれない姿勢です。そして、これら支援者のアドバイスを適宜受け入れ、変化に対応していく力と発想力が大切なのです。

技術×企業と消費者をつなぐプラットフォーム

日本環境設計の岩本社長は、斜陽産業になった繊維会社に勤めていた折、ただ作って安く売って捨てるというビジネスモデルが斜陽になった原因だと思い、捨てないビジネスをすることにしたのです。その繊維会社に勤めている頃に、衣料品やタオルの繊維をバイオエタノールに変え、プラスチックを再生油化するという技術を開発し、それを活用するビジネスモデルを考えていました。しかし、その会社ではビジネス化されなかったので、起業したと言います。

リサイクルビジネスは、回収にコストがかかると言われます。例えば、ブックオフ等での中古物品の売買では回収のための広告費用のほうが販売費用よりかかります。よいものが集まらなければ、それだけ利幅が減るからです。これまでの衣類に関するエコビジネスは、古着として販売するケース、ペットボトルを原料としてフリースなどの繊維素材を作るビジネスなどがあります。古着は、日本だけでも年間１００万トンに上ると言われます。日本環境設計は、古着から原料のポリエステルに戻す技術により、新品のポリエステルの衣類を生産します。日本環境設計は「FUKUFUKU」というリサイクルボックスをイオン、丸井、パタゴニア、良品計画などの環境を強く意識した企業に対して販売し古着回収を無料で行い、これらの企業にとっては環境ブランドとしてのイメージアップになっています。これは、リサイクルシステムのブランド化です。このモデルはセブン&アイ・ホールディングスなど54社に広がり、参加企業はパタゴニアなどの衣料品メーカー、インクカートリッジ回収インフラを持つプリンターメーカーにまで広がり、同社のプラスチック回収プロジェクト「PLA-PLUS」参加の消費者は全国約40万人以上となっています。

繊維素材をリサイクルした製品が実際に売れるか、古着が十分に回収できるか等、大きなチャレンジであるため、日本環境設計もSpiberと同様に、最初の資金繰りに政府からの補助金を使っています。２００９年度の経済産業省の「繊維製品リサイクル調査事業」で、イオンと丸井にブランド回収ボックスを置いて、店舗の来店客からポリエステル衣料を集めて、エタノールにし、ポリエステルに作り直して、リサイクルする実証事業をしました。大手企業もケミカルリサイクルに取り組み始めてはいましたが、スタートアップとして個社でできることには限界があるため、リサイクルシステムをブランド化することによって、他業種でありかつ大手の企業とのコラボレーションを可能にさせています。

日本環境設計は、リサイクルボックスを売り古着を回収するというサービスを提供しています。なぜなら、リサイクルビジネスで重要なのはよい中古素材を集めるシステムだからです。このシステムを確立しているのが日本環境設計のビジネスモデルです。つまり、ケミカルリサイクルの技術と回収システムのコンビネーションというモデルです。まず、リサイクルシステムのブランド化をしたのが、このビジネスの成功のカギでした。ポリエステルの原料になる古着の回収にコストをかけていないことが重要で、原料調達に、消費者と販売業者を巻き込み、循環型のライフサイクルビジネスモデルを確立しています。同社は、現在ビジネス拡大のため、ベンチャーキャピタルなどから資金調達をし、上場を目指しています。

社会課題×技術・システム

最初から環境課題を解決するということだけでなく、違う動機から始まってもグリーン・ビジネスになることもあります。また、違うセクター同士がコラボレーションすることにより、補完しあい、無駄を減らせてWin-Winで儲かるとか、すき間ビジネスからもグリーン・ビジネスができたりします。

グリーン・ビジネスからコ・ベネフィットが生まれることもあれば、別のベネフィットから考えたビジネスがグリーン・ビジネスになることもあります。環境負荷が減るというベネフィットで考えたアイデアでも、他方からみれば、健康促進など環境課題解決以外のベネフィットがあるかもしれません。その反対もしかり。そうすれば、エコビジネスのみならず、それ以上の新たな市場が生まれるかもしれません。

ユーグレナの出雲社長は、大学時代にバングラデシュの栄養不良の子どもたちのために何とかしたいと思い起業を目指すようになり、農学部に転部後、ミドリムシが解決策になるという「ユーグレナ」の研究と出会いました。その後、２００５年に起業し、12年東京証券取引所マザーズ上場、14年には東京証券取引所第一部に市場変更したバイオベンチャーです。出雲さんの問題意識は人間が生きるための栄養素とエネルギーの獲得です。それを達成する手段として見出したのが、ミドリムシでその量産化を成功させました。08年にバイオ燃料としてのミドリムシの可能性を知り、2本目の柱として本気で取り組んでいます。出雲さんは、ミドリムシでビジネスをすることを決めた後、資金の流れとビジネスを知るために大学卒業後、東京三菱銀行（当時）に入行します。結局、銀行は1年で退職し経営を学ぶためにベンチャー企業で働きながら、研究と起業の準備をしたといいます。そして、当時ライブドア社長の堀江貴文氏との縁をきっかけに起業に踏み切りました。仲間とともに研究を進め、経営をともにやるパートナー見つけたことが千載一遇の機会だったと出雲さんは述べています。つまり、資金のめどと経営の屋台骨になる人材がそろったわけです。ミドリムシの培養に成功しサプリメント事業を開始しますが、その後の発展は必ずしも、順風満帆ではありませんでした。資金ショートにも見舞われたのです。いろいろな困難に対処しながら、ミドリムシの普及が進み、二本目の柱であるグリーン・ビジネス、バイオ燃料事業に関わり始められたのは起業から5年後であったそうです。現在、ユーグレナは、ディープテックのベンチャーを支援するリアルテックファンドに出資し、自らの経験を後継支援に充てています。

社会課題×ビジネスモデル＋グリーン（ビジネスモデルに、グリーンとつけて考えてみる）

みんな電力の大石社長は、たまたま電車の中で携帯のバッテリーがなくなったそうです。その時、太陽光で充電していた人が目の前におり充電させてもらった経験から、誰もが電力を創り、売ることがビジネスになるのではと思いつきました。まずは、消費者が自ら使う電気を選べる仕組みつくりを手掛けたいと思っていた矢先に東日本大震災が起こり、分散型電力の重要性を感じその年に起業をすることにしました。同社は、当初は手のひらサイズのソーラー発電機の販売からスタート、後に「顔の見えるでんき」のコンセプトで、再エネを中心とした電力小売り事業を展開しています。現在、全国の発電事業者から電気を仕入れ、約3500社に供給しており、電源構成は再生可能エネルギーとFIT電気が約7割を占めています。供給先には、丸井グループ、ビームス、TBSホールディングスといった有名企業が名を連ねています。出資は最初SMBCベンチャーキャピタルなどが入っておりましたが、今では、丸井グループなどからもコーポレート・ベンチャーキャピタルが入り出向社員を受け入れています。事業が失敗したり、資金も完全に底をついたことがあると言います。折しもFITや、RE100などの動きを追い風に、特に、独自の「顔の見えるでんき」を売りにして、ブロックチェーン（電子記録台帳）の導入を図ったことが同業他社との差別化になったといいます。そして、大石社長は、電力事業に関しては素人なので自分で頑張らずに、専門家のパートナーを増やしたこと、そして、グリーン・ビジネスをする！と肩ひじ張らず、よいと思ったことを伝える達人であったことも功を奏していると思います。自分で技術を持ち合わせてなくても、時代の要請や、顧客のニーズに合わせてビジネスモデルを変えていくのも、スタートアップの重要なアプローチです。

カンボジア農村部において土地改良剤を利用した植林から、製品開発、日本での販売、環境への再投資という循環型事業「森の叡智プロジェクト」を展開しているのは、フロムファーイースト㈱です。高付加価値製品として日本市場で販売した利益を現地の植林面積の拡大等に再投資することで、安定的な原材料の供給体制を確立するというビジネスモデルです。日本で有機栽培の分野で生産性向上の実績のある㈲コズミックが有する土壌改良技術を用いて土壌改良を行い、シャンプーや石鹸、ヘアカラー剤等の美容関連消費財の原材料の生産をしています。阪口社長は、元々は美容師でヘアのエクステンションのビジネスを成功させていたそうです。上場準備中にリーマンショックで為替相場が動き、仕入れ安定のためかけた為替予約が反転、そこで数億の損を出し上場を断念したという経験をしました。ちょうどお子さんが生まれたことでオーガニック食材に目覚め、地球環境に関心を持つようになったそうです。そして、「みんなでみらいを」というプロジェクト名で、地球環境によい商品開発を始めたそうです。カンボジアで２０１４年に開始した「森の叡智プロジェクト」から原材料を調達するナチュラルコスメ「みんなでみらいを」を自社ＥＣサイトと日本国内の大型小売店で販売しています。そして、美容学校経営を通じて築いた現地ネットワークと自社のノウハウ・技術を活用し、収益が見込める循環的な事業モデルを構築しています。さらなる展開として、加工・製造を現地化することによる農民の所得向上を図り、大手多業種企業を巻き込み、事業の拡大を見込んでいるそうです。

みんな電力の大石さんもフロムファーイーストの阪口さんも、経験のない分野で事業を始め、失敗を繰り返しながら成功しているのはなぜか？　未経験だからこそ見渡せるものがあり、専門家とともにビジネスを作り込んでいるからです。そして、上場を目指すスタートアップは、とかく、数字ばかり追うようになり仕事の意義がわからなくなってしまうものですが、見失うことのないぶれないミッションを持っていること、そんな共通点が見えてきます。

「環境ビジネスでは儲からない」。このイメージがなぜ起こるのか、それは、ビジネスでは常に発想の転換が必要であるのに、環境ビジネスだというところからの発想の転換が足りないのではないかと思うのです。反対に、せっかく、環境ビジネスとの関連性があるのにうまく生かしていないこともあります。

環境ビジネスは、地球や環境を食い物にするのではありません。あくまでも発想の転換をもって、新たな魅力的な価値を作り、そこにお金を呼び込み新市場を創ることなのです。

たとえば、シェアリング、ＩｏＴ（インターネット・オブシングス）は、サービスサイジング、ユビキタスという言葉とほぼ同異義語とも言われます。では、なぜ、その言葉がすたれ、新たな言葉によって認識や価値が高まるのか？　それは時代の要請と、時代を作る人々の感情なのだと思います。結果が、環境負荷を下げるのであれば、それでもよいと思うのです。今、時代は、真にグリーンがビジネスとして求められる時代に入ってきました。ビジネスは、その正面でも側面でも、グリーンにならなければいけないのです。したがって、取組のテーマは無限といえるほど多く、柔軟な発想が求められます。温室効果ガス排出によって気候異常が生じており、生態系の存続を脅かすようになってきました。その原因であるCO_2を削減することが問題解決方法とされ、多くのビジネスが生まれます。プラスチックの削減も食品ロスの削減もあらゆる産業の環境負荷を下げることが、結局は、CO_2排出削減につながります。そして、産業革命以来、１度以上の温度が上昇しているこの地球で異常気象が発生し様々な課題が生じています。そのような課題を解決しようとする「適応ビジネス」も必要とされています。様々な発想からあらゆる場所でグリーン・ビジネスが生まれる時代になってきたのです。さあ、皆さんも一歩踏み出しましょう！

さて、ここからは頭に置いておくに値するアントレプレナーの苦労話を紹介します。

ケース・スタディ⑥
Dari K（ダリケー）㈱の吉野慶一社長の場合

吉野さんは、吉高と同じ、外資系金融機関のご出身でかつ、仕事をすることに疑問を抱きだして辞めているところも同じです。投資銀行や投資顧問・ヘッジファンド会社のアナリストを辞めた後、バックパック旅行中にチョコレート屋さんでみたカカオ産地の地図で運命が変わったそうです。そして、その地図にあるインドネシア産カカオが日本で見られないのは、フェアトレードがされていないせいだということがわかり、その問題に取り組むべく、ダリケーを２０１１年３月に創業しました。インドネシア産カカオは、早く現金化するため発酵させずに輸出しているため品質が悪く、高くカカオを売ることができない、一方ガーナなどは国策として発酵を義務づけて高価格を担保しています。そこで、吉野社長は、インドネシアにおいて、農家人たちにカカオの質を上げるための生産技術を指導し、そのカカオの直接買い取り、自前で発酵させチョコレートを製造し、日本でチョコレート店を経営することにしたのです。

具体的には、カカオ生産に従事する農家に対する発酵技術の指導、発酵させた高品質なカカオ豆の買い取りによる出口確保を行い、サプライチェーン上流での付加価値創出と農家の収入環境の改善を実現する仕組みを構築しました。変動する国際価格ではなく、相場より2～3割高い固定価格で買い取る仕組みで農家の収入増に寄与する仕組みにしました。同時に、自ら輸入・加工することで高品質チョコレートを製造し、インドネシア産カカオ豆の直接輸入と最終商品のチョコレートの製造・販売をしています。日本の市場が求める品質のカカオをインドネシアで生産していくため、まずは現地のカカオ農家に発酵の必要性について啓発活動を実施、続いて実際に発酵技術を指導し、さらには発酵させた高品質なカカオ豆を直接買い取ることで彼らの収入の改善に取り組んでいます。同時にインドネシア産カカオ豆が持つ発酵していない低品質なイメージを払拭し、高品質なカカオ豆として世間の認知度を向上させるため、自ら輸入し、そのカカオでチョコレートを製造・販売しているのです。現地でチョコレートをつくり、ポリフェノールの高いカカオやその薄皮を商品にし、カカオ農園にアグロフォレストリー農法を取り入れ、森林保全を図りながら気候変動による不作被害を防ぐため、他の作物との混在栽培としてマンゴーやパイナップルなどを生産し、ドライフルーツとして販売しています。インドネシアは、降雨量の減少により従来作物の収量の低下が見込まれる地域があります。そこで、比較的、水や施肥の消費量が少ないカカオへの転作は気候変動への適応対策ともなり、高付加価値カカオ・アグロフォレストリーの導入・普及につながり、小規模農家の生産能力の向上に一役買います。ダリケーの顧客は「寄付」をするのではなく本当に質の良いものへ対価を払うという、そうした市場を吉野社長は確立したいと思っているのです。

ド素人の吉野社長がいきなりインドネシアのカカオを購入して、最初に50万円でほぼ手作りの機械を揃え、チョコレート製造の全過程を、そもそもなんの製造知識のないパティシエと二人で研究していくところから始めています。いくら金融機関出身で自己資金があったとしても、いきなり設備や人材に多額の費用はかけられません。実際、一日300円しか売上のない時期もあり、閉店を決意したこともあるそうです。一方、インドネシアでのカカオの質を上げるために、農家に厳しい条件をつけ、生産の管理をしていかなければなりません。そこで、16年にダリケーインドネシア現地法人を設立し、日本人駐在員と現地採用の職員20名ほどが常駐して、アグロフォレストリーの指導、「チョコづくり教室」や「カカオ農園ツアー」といった活動を展開しました。私もこのツアーに参加しました。私自身、途上国で仕事をしておりましたのでこの苦労はよくわかります。このツアーには、ESG、SDGsへの関心の高まりから、ソーシャルビジネスのケース・スタディーとして参加する企業もあるそうです。私が視察したところ、現地の農家からの信頼を徐々に築き上げていらしたところでしたが、果たして、この手法で持続可能に規模を拡大し成長していけるのだろうかと思ったので、吉野社長に質問をしたことを覚えています。

吉野社長もその課題は認識しており、現地法人の経営強化をしました。18年にユーグレナなどに出資している㈱インスパイアPNBパートナーズが第三者割当増資により発行する株式の引受をするなど、投資家の数も増えてきています。それまではホテルやバレンタインの催事などで販売してましたが、東京に出店し、契約農家から直送したカカオ豆で作るフレッシュなチョコレート・トリュフ「カカオ・バル」や、南国で生産されるドライフルーツやナッツの「TROPIS（トロピス）」シリーズを展開し、また新たな挑戦を始めていると聞きます。その挑戦には、これまでの技術と経験を集約して、食品ロスを克服する新たな機会をうみだす新しいビジネスだと言います。しかし、その実現のためには大きな資金調達が必要です。金融のプロであった吉野社長でも、その事業を育てさらに飛躍するためにベンチャーキャピタルを呼び込む検討をしていますが、一方で、チョコレートで世界を変えるというぶれないミッションを維持するために慎重に検討していると言います。

スタートアップの挑戦は尽きません。

ケース・スタディ⑦ WOTA㈱の前田瑶介社長の場合

WOTA㈱は、東大発のAIとIoTの掛け合わせで水問題の汎用的ソリューションを提供しようとする企業で、宇宙ステーションのオンサイトで使えるような水再生処理をより安価な製品で実現することを目指しています。その陣容は、CEOの前田社長、CTO（最高技術責任者）の奥寺さん、CDO（最高デジタル責任者）の山田さんを筆頭に営業などには経験豊かなベテランの方を採用するなど、スタートアップの弱点を補強する体制になっており、様々な分野（IT、製造業、上下水道設備、建築設計、ZEB等）の背景を持つメンバーがいます。

WOTAは自律分散型の水循環社会を目指し、世界初の自律分散型水循環システム「WOTA BOX」や、水道のない場所でも電気コンセントにつなぐだけで、繰り返し手洗いのできる水循環型手洗い機「WOSH」といった製品を開発しています。WOTA BOXは、あらゆる場所で安定的な水処理が供給できるシステムとして開発されており、一度使った水の98％以上が再利用できるので、水道のない場所や使える水が少ない状況下でもシャワー入浴などへの利用が可能です。ＷＯＴＡのシステムは、複数のフィルターを流れていく途中、センサーにより複数箇所で水質をチェックすることと、ＡＩのディープラーニングによって、高い安全性の担保と高効率の浄化を実現しています。同社の技術は２０１６年の熊本地震や18年の西日本豪雨など、災害時の入浴支援に使われてきました。また防災・ＢＣＰのノウハウを持つメンバーもいることから、災害対策、対策本部マネジメントも含めた防災・ＢＣＰのための研修プログラムを自治体に無償提供しています。すでに、全国で30％近い自治体に研修を受けてもらっており、その中で商品の購入にもつながっているのだそうです。また、WOTA BOX は災害対応で13自治体、20の避難所で２万人以上に使われています。また、水道設備の整っていない離島や中山間地域のリゾート施設やキャンプ場でも使われています。WOTA BOX やそのシステムを利用することで、上下水道などのインフラ整備のコストがネックとなってこれまで放置されてきた遊休地が活用できるようになったり、過疎化が進展する地方で水インフラを維持することにも貢献する可能性もあります。これまで水回り設備は一度設置すると簡単には動かすことができなかったのですが、WOTA BOXなら配管工事も不要で何度でも場所を変えることができるのです。

前田社長は、徳島県西部の上下水道が未整備区域の多い地域で生まれ育った経験から、このような事業に取り組まれているそうです。前田社長が幼少の頃、トイレの形式が汲み取り式の古い形態で祖父母が早く上下水道がきてほしいと言っていたからだそうです。しかし上下水道の整備にはコストがかかります。前田さんは湧き水や浄化槽など工夫をすれば十分用が足りるのに、なぜそんなに上下水道にこだわるのだろうと思ったのだそうです。

過疎化が進む地域では、特に、上下水道の維持管理費が財政を圧迫します。旧くなった水道管の交換費用が捻出できない状況を、自律分散型の小規模水インフラなら地域住民が自分たちで運営管理することで打破できます。初期の設備投資も小規模ゆえに10～20年で回収できるとなれば、例えば、地域メガソーラー発電事業と同じように住民で水インフラを運営できるのです。上下水道に自律分散型水循環システムを組み合わせたシナリオでは、一人当たりの費用負担が小さく済む可能性があるのです。これまで、水処理技術は人の経験に頼るところが多く、かつ、処理場はカスタマイズで設計されるため、経済合理性を考えると採算性がとれません。そのため分散型として規模の経済を効かせるようにするビジネスモデルを考えています。従って、もともと技術の発想がありきではなく、水インフラや設備のシステムの課題の解決に必要なことは何か？　特に財務面での課題を解決するためには分散型しかないと思い、宇宙ステーションなどの水処理技術もあるのだから可能ではないかというところからビジネスが始まっています。つまり、ミクロ的な技術の開発があってマクロの社会システムを考えたのではなく、マクロの課題を解決するための技術は何かというアプローチです。

現在の主な出資者は、ソフトバンク、電源開発、豊田合成、孫泰蔵氏で、例えばコーポレート・ベンチャーキャピタルの豊田合成は、元々ＬＥＤ技術を使った殺菌技術を持っていたので、その技術を応用して、スマートフォンの表面の紫外線殺菌技術などを開発しました。事業を一緒にできることがコーポレート・ベンチャーキャピタルからの出資を受けるメリットでもあるとのことです。

前田社長に、どんな点で資金が必要になったのかとお聞きしたところ、コア技術の開発だけではなく、製品としての量産プロセスを確立する部分にも資金が必要になったとのことでした。また、水道が未整備な場所やインフラの経済合理性がないところなど最終的に巨大なポテンシャル市場に取り組む計画であるため、研究開発段階で実質的なバリュエーションが難しいという課題がありました。そこで、投資家からの助言を参考に、バリュエーション（投資決定の際の評価や査定、見積もり、価値判断）で決めず新株引受権付の転換社債というスキームを選択しました。その後、その手法で資金調達を続けることができたと言います。

今後のWOTAの目標は、手洗い設備のない途上国の病院なども含め海外にWOSHを届けることですが、量産性を高めたり、現地生産を進めたりしてコストを下げなくてはなりません。そのために追加の資金調達をする可能性もあるとのことです。

今は、この製品を、サステナビリティを具現化するプロダクトのコンセプト、例えば公衆衛生のための手洗い目的だけでなく、新しい水資源の供給と処理を自律分散型水循環システム（水処理の自律制御システム）として普及しさせるための世論づくりにも注力されています。

ケース・スタディ⑧
㈱ピリカの小嶌不二夫社長の場合

小嶌さんは、子供の頃、地球環境問題シリーズの本を読んで関心を持ち、環境問題を研究しようと大学院に行きました。ただ、研究者として一つの研究を突き詰めるのでなく、様々な分野の環境問題に係わりたい、研究成果を実装したいと思ったそうです。そこで、大学院をすぐ休学し、世界一周をしながら何ができるかを探す中、ごみの問題は世界中にあり様々な分野に係わると閃いたのです。そして、ごみの処理ではなく、あまり注目されていないごみの流出に目をつけました。「人間は環境問題を未然に防げるほど賢くないし、滅びるのを受け入れるほど馬鹿ではない、粘り強く問題解決に取り組んでいればいつか社会から必要とされる時が来ると思った」そうです。当時、ＳＮＳが流行りだしたときで、誰もやったことのない実験をしようと、ピリカを大学の研究室で開発しました。このアプリをダウンロードした人は、拾ったごみをアップロードします。その投稿に対する「ありがとう」の数、集められたゴミの総量などを、メンバーと共有し、ごみ拾いのコミュニティをつくります。この構想は、海外から帰国後10日間で思いつき、アプリの実験が進んでいたところ、Open Network Lab（起業家アクセラレータプログラム）の3期生となりました。

当時、そのプログラムには社会起業家枠というのがあり、約70チームが選考を受けた中で、７チームの一つに選ばれたのです。このプログラムでは、支援金とともに、ＩＴ企業からアドバイスなどの提供を受けることができました。２０１１年にピリカを起業し、まずアプリのユーザーを増やすことに注力しました。アクセラレータプログラムでは、投資家巡りをするように言われたので回りましたが、投資家からは、面白いけど社会事業には出資できないので、ゲームを作らないかと言われました。小嶌さんは、それでは、意味がないと思い、最初の一年は、共同経営者とともに無給で働きました。たまたま、ある産業廃棄物の会社社長の方が面白いことをしていると興味を持ってくださり、協賛を決めてくれました。それが、初めての売上でしたが、その方が全国産業廃棄物連合会（当時）の青年部の会長で、次々といろいろな方を紹介してくれるようになったのです。次第に大手企業のＣＳＲ部門の方と話す機会も増え、ぜひ協力したいと金額は大きくはないけれど協賛金等様々な形で売上が上がるようになりました。３年間ぐらいはこのような形で収入を得ていました。自治体に営業に行くと、仕事を増やされると思われ、なかなか理解されませんでしたが、福井県の清掃美化の活性化の新たなプログラムに採用されることになりました。その事例をきっかけに、横浜市、富山県などと次々とつながっていきました。BLUE School Design ㈱と協働して、奄美大島瀬戸内町役場の依頼でダイバーたちと海洋ごみ回収と分析の事業もしました。今の売上の半分弱が自治体からです。

サービスや顧客の規模が大きくなる中で、社員も増えていきました。技術の専門家を入れ、次にバックオフィス（総務担当）を入れ、また、営業を増やすなどして、少しずつ人を増やしました。黒字になったり赤字になったりしながら、売上が少しずつ成長していました。７年目に４０００万円の資金を調達しました。ごみの流出対策という分野は、競合が少なく価格が自由に設定できるので、規模を追わなければ黒字化は難しくありませんでしたし、ユニークで面白い事業をやっている実感もありました。しかし、事業規模が小さいままでは、地球規模の問題を解決することはできません。年間で流出しているごみの量は数兆個規模と試算されています。問題の解決を目指すためには赤字を出してでも事業を急成長させていかなければならないと思ったそうです。そんな時、実績が認められ、エンジェル投資家８名から４０００万円を調達することができました。

ピリカのサービス運営においては、ボランティアでごみを拾って下さる方をどのように増やしていくかが重要です。ボランティア（100万人／年）でごみを拾って下さる方は深夜早朝にこっそり拾うことが多いので、その方々が楽しく気持ちよく（感謝される喜びやつながり）拾い続けられるようなコミュニティをつくるために、技術開発、営業、PRなどの人件費を投じています。また、ごみ拾いだけでなく、ごみ調査や、ごみ問題のソリューションへと事業を拡大していくべく、最近新たにエンジェル投資家から1億円の第三者増資を受けました。最近は、大手企業から提案や相談を受けることも増えています。環境問題解決の領域で世界最高のチームを作りたい、と小嶌社長。何が一番苦しかったかと聞いたら、起業する前、何ができるかを考えていた一年間だったそうです。生みの苦しみ、これはあらゆることに通じます。

でも、今、世界一の環境企業を目指しています。

第5課のまとめ

- ビジネスアイデアが明確で、思いが強ければ、起業するほうが実現は早い。ただし、自己資金から始めなければならないのでリスクが高い。
- ビジネスアイデアはとにかくたくさんリスト化する。一番のハードルはビジネスアイデアの絞り込み。そして実装へ。
- グリーン・アントレプレナーは、とにかく、資金調達。収益獲得モデルの構築は必須。
- 政府のスタートアップ支援やグリーン・ビジネス支援の補助金を活用しよう。
- ベンチャーキャピタルは出口戦略が必要。環境問題解決ビジネスは時間がかかる。価値共創ができるパートナーを見つけることが成功の秘訣。
- ESG経営をする大手上場企業とのコラボも、グリーン・アントレプレナーの選択肢のひとつ。
- アントレプレナーの資質は大志。しかし、それだけでなく、事業計画（つまり「考える力」の証明書）の作成も必須の作業。
- グリーン・アントレプレナーに必要なのは、発想の転換、柔軟性、ネットワーク、そして、資金調達と人材獲得。

休憩

OG・OB訪問

小林　さあ、休憩時間御を利用してＯＧ・ＯＢが来てくれました。グリーン・ビジネスをこの本で学ぶ皆さんにとって、私たちの授業やゼミなどで学んだ先輩が、日ごろのお仕事の中で、かつて受けた授業や参加したゼミを振り返ってどんな感想を持っているのかを聞くことは、刺激的で、励みになりましょう。私は、社会人として大学院に在籍し、勉強したことがありますが、アウトプット一方の日ごろの労働時間と違って、インプットができる、勉強の時間とは、なんと贅沢なことかといつも思っていました。この本でのインプットも、必ず、皆さんの素晴らしいアウトプットにつながると思います。先輩からのエール、活躍ぶりの報告から、皆さんが充電して、そして、意欲も新たに、第6課からの応用実技の講義に挑戦して下さることを期待します。

有賀　淳

私は独立行政法人都市再生機構にて、「住環境」の事業部門において、屋外修繕の造園設計の担当として働いています（本書制作時点）。植物などの自然素材や、虫や鳥などの生物と人との関わりを対象としているため、

業務の中で「環境」を意識する機会が多く存在します。「環境」は様々な要素から成るために多面的で複雑なものとなりますが、小林先生と吉高先生は、決して容易ではない社会的課題も前向きで熱い思いを持って捉えられており、講義ではその姿勢を伝えて下さっていました。

近年、人々が健やかで安全な暮らしを維持し続けるという観点から、都市における環境についての課題が改めて強く認識される社会になっていると感じています。

私自身が学んだ要素を生かし発展させる努力をすることは勿論のこと、この講義を通じて、環境についての課題と可能性を見つけだし、多様なアプローチでその解決に取り組もうとする同志が増えていくことを大変嬉しく思っています。

郭　小穎

現在はコンサル業界で、組織・人事領域に関するコンサルティングサービスを提供しています。仕事では、学生時代に勉強した環境への取り組みやＳＤＧｓの知識が役に立ちます。

授業では環境と経済の両立性について、国内外の政策、経済活動、企業の取組みから環境問題だけではなく、どのように経済とかかわれるかを学びました。一番印象的なのは、自分たちでエコビジネスに関するテーマを決め、ビジネスを設計、調査、発表し、先生を含め実現可能性についてお互い意見や知見を共有したことです。

環境ビジネスは様々な業界、職業に関連があり、チャレンジ精神が必要だと思います。斬新なアイデアがある方、小さいことでもチャレンジしましょう。皆様のチャレンジ精神が大きいビジネスにつながり、環境と経済が両立可能な社会に貢献できると思います。

原　正太郎

私は日本紙パルプ商事㈱ 環境事業部に所属しています。

当部門では、バイオマス発電や太陽光発電の運営に携わり、またバイオマス発電所向けの燃料の調達・販売を行っています。古紙および廃プラスチックを主原料とする固形燃料も取り扱っています。

講義では、環境問題の解決をビジネスに繋げるための多種多様なアプローチ方法が紹介

され、企業イメージ向上、環境技術開発など様々な切り口から新たなビジネス展開に臨めるおもしろさを改めて感じました。

環境ビジネスは『誰かがやるのではなく、自分でやる』。そういう気持ちがないとできないことや、いかに困難な状況を打破し、高付加価値をつけて提案できるか、また個々の力では限界があるため、いかに周りを巻き込んで事業を起こすか、といったポイントが大事であることを学びました。

環境事業を取り巻く状況は今なお大きく変化しており、そうした変化にチャンスがあると思います。常に新たな事業を模索し創出していくことを、これから先も大きな課題として取り組んでいきます。

カピタニオ　マルコ

私は㈱大林組での設計ソリューション部でサステナブルな建物のため、コンピュテーショナル技術の適用を担当しています。

建築と都市デザインのバックグラウンドを持ち、慶

應義塾大学のグローバル環境システムリーダープログラムのマイナー論文のスーパーバイザーとして小林教授を迎えることができて幸運でした。講義に参加し、ご相談に乗っていただき、国連機関でのワークショップを通じて、技術的スキルを政策立案や経済的実現可能性に統合することがいかに重要であるかを理解しました。環境上のメリットをもたらす効果的なソリューションを実現するために必要な対策だと思います。日々の仕事では、パフォーマンスを向上させ、環境に優しく、ユーザーにとって魅力的な、価値を生み出すソリューションの構築に努めています。

和田　恵

先生方には、豊富な知識や国内外でのご経験を基に環境ビジネスを教えていただきました。環境ビジネスは机上で学ぶだけではなく、実際に起こさないと意味はありません。この本の中にも多様なステークホルダーとのコラボレーションで成功した事例が掲載されているかと思いますが、「パートナーシップ」が環境ビジネスの成功の秘訣であることを、実

際に様々な方法で社会に働きかけている先生方の背中から学びました。

私自身は、大学院を卒業後、㈱大和総研で金融・経済分野の研究員をしております。昨今の脱炭素の実現に向けた大きな構造変化の流れの中で、環境ビジネスに関する知見の需要がますます高まっているように感じます。先生方のもとで、「環境と経済の両立」を学んだ経験を生かし、世の中の環境ビジネスの推進に微力ながらお役に立てればと思います。

第6課

事業の拡大。投資家や金融とのよいお付き合い

いずれのビジネスを始めるにしても常に考えなければいけないことは、「資金」と「人材」だということは、頭に入ったかと思います。どのようなプロジェクトをどのタイミングで実施し、かつ、どのような人材とともに、どんな資金を確保していくのか、これは、経営の基本です。たとえ、ビジネスのアイデアが良くても、それをビジネスとして動かすためには、資金を呼び込むことができなければなりません。グリーン・ビジネスに資金を呼び込むために何をしたらよいか、まずは、環境課題に注目して行われている金融活動について理解してみましょう。

環境金融および社会的責任投資

環境課題に注目した金融のことを環境金融といいます。環境金融という発想は欧米から始まっており、金融機関が、環境問題の改善に役割を担うべく、金融行動を行い、これを通じて利益を得ようとすることを意味します。

１８００年代の産業革命以降、急速に経済が発展し、１９００年代半ばから、世界各地で多くの公害問題が発生し始めました。人間活動の生態系に対する悪影響について、化学者のレイチェル・カーソン女史の『沈黙の春』という著書が１９６２年に出版され、世界的に注目を浴びました。米国の中西部の湖が農薬で汚染されたことにより、鳥の鳴き声がしなくなったというこの著書が農薬使用の警告として一石を投じたのです。これは仮想のケースでしたが、その頃、日本でも、熊本県水俣市で産業活動から水銀が環境に排出され、食物連鎖によって人体に影響を与えるという、世界で初めてのタイプの公害病が発見されました。その後、公害を規制する法律が次々と制定され、企業は、その規制に対応することとなりました。これは第1課で学んだところです。

これらの産業公害の場合、直接、環境に悪影響を及ぼす主体は、生産を主とする企業であり、金融機関が公害に対する責任を問われることはなかったのです。しかし、金融機関が環境問題に対して責任を果たすきっかけになったできごとがあります。それが、78年の米国のニューヨーク州で起こったラブキャナル事件でした。ナイアガラ滝の近くのラブキャナル運河に化学合成会社が農薬・除草剤などの廃棄物を投棄していたのですが、当時の法律では合法な行為でした。その後、運河が埋め立てられ、土地は小学校や住宅の建設のため、ほぼ無料に近い形で売却され、約30年を経て、投棄された化学物質等が漏出し、地域住民に健康被害が報告されました。この事件を契機に、アメリカではスーパーファンド法が制定されました。この法律は、汚染責任者を特定するまでの間、浄化費用は信託基金（スーパーファンド）から支出して、対策を行います。その浄化の費用は有害物質に関与したすべての潜在的責任当事者（Potential Responsible Parties：PRP）が負います。第3課の「原因者負担原則」と同義です。その責任者として、現在の施設所有者や管理者だけでなく、有害物質が処分された当時の所有者、管理者、有害物質の発生者、有害物質の輸送業者、そして、融資をした金融機関を含むことになったのです。つまり、汚染した企業へ融資した金融機関はさかのぼって責任追及されることになるわけです。環境側面をチェックしないで融資した金融機関が30年後に対策のための負担、罰金を払わされるかもしれないという法律ができたことにより、金融機関が、環境問題に関して無頓着でいられなくなったのです。

日本では、ここまで厳しい責任を金融機関に負わせる法律はこれまでにないように思います。こうして、金融機関にとっては、企業の環境規制対応を支えるということを通じて、金融機関自身の、リスク対策という局面が生まれてきたのです。銀行の融資は、返済が完了するまで企業との付き合いが続きます。そのため、リスク管理という点で環境審査をして企業評価をしていくことになります。

企業の資金調達には、銀行からの融資のほかに株主からの出資という形があります。株主の社会的責任投資が拡大するきっかけになった事件の一つに、１９８９年のバルディーズ号事件があります。これは、米国エクソンモービル社のオイルタンカーが座礁し、石油流出による世界最大の環境破壊を生じさせました。これに対して莫大な損害賠償訴訟が起こり、多くの事件関係者のみならず、株主も影響を受けました。この際に制定されたＣＥＲＥＳ原則（Coalition for Environmentally Responsible Economies）、又は、バルディーズ原則は、企業の社会的責任の原則の原点と言われます。

また、01年に起きた米国のエネルギー会社エンロン社の粉飾決算の事件の影響も忘れてはなりません。90年代から、企業経営を管理監督する仕組み、すなわち、コーポレートガバナンスについて注目が集まるようになっていました。この事件は、企業の倒産に発展し、株主に多大な損害を及ぼしたため、02年米国政府は、上場企業会計改革および投資家保護法（通称ＳＯＸ法）を制定したのです。金融機関が企業の「ガバナンス」に対して最も関心が高い理由は、上場廃止や倒産にまで発展するリスクがあるからです。

このように金融には、ただ資金を融通して金利などを得る活動だけではなく、社会を悪くさせないような形で資金を融通するという責任が課せられているのです。

環境金融とは?

環境ビジネスを後押しする、資金のスキームを環境金融といいます。金融とは資金があるところとないところでお金を融通しあう活動です。環境問題の解決に貢献できるような活動や企業などの活動に対してサービスをすることが環境サービス、そして、それに金銭面で支えるのが環境金融です。金融サービスは、銀行業、投資業、金融商品の仲介、リース、保険業等があります。それぞれのサービスに環境活動を後押しする商品、仕組みがあります。それらを、これから説明しましょう。

①環境融資

銀行が提供する主なサービスに融資があります。銀行が融資をする際、その銀行の環境審査基準に従って、融資先の企業もしくは事業をチェックし、融資の判断をします。しかし、これは、通常の事業に関して、環境側面で問題ないかを見るので、グリーン・ビジネスに積極的に融資するためのツールではありませんでした。

融資には、大きくコーポレート・ファイナンスと、プロジェクト・ファイナンスの二つがあり、コーポレート・ファイナンスとは、銀行がその企業の信用力に応じて融資（ローン）などを行うことをいいます。その際、銀行は、事業が何らかの事由で成功しなかった場合でも、融資先企業の他の事業からの収益や所有資産などにより、借入金を返済できるかを審査します。銀行は、その企業全体の事業の将来に渡って生み出すキャッシュフローを考慮して判断します。例えば、ある企業が省エネビルディングを建設するために融資を得る場合、その事業評価もさることながら、企業の本業のビジネスの財務状況でその融資判断をします。なお、融資は企業にとっては、負債となりますので、返済が求められ、資金調達のコストである利息を支払わなくてはなりません。

そして、これらの融資をする際に、資金使途などに着目しグリーンな事業として積極的に評価し、金利などを優遇することを環境融資、グリーンローンといいます。例えば、政策投資銀行などが実施している環境格付け融資（環境に配慮した経営の評価）などがそれに当たるでしょう。グリーンローンには、グリーンローン原則（Green Loan Principles：GLP）があります。ＧＬＰは２０１８年にグリーンローン商品の開発と質の向上の促進を視野に入れ、大手金融機関等によって策定されたガイドラインです。ＧＬＰは、グリーンローンの定義を、調達資金のすべてが、新規または既存の適格なグリーンプロジェクトであることを求めており、どのような事業がグリーンとして対象となるかなどを定めています。

一方、特定の事業のために会社（特別目的会社）を作り、その会社を事業者として融資をするのが、プロジェクト・ファイナンスです。これは、ある企業が事業を実施する際、その事業自体が、現金収入（キャッシュフロー）を生むことに着目し、万が一事業に失敗しても、企業の本体事業に影響を及ぼさないように、当該事業を企業のバランスシートからはずし、特別目的会社へ資金供給を行います。この場合、事業を実施する特別目的会社への銀行の融資判断は、事業そのものの実施可能性や収益力の大きさ、キャッシュフローの確実性について評価します。この手法は、発電事業などに使われます。発電事業の場合、その特別目的会社は、建設や事業運営をする機器調達契約会社（EPC：Engineering Procurement Construction）といわれる会社と契約をします。金融機関は、まず、発電した電力の買い手の信用力や売電の期間など多方面にわたって審査します。さらに、そのEPC会社の信用力や実施運営能力、事業が倒れた時にどのように債権回収ができるのか、事業リスク評価や保険の有無などで事業を分析して、融資を決定します。例えば、企業が、太陽光などの再生可能エネルギー事業や風力事業などをする場合は、プロジェクト・ファイナンスの手法で実施されることが多く、金融機関はその事業の運営者に融資や出資をするのではなく、特別目的会社に対して融資をします。

なお、企業が省エネ設備を導入するような場合は、エネルギーコストの削減にはなりますが、新たなキャッシュフローを生むわけではないので、プロジェクト・ファイナンスではなく、コーポレート・ファイナンスで調達することがほとんどです。

②環境に配慮した関連株式の銘柄を買う環境投資信託（エコファンド）

預かった資金を、ファンドマネージャーと呼ばれる投資の専門家が株式や債券によって運用をする金融商品を投資信託といいます。その商品のうち、環境側面から評価の高い企業の株式で資金を運用する投資信託を環境投資信託（エコファンド）といいます。96年、日本で初のエコファンドが組成され注目を浴びました。吉高も関わりましたが、当時は、主に個人投資家向けでした。社会参加をしたいけれどもできない主婦などが、間接的にでも社会課題の解決に関わろうと商品を買ったとも言われます。エコファンドがヒットして環境によい事業が増えたのでしょうか？　投資信託は、ファンドを運用する専門家が、ファンド購入者に代わり、公開情報を元に企業の価値を評価し、購入者に配当等がでるように、そして、損をなるべく少なくするように運用します。環境によいことをする企業だからといって、株式が必ず市場で高い価値をつけるわけではありません。そこで、市場で株式の価値が高い株を購入する必要があり、基本的に企業の財務情報で価値を判断します。エコファンドは、それらの企業について環境面でのスクリーニングをするものでした。けれども、エコファンドの購入が増加しても、直接企業の環境事業などに資金が提供されているわけではありません。環境に負荷をかける企業の株を購入しないだけです。これが、当時のエコファンドでした。それが、ＥＳＧ投資という動きによって、より積極的なものへと変化しています。

③グリーンボンド（環境債券）

企業が資金調達するために発行する証券には、株式のほかに、債券（ボンド）があります。債券とは、企業や政府が発行する債務証券で、投資家が債券を購入するということは、債券を発行する事業会社、つまり、発行体に資金を提供する見返りとして利息を得る仕組みです。環境融資（グリーンローン）は、企業が銀行を通して間接的に資金調達する方法です。一方、企業は、グリーンな事業を資金使途として債券を発行し、その債券を証券会社などを通じて販売することで資金を調達できます。これを直接金融といいます。債券を発行する団体は満期時にローンの元本を全額、期限どおりに返済します。投資家にとっては、償還期間（返済期間）が5年であればその間利息が払われ、5年後元本が返済されるので、株式に比べて元本リスクは少ないものです。債券を発行する会社は、返済能力がある信用力のある会社です。グリーンボンド（環境債券）は、グリーンな（環境に関連する）事業をするために発行される証券で、２００８年に世界銀行が初めて発行して以来、急速にその発行額が増加しています。これは、ＥＳＧ投資家の需要が増えているためです。

④クラウドファンディング（社会貢献型、投資型）

インターネットやスマホなどを通して、大衆から少額の資金を広く集める仕組みです。環境などの社会課題解決のための事業の資金調達の手法として定着してきています。プロジェクトが指定のお金を集めた上で、その使途となる事業の目的を達成したら返礼がくる報酬型、そして返礼のない寄付型が一般的です。金融監督庁がクラウドファンディングに関する法律を制定し、安心感がでてきた結果、プレゼントなどの返礼だけではなく、投資型のクラウドファンディングも登場しています。米国では、クラウドファンディングでビル建設の資金調達をしています。日本の場合は、寄付タイプが一般的ですが、1億円といった単位で、クラウドファンディングで資金を調達するケースもでてきています。

そのほか、第3課にある天候デリバティブ、環境事業に貢献する機器などのリースに対して金利を優遇する環境リースがあります。環境リースは、省エネ機器などを設置する際、機器を購入するのではなく、リース会社で低利でリースをしてもらえれば、初期投資をせず設備を設置することができます。省エネ機器設置後に、エネルギーの消費量が減った分の余剰コストでリース料を支払うことが可能でしょう（ESCOサービスと言われます）。また、気候変動などの天候や環境に関連するリスクに対して対応する環境保険などが環境金融のサービスとしてあります。本講座では、イントラプレナーの新規事業やアントレプレナーの資金調達にすぐに活用できる、①から④について注目しています。

これまで、環境金融を中心に説明してきました。グリーン・ビジネスを実施するために、もちろんこれらの資金源を活用することは可能です。これらの資金の特性をよく理解する必要があり、事業の位置づけによって適用していきましょう。これまでお話した環境金融のサービスを踏まえつつ、イントラプレナーの場合と、スタートアップの場合と分けて、整理して考えてみましょう。

イントラプレナーとして事業を実施する場合

　通常、企業内で何か新規のプロジェクトをする場合、社内で稟議を通し、予算の獲得を目指すでしょう。提案した事業が十分収益の上がるビジネスモデルの下に計画されているとしたら、経営会議などで承認がとれれば、晴れて前に進めます。社内のビジネスコンテストをする企業も増えていますし、また、新規事業立ち上げの研修やプロジェクトを実施している企業もあります。これらの機会は、予算獲得の近道とも言えます。その際、事業に大きな予算（資金）が必要であれば、新規プロジェクトのために、財務部が新たに資金調達することもあるでしょう。また、グリーンボンドを発行して市場から調達するかもしれません。財務部を動かすほどの事業規模の場合、会社全体のＥＳＧの長期ビジョンに基づいた成長戦略、また、ＥＳＧ投資家の関心事項、世界の環境に関する資金動向などを考慮して事業計画を立てることが重要になるでしょう。

　もし、企業が、再生可能エネルギーなどの将来のキャッシュフローを生む事業をする場合は、プロジェクト・ファイナンスの手法を活用し、新たに特定目的会社を設立し、自社の本業のビジネスへのリスクを回避するためにバランスシートを別にする手法をとる選択もあります。発電事業ごとに会社を作って、出資者や融資者を募って、事業化します。また、新規事業に対して、第4課でのＳＥＥ ＴＨＥ ＳＵＮの事例のように子会社を作るという判断もあるかもしれません。

スタートアップとして起業して事業を実施する場合

第5課で説明したとおり、自己資金もしくは出資金でのスタートするのが基本でしょう。起業のためのファイナンスの本はあふれていますので、ここでは、簡単に触れることにします。

起業家に対して、どのような資金調達の手法があるのかということですが、もし、その事業が確実に高い収益を上げる事業であれば、たとえ皆さんがスタートアップだとしても融資を受けられないわけではありません。プロジェクト・ファイナンスの時に説明しましたが、例えば、再生可能エネルギー事業を実施する場合、通常の電力価格よりも高額に安定的に販売できる固定買取制度（ＦＩＴ）への参加資格を保有し、電力会社との電力売買契約がある場合、事業の実施可能性が評価されれば、融資されることがあります。これは、融資対象の候補となる事業そのものが新たなビジネスではなく、銀行としても十分経験を積んだビジネスであるため、判断が可能だからです。プロジェクト・ファイナンスの手法を用いるには、銀行の審査費用などのコストも高くなり、事業にある一定規模がないとメリットがでない場合があります。しかし、そうしたハードルがあるにせよ、今、金融機関は再生可能エネルギー関連のビジネスについては大変高い関心を示しています。

では、収益源の確定していないグリーン・ビジネスを始める場合の資金調達は、どうしたらよいのでしょうか？

まずはいかに自己資金を集めるかです。他人から出資をしてもらうということは、リターンを返すと約束する場合とそうでない場合があります。例えば、親族縁者からお金を借りる場合は後者かもしれません。また、エンジェル投資家といわれる人たちは、事業実施者や事業の内容に魅力を感じ出資してくれるかもしれません。また、政府などが政策を推進するために補助金制度がある場合、それを活用するのも後者のパターンです。事業を小さく始められる場合はこのような資金を活用しながら、始めることが賢明です。また、寄付型クラウドファンディングなどで資金を集め、少額の報償を分配するといった資金源を用いるのもよいことでしょう。

最初はこうした資金で事業を進め、ある程度、事業の目途がついてきたら、事業の主旨に賛同してくれるベンチャーキャピタルからの出資を仰ぎ、会社にある程度の信用力が出てきたら、銀行からの融資を申し込むこともあるでしょう。第5課ではベンチャーキャピタルの説明をしましたが、ベンチャーキャピタルの場合、シードマネーから、コーポレートベンチャー・キャピタル、大手ベンチャーキャピタルまで、出資条件は様々です。ベンチャーキャピタルの多くは、未上場の企業に投資し株主となり、上場後に保有する株の価値が高騰することを期待し株を売り抜けることでリターンを得ようとするため、投資先の上場を条件にします。スタートアップが、ベンチャーキャピタルからの出資により資金調達する場合ベンチャーキャピタルは、将来の成長性に期待していることから、必ずしも、足元の配当にこだわりません。ただし第三者（ここではベンチャーキャピタル）に会社の株式を割当て（第三者増資割当）るため、議決権を持つ株主となりますと経営に多大に関与してくることにもなります。シードマネーの場合は、リターンに対して比較的猶予をみてくれるところもありますが、大手のベンチャーキャピタルになりますと株式市場への上場や事業の売却などの出口戦略を求めてくる度合いも高くなります。ベンチャーキャピタルが株式を取得する際の提示価格（株価）も十分吟味する必要があり、相手は投資のプロであるので、自社側に専門家を置くなどして慎重に進めたほうがよいでしょう。

国内におけるESG投資の位相とは？

皆さんが環境ビジネスを始めることとして、あるいは、そのビジネスを大きくしようと考えて、資金を求める場合、資金の出し手が、どのような境遇に置かれているのかを知ってくことはとても大事だと思います。ここでは、その点を探ってみましょう。

第4課で説明したＥＳＧ投資は、世界で加速度的に増加しています。なぜなら、新型コロナウイルスの出現により、終わりの見えない未曽有の経済危機に見舞われている世界において、企業の業績の見通しも立ちづらくなったからです。投資家も、企業価値を単なる短期的な収益だけではなく、長期的視野に立って評価せざるをえないのです。つまり、ＥＳＧなどの非財務情報によって、長期的財務を推し量る必要がでてきたのです。

日本のＥＳＧ投資は、安倍前首相の中長期の投資促進政策の一環として始まります。２０１４年６月24日に閣議で決定された、『「日本再興戦略」改訂２０１４―未来への挑戦―』の中で、日本の稼ぐ力を取り戻すため、ベンチャー企業の支援とともに言及されているのがＥＳＧ投資です。14年２月20日の経済財政諮問会議では、会議メンバーより「中長期的視点から日本の企業価値・資本効率向上を促す、責任ある機関投資家の行動を拡大すべき」と言及されています

翌15年９月にはＧＰＩＦが責任投資原則（第４課のＰＲＩを参照）に署名しています。ＧＰＩＦは日本の厚生年金と国民年金の年金積立金を管理・運用する機関で、運用資産額は、世界最大規模の１８６兆１６２４億円（20年度第２四半期現在）にまでのぼります。その資産のうち日本の国内の株式銘柄数は２４１７社です。日本取引所グループによれば、１部と２部に上場している企業数は２６６４社（21年１月21日現在）ですから、日本の上場株式をほぼ保有しているといえるでしょう。このように、ＧＰＩＦは、ユニバーサル・オーナーと言われる広範な資産を持つ資金規模の大きい投資家であり、長期にわたって資産（株式・債券など）を保有し、安定的に運用することが求められているのです。それと同時に、その資産規模から、ＧＰＩＦの行動は、市場に大きな影響力を及ぼします。

図表 6-1　ESG投資とSDGsの関係

社会的な課題解決が事業機会と投資機会を生む
投資機会増
事業機会増
ESG 投資
GPIF
運用会社
企　業
リターン
2015 年 9 月署名
ESG の推進
賛同
共通価値創造（CSV）
持続可能な社会
PRI Principles for Responsible Investment
原則 1 私たちは投資分析と意志決定のプロセスに ESG の課題を組み込みます。
原則 2 私たちは活動的な所有者になり、所有方針と所有慣習に ESG 問題を組み入れます。
原則 3 私たちは、投資対象の主体に対して ESG の課題について適切な開示を求めます。
（原則 4~6 は省略）
SUSTAINABLE DEVELOPMENT GOALS

出所：GPIFウェブサイト
「ESG投資とSDGsのつながり」より掲載

第4課でもSDGｓとESG投資家との関係についてお伝えしました。

企業にとってSDGｓは、ESG投資家による統合評価に備えて、自社の企業価値を伝達する上でのコミュニケーションツールとなると言えるでしょう。特に、日本では、このGPIFのウェブサイトで紹介されている図表6-1がその関係をよく表しています。GPIFは、企業がSDGｓを事業活動として取り込むことで、企業と社会の「共通価値の創造」（CSV）が生まれ、その取り組みによって企業価値が持続的に向上すれば、GPIFにとっては長期的な投資リターンの拡大につながると言及しています。GPIFは、法律上、資産を管理はしますが、直接運用をすることはできず、必ず、資産運用会社などの専門家に委託します。これまで、特に日本の資産運用会社は、EやSなどで企業価値を評価したことはありません。この図は、資産運用会社に対して、ESG投資を要望するGPIFが資産運用の対象となる企業が社会課題解決をするために事業機会を創出して成長していくことを評価するよう示唆したものなのです。

ですので、企業がSDGｓを共通言語にしつつ社会課題を解決していくというその姿勢を金融機関が正当に評価することが重要になっていきます。財務以外の情報で企業をどのように評価するか。SDGｓを実施するというのは、第4課でもお話したように、企業にとっては、社会貢献や環境にかけたコストを強調するためのものではありません。「環境や社会課題の解決でどのように企業価値をつくっていくか、どのように成長していくか」を投資家がみるので、SDGsはESG投資にとって一つのよい指標となるのです。

CSRとESG経営との違いをおさらいしてみましょう。吉高は多くの企業の経営者層とお話しますが、「CSR、ESG、SDGsの関係がよくわからない」と質問を受けます。様々な方がこの違いについては語られていますが、ESGの視点からは、このように考えます（図表6-2）。

CSRは、企業活動が社会へ与える影響に責任をもち、あらゆるステークホルダーからの要請に対し、適切に責任を果たすことをいいます。これまで日本の企業のCSRは、〝我々は社会に対して責任を果たしているよい企業〟だということを示すために、「法律を守っています（法律順守）」「環境問題には対応しています」「コミュニティと協業していますといった過去から現在までの情報が伝わる取り組みを実施することが、CSRとして受け止められ、この発想の下で社会の問題解決も行われていました。

このような行動は、投資家も含め金融機関にとってはもちろん重要です。なぜなら、企

図表 6-2　ESG、CSR、SDGsとの関係

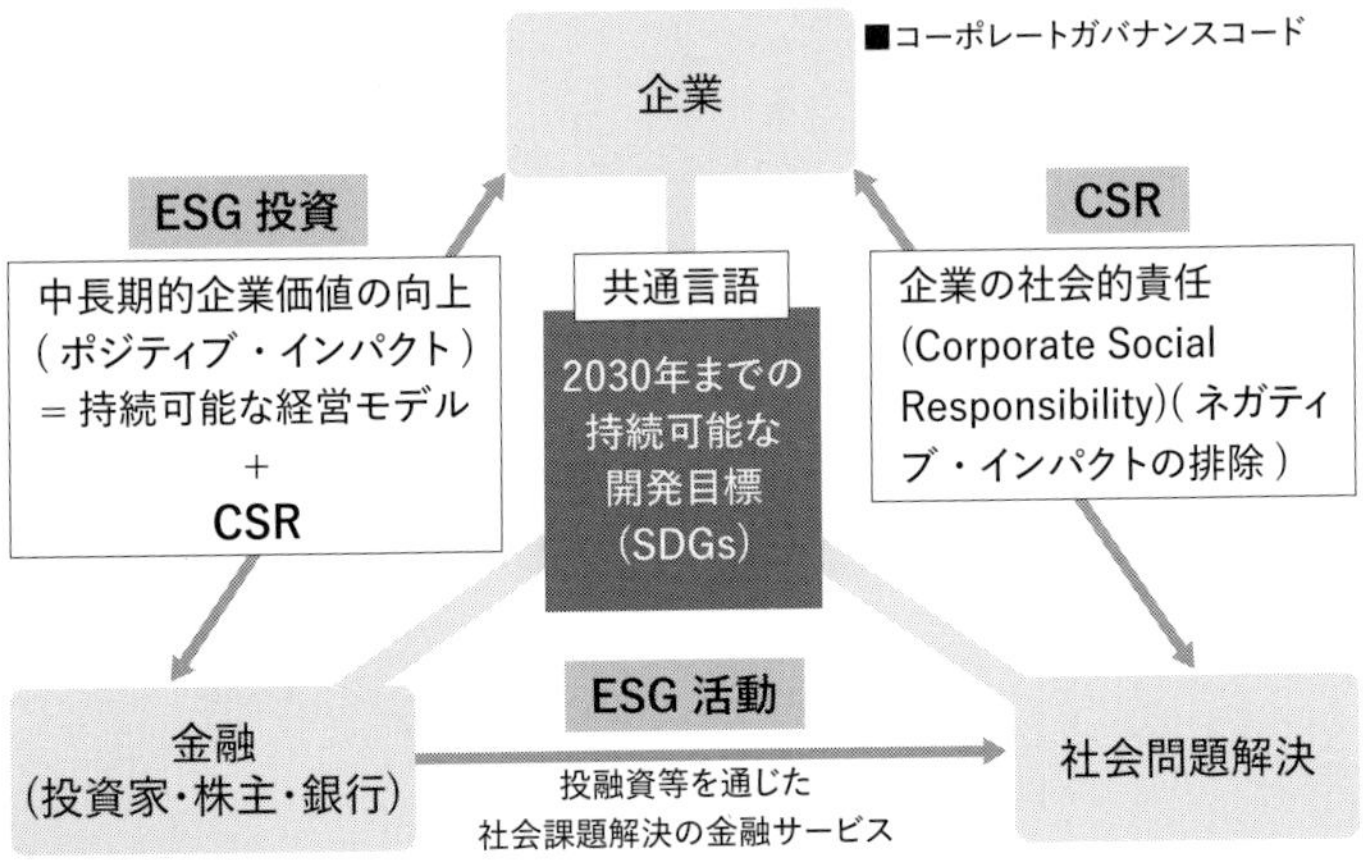

出所：筆者作成

業にとってもそうですが、企業価値が棄損しないためのリスク管理であり、ネガティブなインパクトの排除という目的があるからです。

しかし、これらの活動はある意味、ESGの情報のうち、G、すなわち企業統治の情報の範囲のものにとどまっていると言えます。ガバナンスとは、会社が、株主をはじめ顧客・従業員・地域社会等の立場を踏まえた上で、透明・公正かつ迅速・果断な意思決定を行うための仕組みです。つまり、環境法規を遵守するということは、これらの仕組みがきちんと機能し、企業倫理行動として当然のこととしてしなくてはならないことだからです。

けれども、現在ESG投資において金融機関が求めている情報は、これまで一般的に

理解されてきたCSRの情報にとどまりません。重要なのは、中長期的に企業価値を向上させるための持続可能な経営モデルや、本業としてどのように実践していくかという青写真です。その際に、日本の場合はSDGsというのが共通言語になっているというのがここでお伝えしたい内容です。

日本では、GPIFの影響もあり、投資家や資産運用会社は「皆さんの会社が、SDGsを標榜するのであれば、自社と関連するSDGsのターゲットごとにそこにあるマーケットをどのくらい取っていくのか」を知りたがっています。デロイトトーマツによる30年のSDGs毎の市場規模予想（図表6-3参照）があります。17の目標のうち多くのゴールは環境問題に関連しており、市場規模も60％以上を占めます。実際に、ESG投資家と話しますと、Eの項目は企業の成長戦略のストーリーが描きやすいとも言われており、Eが注目されています。

第4課に登場した住友化学やコニカミノルタの場合は、自社の商品そのものに「サステナブルグリーンプロダクツ認定制度」をつくり、それらの製品の売上高の情報を公開しているわけですから、金融機関にとって大変わかりやすいのです。CSRや環境部が

ＥＳＧに取り組む場合、ＣＳＲやサステナビリティ報告書などでこういう見せ方をすることはなかなか思いつきません。しかしＥＳＧ経営では、そのＥＳＧの戦略が「将来の売上高とどれくらい関係があるのか」「将来どれくらいリターンがあるか」などの経営戦略を示すことが重要になっています。自社の関わる事業、ビジネスがグリーンやサステナブルにどのように関わるかということの説明を問われるようになっているのです。したがって、企業内でグリーン事業を創出する際、このような投資家に対しても説明できるようなストーリーを持った事業を企業価値向上の視点から提案することにより、社内での理解が得られやすくなるとも言えるでしょう。

グリーンボンドはＥＳＧ投資最大のカードとなるか？

ＥＳＧ投資で急速に発展しているのがグリーンボンドです。

グリーンボンドとは、グリーンな事業に資金の使途を限定して発行する債券のことです。

国連の責任投資原則（ＰＲＩ）に署名した機関投資家は、基本的に運用資産額の５０％

図表 6-3

（参考）SDGs各市場規模予想
2030年社会課題解決＝市場を創出するイノベーション機会

（単位：兆円）

目標	市場規模	主な製品・サービス
目標 1 貧困をなくそう	183	（マイクロファイナンス、職業訓練、災害保険、防災関連製品 等）
目標 2 飢餓をゼロに	175	（給食サービス、農業資材、食品包装・容器、コールドチェーン 等）
目標 3 全ての人に健康と福祉を	123	（ワクチン開発、避妊用具、医療機器、健康診断、フィットネスサービス等）
目標 4 質の高い教育をみんなに	71	（学校教育、生涯教育、文房具、Eラーニング、バリアフリー関連製品等）
目標 5 ジェンダー平等を実現しよう	237	（保育、介護、家電製品、女性向けファッション・美容用品 等）
目標 6 安全な水とトイレを世界中に	76	（上下水プラント、水質管理システム、水道管、公衆トイレ等）
目標 7 エネルギーをみんなにそしてクリーンに	803	（発電・ガス事業、エネルギー開発等）
目標 8 働きがいも経済成長も	119	（雇用マッチング、産業用ロボット、ベンチャーキャピタル、EAP 等）
目標 9 産業と技術革新の基盤をつくろう	426	（港湾インフラ開発、防災インフラ、老朽化監視システム等）
目標 10 人や国の不平等をなくそう	210	（宅配・輸送サービス、通信教育、送金サービス、ハラルフード等）
目標 11 住み続けられるまちづくりを	338	（エコリフォーム、災害予測、バリアフリー改修、食品宅配 等）
目標 12 つくる責任つかう責任	218	（エコカー、エコ家電、リサイクル、食品ロス削減サービス等）
目標 13 気候変動に具体的な対策を	334	（再生可能エネルギー発電、林業関連製品、災害リスクマネジメント 等）
目標 14 海の豊かさを守ろう	119	（海洋汚染監視システム、海上輸送効率化システム、油濁清掃、養殖業 等）
目標 15 陸の豊かさも守ろう	130	（生物多様性監視サービス、エコツーリズム、農業資材、灌漑設備 等）
目標 16 平和と公正をすべての人に	87	（内部統制監査、セキュリティサービス、SNS 等）
目標 17 パートナーシップで目標を達成しよう	NA	（各目標の実施手段を定めたものであるため、対象外）

参考:主要製品の市場規模（2017年）
- ■自動車:約510兆円
- ■鉄鋼:90兆円
- ■半導体:40兆円
- ■テレビ:10兆円

出所:Statistita, OICA、経産省

出所:デロイトトーマツコンサルティング（2017）
一般財団法人日本規格協会委託「SDGsビジネスの可能性とルール形成に関する調査結果報告書」

以上に対してＥＳＧのポートフォリオを設定しなければなりません。もし、運用が、その設定どおりなされなければ、除名されてしまうリスクがあります。実際に、除名されている運用会社もあるほどです。したがって、ＰＲＩに署名したＥＳＧ投資家は、早々にＥＳＧのポートフォリオを築かなければならないのですが、その投資先として関心が高いのが、グリーンボンドなのです。グリーンボンドは、ＥＳＧのＥの目的に企業が資金を使うことが明確にされ、グリーンボンドの発行は、第三者機関からグリーンボンド原則に沿って発行されているかどうか確認のコメントがもらえます。企業側もＥＳＧ経営を投資家から評価してもらえるメリットがあります。ＰＲＩの署名機関は３０００以上に上り、全世界のＥＳＧ投資残高は3千兆円超えと言われ、ＰＲＩの署名機関の増加とともに、グリーンボンドの発行高も急増しています。投資家にとってはグリーンボンドの場合は第三者がグリーンボンドだとお墨付きをくれているので、投資家としてＥＳＧ投資をしていないというリスクが低くなります。

グリーンボンドの資金使途は、再生可能エネルギーや省エネビルの建設、交通分野などが占めています。国内のグリーンボンド市場は19年より大きく拡大しています。20年は昨

図表 6-4　国内企業等によるグリーンボンドの発行実績

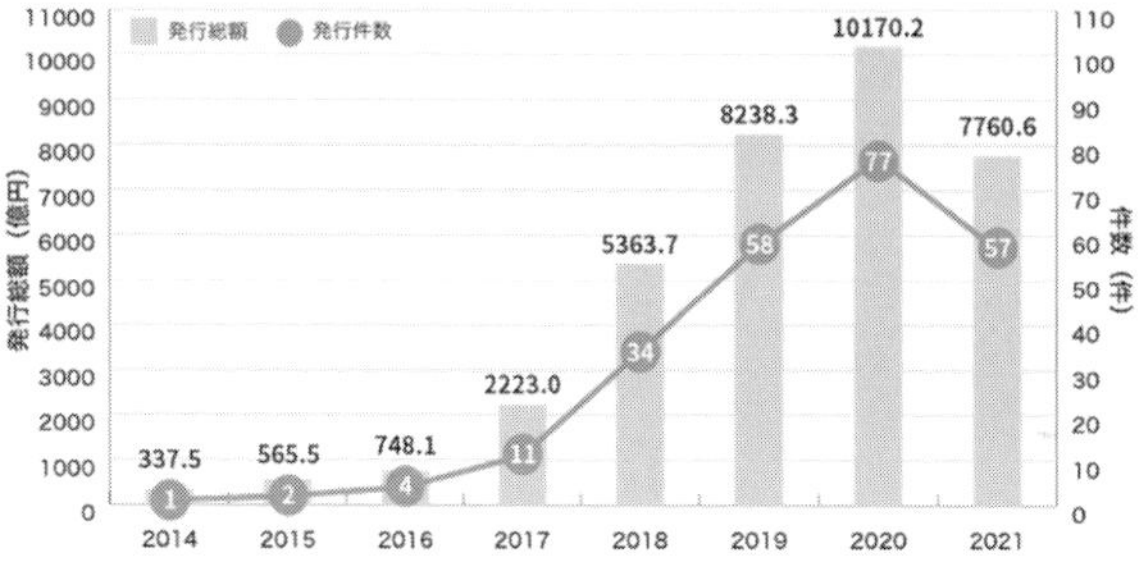

2021年9月13日時点
外貨建て発行分については、1米ドル＝110円、1ユーロ＝135円、1豪ドル＝90円にて円換算

国内企業等によるグリーンボンドとサステナビリティボンドの発行実績

2021年9月13日時点
外貨建て発行分については、1米ドル＝110円、1ユーロ＝135円、1豪ドル＝90円にて円換算

出所：グリーンファイナンスポータルのウェブサイトより

年比の約2・3倍となっており、さらに発行高が増えていくものと思われます（図表6-4）。通常、グリーンボンドを発行する自治体や企業は、国際資本市場協会（ICMA）のグリーンボンド原則（図表6-5）に則って発行します。グリーンボンドの対象事業例として再生可能エネルギー事業が大半を占め、エネルギー関連インフラ系が多いですが、廃棄物処理事業もあります。なぜなら、欧米では、地方自治体がグリーンボンドを多く発行するからです。日本では、東京都のグリーンボンドや長野県のグリーンボンドの場合、公園の整備などにも充てられています。

グリーンボンドの他に、ソーシャルボンド、または、サステナビリティボンドというのもあります。ソーシャルボンドとは、資金使途を環境対策に加え、社会的意義の高い目的の事業となります。対象事業例としては、上下水道、衛生などの基礎インフラ、健康、教育、医療、金融サービスなど社会サービスへのアクセス改善、雇用創出などです。すなわち、SDGsの17の目標のうち、環境以外の目的が加わった事業に資金を使う場合に発行されるわけです。

これら三つのボンド全体を足してみると、SDGsの17の目標毎に、債券の資金使途の分類すると、目標7のクリーンエネルギーや目標11のインフラ関連、そして13の気候変動

図表 6-5

グリーンボンド原則

■グリーンボンドの透明性や開示を促進し、グリーンボンド市場整備の促進に寄与することを目的とした民間の自主的な取組み。国際資本市場協会（ICMA）が2014年1月に発行手続きに関わるガイドラインを公表（直近では2020年6月に改訂）。発行体は4項目の情報開示が求められる。

■グリーンボンド原則が定める4項目　※ソーシャルボンド原則も同様

1. Use of Proceeds（資金使途）
2. Process for Project Evaluation and Selection（評価及び選定プロセス）
3. Management of Proceeds（調達資金の管理）
4. Reporting（レポーティング）

■対象事業の例

- 再生可能エネルギー事業　• 省エネルギー事業（グリーンビルディングを含む）
- 持続可能な廃棄物マネジメント・生物多様性保全
- 持続可能な土地利用（持続可能な森林管理と土地利用を含む）
- クリーン輸送（自動車、交通公共機関）　• 気候変動への適応
- 持続可能な水マネジメント（水資源の浄化/飲料水確保事業を含む）

■事業がグリーンボンド原則に従うものかの評価には外部レビュー（セカンドオピニオン、保証、認証、格付のいずれでも可）の利用が推奨される（ICMAは外部レビューに関する別冊のガイドラインを策定）。また外部レビュー結果を一般公開することも推奨。

ソーシャルボンド原則

■ソーシャルボンドとは、環境問題にとどまらず、社会的意義の高いプロジェクトに限定して資金を供与する債券。グリーンボンドに加え、それ以外の社会的事業に対する投資家および発行体からの関心は高まり、資金使途を環境対策に加え、社会的責任投資全般に拡張する形で、ソーシャルボンドを発行する企業が増加している。日本では2016年9月に国際協力機構（JICA）が初めてソーシャルボンドを発行。

■国際資本市場協会（ICMA）が2017年6月にソーシャルボンド原則を発表。基本フレームワークはグリーンボンドと同様（4項目）。

■サステナビリティボンドガイドラインも同時に公表。サステナビリティボンドは、その手取金の全額がグリーンプロジェクト及びソーシャルプロジェクト双方への融資または再融資に充てられる債券と定義されている。

■対象事業の例

- 基礎インフラ開発（上下水、衛生、交通等）
- 社会サービスへのアクセス改善（健康、教育、職業訓練、医療、金融サービス等）
- 雇用創出（マイクロファイアンス、中小企業支援）　• 食糧安全保障、社会経済開発

出所：国際資本市場協会（ICMA）の原則

が多くなっています。

もう少し具体的に資金使途を見てみましょう。風力発電・太陽光発電事業を行う特別目的会社が発行したり、廃棄物処理業を営む事業会社が、自社工場内に廃棄物からのレアメタル回収を行う施設を新設するためにグリーンボンドを発行しています。国際協力機構（ＪＩＣＡ）などがソーシャルボンドを発行しています。少し毛色の違ったところでは、スターバックス・コーポレーションが発行している、サステナビリティボンドです、その資金使途は、サステナビリティプロジェクトを通したコーヒーサプライチェーンを強化するためのものです。同社のC.A.F.E. プラクティス（Coffee and Farmer Equity Practices）の基準を満たしていることを第三者機関から認証されたサプライヤーからのコーヒー調達、コーヒー生産地のファーマーサポートセンターの開発と運営、Starbucks Global Farmer Fund を通じて行われる新規及び借り換えのための融資などのために使います。ＥとＳの両方の目的を持った取り組みですね。

新型コロナウイルスの影響により、ＥＳＧ投資そのものが増加傾向にあります。この状況下で起きているのが、第４課で説明したとおり、株主第一主義の見直しと、ステークホルダー資本主義への移行という背景があります。コロナ禍への対応のため、各国は経済対策の一環で、金融緩和を進めているため金利が低いこともあり、〝マネーの行き場〟としてリスクマネーである株式市場に資金が流れている状況です。一方、世界的に借り入れが増加している中で、グリーンボンドの発行も増加しています。債券は、非上場企業でも資産規模に応じて、資金調達の手段として活用できるため、ＥＳＧ投資家としてもバリエーションが増えることになります。

ＥＳＧ投資による資金調達というのは大手企業や、企業内起業（イントラプレナー）の視点での話と思われるかもしれません。しかし、ベンチャー企業にも、まったく関わらないということではありません。

グリーン・スタートアップもイントラプレナーも事業の採算性や価値の試算は重要

スタートアップの資金調達の方法は色々あることは第5課で説明しました。ベンチャー企業やスタートアップの場合、投資家は、経営者の資質をみます。金儲けのためだけに起業をするというよりも、まず大志をもってどのような企業経営をし、持続させていくかに関心があります。

しかし、大志だけではなく、ベンチャー企業やスタートアップがベンチャーキャピタルやコーポレート・ベンチャーキャピタルから資金調達するためには、事業に採算性があり、企業の価値をいかに上げていくかというスケールアップの可能性を数字で見せる必要があります。実は、この考え方は、イントラプレナーにも重要なのです。

ここでは、グリーン・イントラプレナー、グリーン・スタートアップを目指す皆さんに役立つ事業の採算性や事業や企業の価値を見せるための手法を紹介します。

まず、事業の採算性や企業価値を見せるための事業計画の策定について考えていきましょう。事業計画書の内容のポイントは、第4課と第5課で説明しました。ここでは、利益やキャッシュフローなど数字の部分に注目します。起業や社内起業をするのに、この数字に強くなることは極めて重要です。事業計画書の数値は、収支計画、資金計画などを作成し、どのくらいの資金が必要で、いつ利益がでるかを示します。さらに、資金調達のスキームや企業価値を、数字を使いながら示していくとよいでしょう。

まずは、損益計算書を作りましょう。これを作成することにより、どれくらいの人材人件費が必要かなども見えてきます。まず、収益源としての売上高を設定します。売上高は、価格×数量です。そして、その製品やサービスの原価、つまりコストを考えます。原材料×数量ですね。製品を作らなくとも、ソフトウェアサービスでも開発費用などが掛かると思います。また、製品を実際に販売していくための販売管理費も考えなくてはなりません。人件費、家賃（これはイントラプレナーも同じです）、必要に応じ減価償却費、その他経費です。そして、税金の支払いも考慮します（法人税は実効税率35％）。ベンチャーの場合借入をすることはまずないので営業外費用の利息などはでてこないでしょう。

次に、貸借対照表（バランスシート）です。これは、設備投資をした後、資本金から、どれくらい資金に余裕があるのかを示すものです。まさに、手元資金と保有する固定資産と、それに対する負債とのバランスをみるのです。預金がマイナスになってしまっては、事業運営もできなくなります。そのため、どのように投資を必要とするかも重要な情報になります。資産の合計と負債の合計は一致しなければなりません。

そして、キャッシュフロー計算書です。要は企業がどれくらいキャッシュをもっているかを示す資料で、企業のキャッシュインからキャッシュアウトを差し引いた収支のことです。貸借対照表があれば、損益計算書にない設備投資の額（キャッシュアウトした額）がわかります。これらを使って、キャッシュフロー計算書は作れますので、まずは損益計算書とバランスシートが重要です。これらの数字を検討する中で、必要な投資、コストなどが明確になってきます。

よい事業計画書があれば、直ちに社内で事業が認められたり、投資家から投資が得られたりするわけではありませんが、様々な関係者に伝えるためのコミュニケーションのツールとして不可欠です。

その上で、重要なのは、どれほど競争力のあるビジネスであるかを示すことです。参入する市場の状況、それは国内だけではありません、国外勢との競争も含めた市場の現状と予測の分析です。そして、競合が顕在化してきたときの生き残りの戦略です。それが説得できる計画がよい事業計画といえるでしょう。特に、グリーン・ビジネスの場合、第4課、第5課で示したとおり、これまでの環境ビジネスの視点では語れない課題の解決に資するビジネスアイデアがあるはずです。それは、計画を話す相手がこれまで考えてこなかった内容かもしれませんし、誰も見たこともないようなことかもしれません。従って、提案する事業やビジネスがいかに、将来的にニーズがあり、競争優位であることを示し、相手に信じてもらえるストーリーを作りだすかにかかっています。

次に、企業や事業の価値について考えてみましょう。

投資家がベンチャー企業に投資する際に見るのは企業の価値です。一方、社内起業家がみせなければならないのは、提案する事業の価値です。事業価値とは、事業用資産の価値であり、その事業価値の評価にない資産を加えたものが企業価値です。ただし、ベンチャー企業は事業価値に載らない資産はないので結局、事業価値が企業価値になります。

事業価値を測る手法はいろいろあります（図表6-6）。一般的に企業の将来キャッシュフローを現在の価値に割り引くDCF法で評価することが多いと思います。企業の将来キャッシュフローは、事業計画をもとにはじき出します。キャッシュフローには、営業キャッシュフロー・投資キャッシュフロー・財務キャッシュフローの三つがあります。

その計算式は、各年のキャッシュフロー（CF）を割引率（r）で計算します。割引率とは、将来受け取る価値を現在価値に換算するときの割合です。例えば、今ある１００万円の価値は、銀行に預ければ、どんなに低い金利でも将来１００万円よりかは多くなっています。それと比べれば、タンスに入っている同じ１００万円は明らかに価値が減ることになりますよね。ＤＣＦでは、５年後に得ることができる１００万円と１０年後に得ることができる１００万円ではその現在価値が異なると考えるわけです。ですので、銀行の金利などを様々な指標で割引率をだします。その計算方式はＷＡＣＣ（Weighted Average Cost of Capital: 加重平均資本コスト）などがあります。現在、電力料金でも最大６％、通信料でも７％の割引率の設定です。この割引率は期待収益率なので大きければ大きいほど収益性が高いということになります。

ＤＣＦでは、最初のプロジェクトの投資額から、毎年のキャッシュフローの実際の価値、すなわち、その年（１）に割引率を足したときの価値を積み上げていきます。そこで出た数字が現在の事業の価値になるわけです。

このように、ＤＣＦ法は、将来のキャッシュフローが大きくなれば、現在の企業価値は大きくなりますので、投資家や企業内で投資判断するにはわかりやすい指標となります。

また、将来の事業価値を測るための指標としては、正味現在価値（Net Present Value:

NPV）を測る方法と、ＩＲＲ（内部利益率：Internal Rate of Return）で測る方法があります。

ＮＰＶ法とは、複数年に及ぶプロジェクトから得られる利益を現在価値で計算する方法です。ＮＰＶとは、特定期間のＤＣＦの総和から投資額を差し引いた金額で、ＮＰＶがプラスであれば投資価値があると判断されます。そのため、省エネ設備の導入など、リース料の利率などを割引率として設定し、その設備導入の投資回収を3年でしたいのであれば、３年でＮＰＶがゼロになれば投資判断ができるわけです。このように、単一のプロジェクトで、必要な設備投資をするような場合にはＮＰＶを使います。

ＩＲＲ法はＮＰＶがゼロになるような割引率（将来生み出すキャッシュフローとキャッシュアウトの現在価値が均衡する割引率）を出しそれを指標とする方法です。

ＩＲＲは、資本コスト、通常は企業の利払い率を基準に算定しますが、基準より数値が大きければ投資価値があると判断できます。したがって、いくつかの提案事業があり、企業内で限られた資金を分配する際、資本の効率性を評価することができるのがＩＲＲです。イントラプレナーとしては、企業内でこれまでの事業のＩＲＲがあれば、それをベンチマークとして、より良い数字が見込めれば勝算ができてきます。

このようなＮＰＶやＩＲＲは、投資の意思決定ツールとして米国などでは一般的ですが、日本では簡便な投資回収期間の割り出しが使われています（図表６−７）。ＤＣＦやＮＰＶが難しいと思ったら、投資回収年を考えてもよいかもしれません。ただし、投資回収年は一般的に３年から５年が理想と言われ、発電事業は長くても７年と言われています。グリーン事業が、このような投資回収期間年での判断に適合するかは、疑問です。

環境価値が高まることをどのようにとらえるか、それは価格や収益の設定に反映させることで異なります。例えば、将来に渡って、炭素価格が同価格だと設定すれば、採算性は明らかに合わなくなります。したがって、将来、市場がどのような価格で需要が生まれるかという視点での価格設定も、グリーン・ビジネスの収益性評価のためには必要でしょう。

いずれにしても、投資回収期間年だけでは、新規事業候補案の収益性の比較などは難しくなっているのも事実です。アントレプレナーが投資家と話す際、ＤＣＦで企業価値を考えておくことに意味はあります。しかし、実際、割引率などを精緻に測ることは容易ではないため、これらの試算をしながら、事業計画の内容の質を上げていくことが重要でしょう。一方、イントラプレナーの場合、すでに比較できる社内のデータもあり、社内で多数の新規事業が提案され比較されることがありますので、社内のＩＲＲなどを参考に

ＤＣＦを考えていくこともひとつの手ではないかと思います。

実際のところ、事業の将来価値は確実に測れるものではありません。グリーン・ビジネスの価値の考え方については、世情を考慮し、時代の要請に合わせて変化することも加味して、事業の価値を理解してもらう必要があります。この課の最後にその価値を理解してもらうためのプレゼンについてお話しましょう。その前に、自己資金、補助金、エンジェル資金、ベンチャー資金以外のスタートアップが活用できる資金についてお話します。

図表 6-6 事業の収益性や投資価値の判断を事前に行うための指標

①DCF法(Discount Cash Flow):企業の将来キャッシュフローを現在の価値に割り引く

②NPV法(正味現在価値):複数年に及ぶプロジェクトから得られる利益を現在価値で計算

③IRR法(Internal Rate of Return,内部利益率):NPVがゼロになるような割引率(将来生み出すキャッシュフローとキャッシュアウトの現在価値が均衡する割引率)

①DCF 法

$$P = C_0 + \frac{C_1}{(1+r)} + \frac{C_2}{(1+r)^2} + \frac{C_3}{(1+r)^3} + \cdots + \frac{C_n}{(1+r)^n}$$

②NPV 法

$$NPV = \sum_{n=0}^{N} \frac{CF_n}{(1+r)^n} - CF_0$$

$NPV = 0$ を満たす r ⟶ IRR

CFn:n 年後のキャッシュフロー

CFO: プロジェクトへの投資額　**r**: 資本コスト

③IRR 法

$$C_0 + \frac{CF_1}{(1+r)^1} + \frac{CF_2}{(1+r)^2} + \frac{CF_3}{(1+r)^3} + \cdots + \frac{CF_n}{(1+r)^n} = 0$$

※ただし、投資をすることから Co は、必ず負の数値となる。

図表 6-7

事業投資の採算性を考える

起業やプロジェクトの投資においては、投下資金が何年で回収できるかが重要

初期投資をキャッシュフロー（現金の流れ・収入）で
どれくらいで回収できるか？

● 採算計画／投資回収期間計算　＊日本で使用されるプロジェクト採算性計算

	計 算	１年目	２年目	３年目
①初期投資額　（－）				
②売上予測　　（＋）				
③運営コスト（材料費、製造費、人件費、家賃、減価償却費）（－）				
税引き後利益	②－③			
④減価償却費＋税引き後利益				
⑤投資残高	１年目の①－④			
	２、３…年の⑤－④			

回収金額が
投資金額を上回る
分岐点はどこか？

回収期間 ＝ 初期投資額 ÷ キャッシュフロー

グリーン・スタートアップにも使える、資金調達のテクニックと応用事例

起業をするために、技術開発などがある場合は資金が必要ですが、ビジネスによっては必ずしも大きな資金が必要とは限りません。インターネットやパソコン1台あれば、できるビジネスアイデアもあるでしょう。また、簡単に試作品をつくるだけでも、公的な補助金を獲得するには時間と労力を要しますし、採択されるためのテクニックも必要でしょう。また、資金の使途に制約がある場合もあります。さらに、ベンチャーキャピタルなどもグリーン・スタートアップにはハードルが高い場合もあります。ベンチャーキャピタルなどの資金以外にも、グリーン・スタートアップに活用できそうな資金があります。これらの事例をいくつかご紹介しましょう。

①クラウドファンディングを活用する

クラウドファンディングとは、インターネットなどを使って、不特定多数の人からお金を集めることです。そして、その資金の出し手に、何らかの見返りを提供する必要があり

ます。その見返りの内容によって種類が分かれます。

1．寄付型：支援金額に応じて、金銭ではなく、物やサービス、お礼のメッセージなどでおかえしをします。購入型・報酬型とも言われます。

2．投資型：利益に応じて、出資者に配当や利益の一部、株式を発行します。ただし、金融商品ですので、ベンチャーキャピタルに示すような準備が必要です。

3．借入型：クラウドレンディングとも呼ばれ、不特定多数の人からお金を借りることができます。勿論返済しなければなりません。銀行より借りやすいですが、それなりの準備は必要です。

一番容易に資金調達ができるのが「寄付型」です。このような寄付型のクラウドファンディングをするサイトは、日本でも30以上あります。クラウドファンディングは難しくありません。私自身もＳＤＧｓに関するプロジェクトのファンディングに関わりました。朝日新聞社が主催している A-Port という寄付型のサイトで、目標金額に期間内に達成しなければお金は受け取れない方式と、成立しなくてもお金を受け取る方式がありましたが、後者を選びました。前者の方が集まりがよいそうですが、後者を選択し期間内に達成することができました。実際にやってみて、グリーン・ビジネスを小さく始める際にクラウドファンディングは有効だと思いました。なぜなら、クラウドファンディングは、寄付がどのように使われるかが明確であり、そのプロジェクトに対して共感を持つ方に絞った交流が可能になり、その事業の価値がビビットな反応でわかるからです。その事業をビジネスとして実施する前のいわばマーケティングを行う効果があると思いました。

クラウドファンディングのプロジェクトを見ますと、環境関連のプロジェクトが多くあります。例えば、木の実由来のファッションブランド「ＫＡＰＯＫ ＫＮＯＴ」という会社は、インドネシア産のカポックという植物の実から、天然ダウンと同等の温かさを持つコートを作るという事業を始めたかったのですが、その資金調達をMakuakeというクラウドファンディングのサイトで行いました。結果、目標金額50万円のところ、期間内で１７００万円が集まりました。そのサイトには、商品のストーリーとして、①たった５㎜の薄さで、ダウンの暖かさ。もっと冬を好きになるコート。②軽くて空気を含むカポック繊維は、湿気をすって、みずから発熱する特殊な快適新素材！③地球に優しい植物由来、アニマルフリーのカポックで、「日本発！循環型社会を目指すブランド」と書かれています。クラウドファンディングで環境やグリーンというカテゴリはありません。しかし、このサイトで丁寧に書かれているストーリーが共感を呼んだと言えましょう。

このように、クラウドファンディングの寄付型方式は、試作品やプラットフォームをつくるための資金調達に有効な手段で、マーケティングのツールとして使って次のステージに備える、という用途に使用できます。大手企業も新たな商品を出す際に利用しています。例えば、同じMakuakeでは、キヤノンがiNSPiC REC（インスピック レック）というコンパクトデジタルカメラを市場に出す前に目標金額100万円で設定し、1400万円以上の資金が集まりました。サポーターは1000人以上になったので人気度がわかり実際の発売に繋がりました。クラウドファンディングでニーズを知り、その資金で製品を製造するということは、グリーン・イントラプレナーとしても活用できますね。14年頃から、Makuakeも、クラウドファンディングのサービスを、新製品を出す際の資金獲得、テストマーケティング、プロモーションが提供できると説明するようになりました。そして、地方銀行や信用金庫はMakuakeと提携し、この仕組みを使って、中小企業などの融資の判断に使うようになったそうです。このように、クラウドファンディングの実績により、市場の好感度を見える化することは、他の資金調達や、社内での承認を得るということにも使えるのです。

CAMPFIREやファンディーノなど投資家型クラウドファンディングでの資金調達も増えてきました。前述したとおり、投資型クラウドファンディングは、寄付型に比べ、事業計画などの書類の準備などの手間はありますが、大きなスケールアップを図るのであれば、いずれにしても必要になります。書類の準備をすることは練習にもなりますし、これらのサイトにその書類を載せることにより、エンジェル投資家や、アーリーステージのベンチャーキャピタルなどに目を留めてもらえる可能性もあります。

②インパクト投資の出資やSDGs資金の支援を受ける

長期視点のESG投資家に対しては、大手企業も長期視点での成長ストーリーを語る必要があります。また、大手企業は新規事業を進めるためにコーポレート・ベンチャーキャピタルを活用してスタートアップと連携することもあることは第5課で述べました。コーポレート・ベンチャーキャピタルには、金銭的リターンというよりは、投資先との事業シナジーや、新規事業の立ち上げのシーズ獲得などのリターンを求めます。これは、金融機関も同様です。金融機関の本業としての公益に資するスタートアップへのサービスを提供し始めています。

例えば、みずほフィナンシャルグループの「ＳＤＧｓビジネスデスク」です。ご担当の末吉さんにお聞きしたところ、これもイントラプレナーの一種だと思いました。みずほフィナンシャルグループではサステナブルビジネス推進強化を宣言し、企業とのエンゲージメントを進めています。ＳＤＧｓビジネスデスクは、イノベーションと金融の力による経済成長と社会課題解決の実現を目指して企業の戦略立案から実装・実証、事業化までを一貫して支援するサービスの提供をしています。末吉さんは、社会課題を解決するインパクトを意図するファイナンスに取り組み、日本初のソーシャルインパクトボンド案件である「大腸がん検診の受診率向上プロジェクト」に参画したことに加え、ＳＤＧｓ達成に資するアイデアを持つ中小・スタートアップ企業の支援に向けて新規発掘、大企業との連携マッチング、そして投融資を通じ一連のソリューションとバリューチェーンを展開しています。一般的にベンチャーキャピタルは、株式上場やＭ＆Ａなどの出口戦略のシナリオを求めますが、このファンドはコーポレート・ベンチャーキャピタル同様、社会課題の解決などを中心に事業の発掘をしています。もちろん、グリーン・ビジネスだからと言って、スケールアップをしないという事業計画では出資の話は来ませんので、インパクトのスケールアップの道筋を示せるかは重要です。このように、ＥＳＧ投資の中でも、みずほフィナンシャルグループが実施している「大腸がん検診の受診率向上プロジェクト」はインパクト投資と言われ、投資利益の追求と社会的効果の両立を目指すものです。また、みずほ銀行は、ＳＤＧｓの達成に向け投資を通じたインパクト創出支援のみならず、そのインパクト評価とその適切なマネジメントの実現を目指しています。具体事例として、新生企業投資、一般社団法人社会的投資推進財団が、子育て・介護・働き方改革の領域サービスを手がけるベンチャー企業を投資対象にしたファンドに参画し、投資先が「働く人」を中心に据え、「多様な働き方・生き方の創造」というファンドの目的達成に向け事業をするのか、そのインパクト評価とその拡大維持のためのマネジメント支援を行っています。大手金融機関だけではなく、地方銀行や信用金庫などもＳＤＧｓの支援を進めていますので、地元の金融機関とのおつきあいのある中小企業などはこのような支援を受けることもあるでしょう

大手金融機関以外にもインパクト投資をしている機関があります。ミュージックセキュリティーズ㈱は、一口数万円の少額から出資可能なインパクト投資プラットフォーム『セキュリテ』を運営しています。これは、投資型のクラウドファンディングで、インパクト

投資を狙うものです。その投資先として、食の未来を守る有機野菜ファンドというのがあります。このファンドは、自然食ねっと㈱が、カット野菜として有機野菜を普及させるため、全国の有機野菜生産者をネットワークして小分けしてパックするための製造設備を購入するために組成されています。有機栽培は、化学肥料を使う農業に比べ、土にかかる負担が低くなるというグリーン・ビジネスになりますね。

③私募のグリーンボンドを活用する

債券の発行は、基本的に信用力のある大企業を中心として行われています。しかし、ＥＳＧ投資や、サステナブルファイナンスを背景に、近年は、上場していないスタートアップ企業の債券発行を引き受けるような金融機関がでてきました。

中小企業が資金調達できる方法として、私募債があります。通常、企業は証券会社を通じて債券を多くの人に買ってもらうことにより資金調達ができ、発行した企業は定期的な利息の支払いとともに、投資家に元金を一括で返還します。これを公募債といいます。一方、私募債は募集対象を限定し、少数の投資家が直接引受けます。公に資金調達をしない分手続きなど緩やかな面があります。この私募債をグリーン事業に活用するのです。

再生可能エネルギーを中心としたエネルギーサービス事業者の㈱Looop（ループ）は、2020年4月30日付でグリーンボンド（私募債）を発行しました。三菱UFJ銀行が引受人となり総額30億円のグリーンボンドを発行し、調達した資金は、自社の太陽光発電所の開発および新たな発電所の取得に活用しました。ループの財務担当役員である松本さんは元メガバンクで地球温暖化対策や省エネルギー設備投資に係る利子補給事業などをしていた経験を持ち、そのネットワークをもとに金融機関からの信頼を勝ち取っています。松本さんによると、以前なら銀行は太陽光発電というだけで話も聞いてもらえなかったけれど、今回は、キャッシュフローの堅実さ、リスクバランスの確実さについて説明することによりきちんと話を聞いてもらえたそうです。北陸銀行や福井銀行、南都銀行など、SDGsに関する私募債を発行する銀行は増えてきました。公募債は、50億から100億といった規模で行われることが多く、私募債は、5000万円から1億円ぐらいの規模が通常です。しかし、ベンチャー企業の私募債として30億円を三菱UFJ銀行が引き受けるというのは、ループ社による資金返済に対する期待の表れです。

その他の中小企業のグリーンボンドの発行例としては、こなんウルトラパワー㈱があります。同社は、滋賀県湖南市や民間企業などが出資する地域新電力会社で、滋賀銀行が同

図表 6-8　中小企業のグリーンボンド活用事例

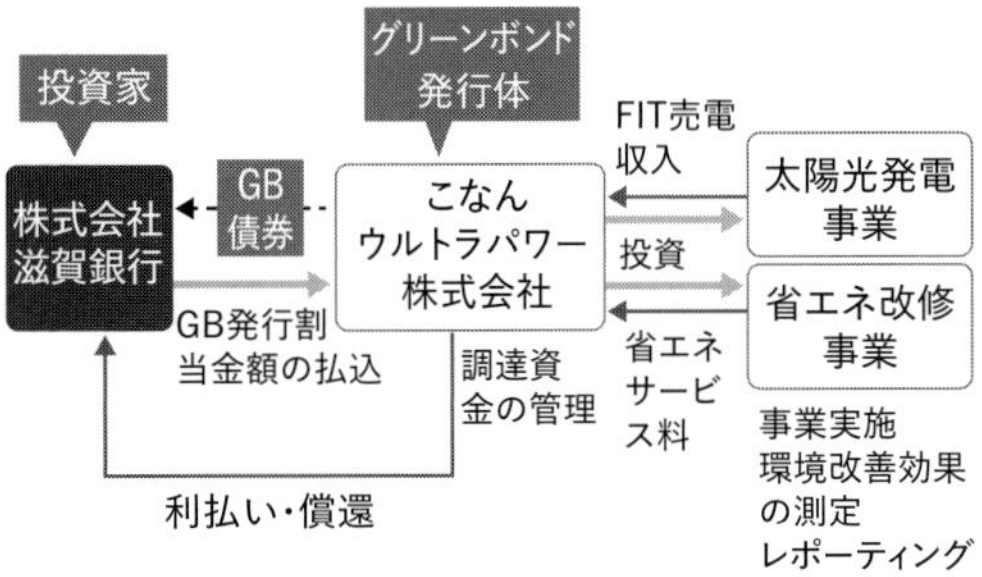

出所：滋賀銀行ウェブサイト　http://www.shigagin.com/index.html 、
こなんウルトラパワーウェブサイト https://konan-ultra.de-power.co.jp/

社のグリーン私募債を引き受けました（図表6-8）。地域金融機関によるグリーン私募債の引き受けは珍しく、同行はSDGsの達成に向けた取り組みの一環としています。引き受け額は1億1000万円で、こなんウルトラパワー社は太陽光発電所や湖南市内の学校施設4校の体育館・職員室にLED照明を設置する費用に充てるために資金調達をしています。

グリーンボンドの発行には、通常の債券発行に伴う費用に加えて、グリーンであることを担保するための手続きに係わる費用も必要になります。にもかかわらず、グリーンボンドの発行が増えているのは、ESG投資家の動きが背景があることは前述しました。環境に関連するビジネスをする中小企業や、スタートアップ企業にとっては追い風と言えるでしょう。

三井住友銀行の末廣さんは、これまで銀行は、どうしてもプロダクトアウト（企業が商品を販売促進の強化によって、消費者へ売り込むこと）に陥りがちだったところがあったが、サステナビリティ宣言をすることによって、改めて金融機関は社会課題解決のために存在価値があるとの認識が広まったと感じたそうです。融資先の獲得だけを狙うのではなく、金融の存在そのものの立ち位置を踏まえ、お客様がしたいと思うサステナビリティをどう実現するか、その手伝いをする場所作りを考えました。黒子であってもよいと考えて、取引があろうがなかろうが、ソリューションプロバイダーとしてできることを一緒に考えて、作ろうとしているのです。大企業はサポーターで、「技術を持っている中小企業」のモチベーションを引き出し、エンパワメントをしています。例えば、横浜市との取り組みです。三井住友銀行は、2020年4月にサステナブルビジネス推進室を設置し、事業パートナーとして横浜市とSDGsの連携協定を結んだのです。そして、横浜市の「SDGs認証制度 Y-SDGs」の認証を取得した企業にSDGs評価型融資の提供を始めました。このように、第三者機関がＳＤＧｓ認証した企業にサービスを提供するのであれば、その企業に対して、自社のＳＤＧｓのマテリアリティに基づいた二次的な判断を加えればよいかもしれません。また、第三者機関から評価が提供されるのであれば、ＳＤＧｓウォッシュ（ＳＤＧｓの実態が伴っていないビジネス）の評判リスクを低減することもできるでしょう。しかし、三井住友銀行は、ＳＤＧｓの事業性評価を自社でも実施するため、あえて自社の評価ツールの構築や人材を配置しているのです。さきほどのサステナビリティを実現する場所作りですが、銀行の今後のビジネスモデルを変えるための布石にしようとトライしたところ、蓋を開けてみたら、企業だけでなく自治体、社団法人、大学、青年会議所からも協賛の打診・申し入れがあるなど、反響があまりにも大きく、社会からどれほど求められているのか認識できたというのです。また、同行は、〝GREEN × GLOBE Partners（ＧＧＰ）〟というプラットフォームで『環境・社会課題解決のパートナー・場所』を作る取り組みをしています。アントレプレナーだけではなく、イントラプレナーでもこういう場で、志を高め、かつファイナンスの情報を得ることは有益ですし、このように、一緒に作り上げようとしてくれる銀行はこれから増えると思います。ぜひ、よいパートナーを探してみてください。

事業計画をプレゼンする

この課で、ここまで論じてきたことが身についたかを見る上では、皆さんの考えたビジネスをプレゼンテーションしてみることが一番です。ここでは、ビジネスのプレゼンのポイントを見てみましょう。

投資家や金融機関とよいお付き合いをするためには、事業計画が策定され、数字に強くなることが重要です。この作業の中で、ビジネス内容の質が高まり、さらに説得力のあるものになります。これらがある程度固まってきたところで、あとは、社内の上司や、投資家などに事業計画の内容をプレゼンし、人を巻き込みながらネットワークを作り、ビジネスを実現させていきます。大学の「環境ビジネスデザイン論」の最後には、自分で考えた環境ビジネスのアイデアをプレゼンしてもらいます。その際のポイントは、プレゼンする対象者を明確にしてプレゼンすることです。通常の大学での発表と違い、ビジネスプレゼンの目的はプレゼンする相手を巻き込むことです。社内起業家であれば、企業内の上司、経営層などになりますし、起業家であれば、投資家や金融機関、大手企業のコーポレート・ベンチャーキャピタルの担当者になるでしょう。講義では、各自、もしくは各グループ10分（スライド10枚）でプレゼンをしてもらいます。主なプレゼン内容は、事業計画の主要事項を簡潔にまとめるので、事業の目的、現状分析・課題、事業の概要・計画、結論になります。スライドの作り方は、様々な書籍がでていますのでそれを参考してもらうとして、これまでの学生さんによるグリーン・ビジネスのプレゼンを聞いていて、大切な五つのポイントについてお話しましょう。

①関心ある環境課題を説明し、提案するビジネスが、どのようなインパクトが起こすのかを明確にし、そのスケールアップの姿をみせる。

プレゼンするビジネスのアイデアの目的と意義には、環境課題の現状と、提案するビジネスでの解決を説明します。その際、具体的にそのビジネスがどのようなインパクトを与えるのか、そのビジネスが大きくなると、そのインパクトはどれほどになるのか？　ということを考えるのがよいでしょう。

②プレゼンする相手の背景を理解し、相手にメリットが伝わるような内容にする。

プレゼンする相手が環境課題を全く知らない相手であるか、そうでないかは十分留意する必要があります。通常、新規ビジネスの場合は、まず相手は環境問題をよく知らないという前提で話すと思います。そのような相手にとっては、通常の新規ビジネスと比べて、グリーン・ビジネスは儲からないというイメージを持っている場合が多々あります。一方、環境問題に熟知した人を相手に説明することもあるでしょう。環境問題を熟知した相手であれば、そのアイデアの実践において、多くのハードルがあることを知っていることになります。したがって、ビジネスの課題についてよく整理して、その低減ハードルの方法などを言及することによって、次につなげます。

③イントラプレナーと、アントレプレナーでの内容の違いはない。

プレゼンする相手が、社内の上司であっても投資家や、補助金を提供する公的機関がであっても、まず、考えなくてはいけないのは、その事業が相手にとってメリットがあるかということです。社内であれば、本業とのシナジーはあるのか、投資家であれば、その投資家の趣向に合っているか、公的機関であればそのミッションに沿っているか、などです。そこを考えずにプレゼンを考えても、相手には伝わりません。ただ、自分のやりたいことを伝えるだけでは、相手を動かすことはできません。特に、グリーン・ビジネスの場合、社内で予算をとったり、投資家が出資をしたり、金融機関が融資する際、コストと利益、そしてリスクを気にします。リスクには、アップサイド・リスクとダウンサイド・リスクがあります。前者は、その事業をしなかった場合ビジネス機会を逸して損をするリスク、後者は、そのビジネスをすることによるリスクです。このようなリスクをきちんと把握できた上で提案している場合には、相手は信頼感をもちます。

④やりたいことの熱意を伝えるために、何をしたいかを明確にする。

グリーン・ビジネスは、儲からない、ＣＳＲ目的だと思う人たちはまだまだたくさんいます。その人たちを動かすためには熱意をもって伝えることが重要です。そのためには、提案するビジネスのアイデアで何をしたいのか、相手と何ができるのか、そして、どこで儲けるのかを明確にする必要があります。ひとりよがりの想いを伝えるのはビジネスプレゼンではありません。単にアイデアだけを披露されても、相手はどのような行動してよいかわかりません。相手が次の行動にでられるような内容にする必要があります。

⑤提案するビジネスアイデアのストーリーを明確にする。

環境問題に関心ある相手ばかりではありません。双方でWin-Winになるという視点が必要です。したがって、プレゼンには、シンプルでわかりやすいストーリーを提供することが欠かせません。難しい技術の話を語りすぎてもいけませんが、データなどの裏付けのない提案も信用されません。提案するビジネスをシンプルに示しつつ、これまでになく、新しい視点のビジネスであり、同時に環境課題を解決するビジネスアイデアであることを、ナラティブ（物語。朗読による物語文学。叙述すること）に表現することも考えてみましょう。

これで、この課は終わりますが、資金を保有する人が、お金を皆さんに投じてみたいと思わせることができれば、ビジネスの半分が進んだようなものです。お金を出す人は、皆さんの敵ではありません。一緒に気持ちよく仕事をするパートナーになってもらうのがコツだと思います。

第6課のまとめ

- これまでの環境金融と違い、ESG投資家が、環境課題解決を成長ビジネスとして認識し始めた。
- 資金の種類によって、出し手の思惑は異なる。リターン、ESG価値、問題解決、出し手の意図に合わせて、ビジネスストーリーを語る。
- グリーン資金調達に、資金使途を区分し明確化できるならグリーンボンドを発行する方法も利用できる。
- アントレプレナーの起業時やアーリー時期には、補助金、エンジェル投資家やクラウドファンディングも選択可能な資金調達手法。
- アントレプレナーがベンチャーキャピタルの力を借りる時には、上場などの、出口戦略に関して互いに納得しておくことが肝心。創業の想いが続けられるように。
- ビジネスの成長を計画するには、損益計算書などを作って、ビジネス拡大に必要な経費をきちんと見積もることが有益。
- イントラプレナーも、アントレプレナーも、事業計画は、プレゼン前提で研ぎ澄まそう。投資家や社会公益に対するメリットをしっかり、シンプルにストーリーを伝えよう。

第7課

世界の動きと、小林、吉高が見立てる、ビジネスのこれからの狙い目

いよいよ最後の講義です。この課では、今後に急拡大すると見込まれる具体的な環境ビジネス・テーマに絞って、そこで期待されるビジネスやそれを行う上で有効と思われる技法について解説していきます。是非、皆さんの創意工夫と地道な努力によって、お客様も地球の環境もともに喜ぶような新ビジネスを開拓してください。この課はそうした新発想、新工夫のヒントを満載しています。

伸びるのは、やはりなんといっても気候の悪化を防ぐビジネス。ヒントの宝庫は科学的な情報

小林　菅総理（当時）の国会での最初の演説で、2050年には日本も脱炭素する（正確には、CO_2排出量自体をゼロにするのではなく、日本からのCO_2などの温室効果ガスの排出量を、日本の森林で吸収できる量に見合うまでに減らす、という実質ゼロ排出を目指します）と宣言しました。以来、新聞の経済面は環境対策で持ちきりです。確かに、炭素に頼り切った産業革命以来の産業や暮らしをがらっと変えるのは大仕事です。ここ数十

年にわたって、地球温暖化対策は、環境ビジネスの目玉であり続けると思います。

では、どんな対策をすることが期待されるのでしょうか。この点に関しては、とても役に立つレポートがあります。世界の科学者が集まって執筆したＩＰＣＣレポートです。ＩＰＣＣは、The Intergovernmental Panel on Climate Change の略で、ＷＭＯ（世界気象機関）とＵＮＥＰ（国連環境計画）とが共同で運営する科学者の集まりです。このレポートから、ビジネスを志す人が見ておかなければならないところを簡単に紹介しましょう。


地球が温暖化しつつあり、一方、気候災害が増えていることは多くのデータが示しています。しかし、米国の前大統領のトランプさんのように、温暖化はフェイクだ、と言う人もいます。環境ビジネスに自信をもって取り組めるように、皆さんも、この問題に果たして疑いがないのか、得心していただくのが良いと思います。

地球の温暖化メカニズムを解明することが職業の、科学者であれば、自分のオリジナルなデータなどで確信することができましょうが、私たち素人は、科学者の提供してくれる情報を自分の頭で吟味してみることになります。この点、とても役立つのが、ＩＰＣＣが、

5〜7年に一度まとめてくれている「アセスメント・レポート」という書物です。これは、温暖化の原因、影響、そして対策に関して、世界中で発表される科学論文（第三者の科学者がチェック（査読）して、学会誌に掲載された、信じるに足るもの）を、多数の科学者が網羅的に読み込んで、そうした膨大な科学的な知見からどのようなことがメッセージとして言えるか、と、皆が一致できるところを整理したものです。小林は、このＩＰＣＣの設立総会（98年）に立ち会いましたが、国際社会からの期待に応えて、ＩＰＣＣがその後立派に育っていったことには感銘深いものがあります。レポート自体は大部ですが、重要な情報を整理した政策決定者向けのサマリーというものがあり、これであれば、私たち素人も読める分量です。気象庁による和訳もインターネットで公開されていて無料で手に入ります（https://www.data.jma.go.jp/cpdinfo/ipcc/ar6/index.html）。是非、読んでみてください。

最新版は、21年のレポートです（本書執筆時点で第一部会のレポートのみ公表）。その政策決定者向けのサマリーは、「人間の影響が大気・海洋及び陸域を温暖化させてきたことには疑う余地がない」と断言しました。その前の14年に出された第5次レポートでは、「人間による影響が、20世紀半ば以降に観測された温暖化の支配的な要因であった可能性は極めて高い」と、科学者の集まりらしい慎重な言い回しを残していましたが、近年、科学的な知見は大いに増えたのです。ちなみに、ＩＰＣＣの言葉遣いの約束では、極めて高い可能性とは、95～１００％の確からしさを言うのだそうです。

こうした言説の背景には、もちろん極めて多種類の、そして何十年も積み重ねられた観測データやシミュレーションの進歩があります。それらの中でも私自身がこの問題が人間のせいだと得心している根拠は、二つあります。

その一つは、そもそもの温暖化のメカニズムに関するものですが、産業革命以降大気中にCO_2が増えて地表から宇宙へと逃げていく赤外線の放射を通りにくくしている力の方が、最近の太陽活動の変化による温暖化の力よりもはるかに強い、ということを示したデータです。温暖化は太陽のせいだなどと言って人間の責任を回避する人がいますが、実証的には否定されています。大気の中にあるCO_2は年々０・５％ずつも増えています。自然にあるCO_2のせいで、人間が住めるほど暖かくなっている地球で、その原因物質が年率０・５％もの割合でさらに増えていっても追加的には暖かくはならない、という議論こそ証拠なしで主張されているもの（フェイク）なのです。

もっとも、気候温暖化の要因は多数あり、それぞれの働き方は複雑です。CO_2はほぼコンスタントに増えていても、温暖化の方は一進一退です。そこをとらえて、温暖化はCO_2のせいではないと言う人もいます。この疑いには、世界中の気候シミュレーションモデルを活用した研究が行われています。気候モデルに対して、太陽活動の変化や火山の爆発など自然界の変化はそのまま入力するのですが、CO_2などの人為の温室効果ガスは増えない数値を敢えて入れて、過去の気候変化が再現できるかを、皆で計算しました。そうしたところ、やはりここ100年の温暖化の傾向は計算されてきませんでした。他方で、CO_2の増加などをモデルに反映させると、過去の気候変化は再現できるようになるのです。私にとっては、この、何が過去を説明できるか、という実験の結果はとても説得的に思われます。

欧州諸国では、「科学に即して」を合言葉に日本よりも早い段階で、50年までのCO_2などの温室効果ガスの実質排出ゼロを決めていますし、お隣の中国も、60年には排出実質ゼロを目指すことにしています。これが、温暖化防止のための最新の国際約束であるパリ協定を踏まえた、各国の最新の取り組み状況です。パリ協定のおかげで温暖化関連の環境ビジネスの市場は世界全部をカバーするようになりました。

温暖化が人間のせいで進んでいることが理解できるだけでなく、このＩＰＣＣレポートは、この課の冒頭で述べたように、ビジネスのヒントの宝庫とも言えます。

レポート、特に第３部会のものでは温暖化を食い止めるための対策、また、そうした対策の弱点、すなわち要改善点はどこか、などが克明に紹介されています。皆さんが、期待に応え、こうした課題を克服できれば大きな売上が期待できます。

また、どんなに対策がうまくいっても、地球のある程度の温暖化は避け得ないこともこのレポートは示しています。先ほどの過去を再現できた数多くの気候モデルを今度は将来に延長していくと、仮に、50年にCO_2の排出量がゼロになったとしても、21世紀末の地球の平均気温が今よりも０・４℃程度（産業革命前の時代に比べては１・４℃程度）上昇するのは避けられないのでは、と計算されています。現在の、産業革命前比で１・０７５℃と言われる温暖化に伴いすでに気候災害の頻発化、甚大化が起きてきていますので、さらに、０・４℃が上乗せされると、世の中は相当に今とは違ったものになりましょう。そうした過酷な気候が被害を生まないようにする技術が強く求められています。農作物を炎暑に強いように改良したり、降雨が多くても川を氾濫させない都市を作ったりなどです。

皆さん、環境ビジネスとして取り組むべきことは山のようにあります。頑張りましょう。

地球温暖化対策の勘どころ

地球温暖化関連のビジネスで最も大きなものは、温室効果ガスの排出を減らしていくものであることは明らかです。しかし、それだけのことを知っているだけでは、ビジネスのヒントにはなりません。例えば、何をどう減らすのが、良いやり方なのでしょうか。折角なので、この先ブレることのない、対策を構想していく上での勘どころを説明しましょう。

地球が温暖化するのは、宇宙に逃げる熱赤外線を通しにくいCO_2などの温室効果ガスが人間の活動に伴い多量に空気中に捨てられ、溜まっていっているからです。

地球温暖化の進行を止めるには、したがって、(1)CO_2を出さないようにすること、そして(2)出されたCO_2を空気中から取り除くことが必要です。（図表7-1参照）

CO_2の量は、簡単な式から推計されます。それは、使われているエネルギーの量に、そのエネルギーごとに含んでいる炭素の量を掛け算することです。ですので、(1)に掲げたCO_2を出さない方法は、基本的に二つに分類されます。一つは、①エネルギーの使用量を減らすことです。省エネ、と言われる対策がこれです。もう一つは、②エネルギーを炭素分の少ないものに変えることです。つまり再生可能エネルギーの活用です。「創エネ」

図表 7-1　地球温暖化の防止のための対策技術とは?

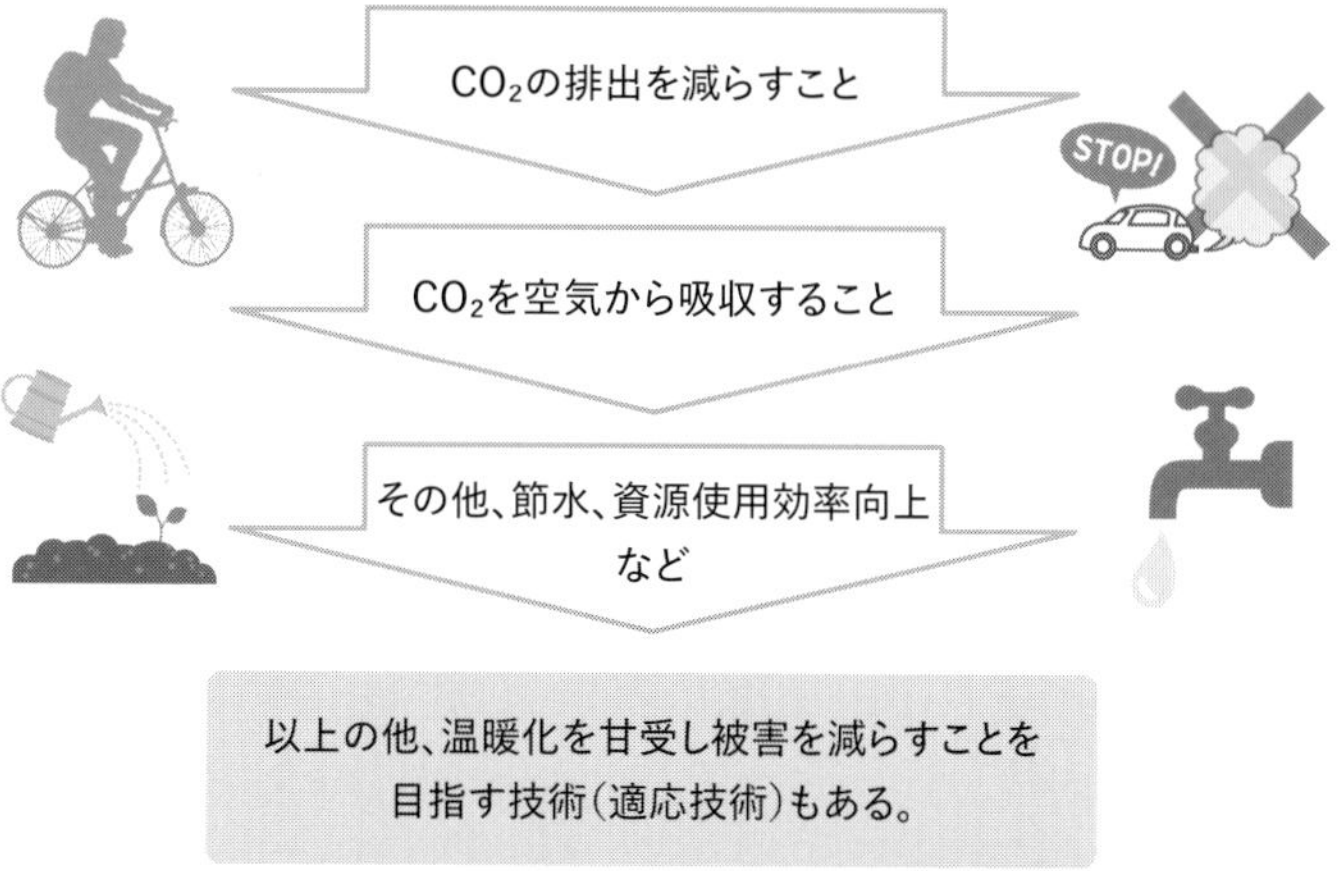
CO_2の排出を減らすこと
STOP!
CO_2を空気から吸収すること
その他、節水、資源使用効率向上
など
以上の他、温暖化を甘受し被害を減らすことを
目指す技術(適応技術)もある。

とも言われます。太陽光発電や風力発電では、発電時にはＣＯ$_2$は出てこない上、いくら使ってもなくなることはありません。これらが再生可能エネルギーと呼ばれる由縁です。木材チップなどのバイオマス燃料も再生可能エネルギーとして扱われ、それを燃焼させた時に出てくるＣＯ$_2$は排出量としては算入しないルールになっています。それは、木がため込んだ炭素は、元々は、空気中にあったものなので、長い目では、大気中のＣＯ$_2$量を増やしていないとみなせるからです。省エネ、創エネは対策の王道で、すでに多くの人や企業が取り組んでいますが、ほとんど100％の削減をするとなれば大変なことで、これら省エネ、創エネにはまだまだ大きなビ

ジネスチャンスがあります。

ところで、この講義で、小林が、ビジネスのヒントとして力を込めて提唱したいことは、省エネと創エネの組み合わせです。③省エネと創エネを組み合わせると、CO_2の量は掛け算で減るので、相乗的な効果が出ます。組み合わせるのはいわば第三の対策方法と言えます。例えば、廃棄物焼却工場や発電所あるいは下水処理場の廃熱を、近所の住宅団地の冷暖房源に使うケース、あるいは、VPP（ヴァーチャル・パワー・プラント）（注10）という仕掛けで、再生可能エネルギー起源の電力を無駄なく使うケースでは、蓄電池から放電して化石燃料による発電を避けられるので、CO_2の排出量はうんと減らせます。今後のビジネスでは、このような、違った立場の人々の行動を調整して削減量を稼ぐことが狙い目になりましょう。

(2)の空気中にすでにあるCO_2を取り除くためには、植林して木に吸わせ、伐採した

（注10）需要家側エネルギーリソース、つまり電力系統に直接接続されている発電設備、蓄電設備も、その保有者もしくは第三者が制御（需要家側エネルギーリソースからの逆潮流も含む）することで、発電所と同等の機能を提供すること。

木を燃やさずに、例えば、プラスチック製品や金属製品の代わりに長く使う方法があります。また、こうした方法では、長い時間と広い面積が必要で効率が悪いので、人工的にCO_2を取り除く方法が考えられています。比較的簡単なのは、CO_2が濃く入っている工場の煙から化学物質（例えばアミン）にCO_2を吸わせて分離し、これを地中深くの、上がふさがっているような地層の場所に吹き込んで仕舞ってしまう方法です。これは、ＣＣＳ（カーボンキャプチャー・アンド・ストレージ）と言われます（写真は、苫小牧で行われた実証実験で使われた装置。小林撮影）。石油や天然ガスが溜まっていた油田などの跡地が処分適地になります。

埋め立て処分ができない場合は、人工合成の燃料油や化学品の原料として、つかまえたCO_2を使う方法もあり、最近は、大いに研究されています。これは、ＣＣＵＳ（カーボンキャプチャー・アンド・ユーティライゼーション）あるいはカーボン・リサイクルと呼ばれます。ただ、折角つかまえた炭素をまた空気中に出してしまったら元の木阿弥なの

で、最近は、空中にある薄いCO_2をつかまえて、それを利用しようという発想が盛んになっています。これは、DAC（ダイレクト・エア・キャプチャー）と言われます。そんなの不可能では、と思われるかもしれませんが、窒素肥料については、すでにハーバー・ボッシュ法という技術で、空中の窒素が固定されて利用されています。私たちの身の回りにある農作物の体の中の窒素の6割は人工的につかまえてきた空中窒素だとも言われるほどです。DACについても実験的な装置があり、これに、前述のS（ストレージ）を組み合わせると、空気中のCO_2の濃度を本当に引き下げることができるようになります。もちろん、このプロセスを動かすためのエネルギーは再生可能なものであることが必要で、⑴の②で述べた創エネのビジネスには大きな期待が寄せられています。

さらに、⑶CO_2以外の温室効果ガスの排出を減らすことも不可欠です。中でも、体積当たりの温室効果の高い、フロンの仲間については、温室効果のない代替品の開発や利用が重要です。メタンの放出を防ぐ意味では、米の栽培方法や家畜の育成方法の工夫なども有効です。

以上のように、個々の温室効果ガスに着目して対策方法を考え、そしてそのビジネス化を図ることは必須ですが、⑷他の目的の対策やビジネスで付随的に温室効果ガスを減らすことも大いに可能で、ここにもたくさんの商機があります。例えば、節水商品は、浄水場や給水場のエネルギー消費を大きく減らすので、CO_2削減に貢献します。３Ｒ、特に、廃棄物のリデュース、リユースも有益です。公共交通機関の利便の向上などなど、このタイプのビジネスは多数考えられると思います。皆さんに大いに期待しています。

また、(5)温暖化にうまく適応するビジネスも忘れてはなりません。大変に残念なことに、CO_2などを排出実質ゼロにする対策がうまく行っても、気候や災害など自然環境は激変します。これをうまくしのぐビジネスも絶対に必要になります。

カーボン・プライシングで大きく広がるビジネス環境

もう一点、重要なことがあります。今、温暖化対策技術を売り込もうと思ってもなかなかうまくいきません。その理由は、従来からの化石燃料は値段が安く、他方で、省エネするにしても再生可能エネルギーを買ってこようにも、化石燃料に払っていたより多くのお金が掛かるからです。そこで、燃料などに含まれている炭素に対して政策的に高い値段を付けて、再生可能エネルギーなどとの差を縮めたらいいじゃないか、という考えが出てきています。これが、カーボン・プライシングの意味です。化石燃料の価格には、その採掘費用や輸送費は反映されています。しかし、燃やした後にCO_2が出され、温暖化を進めてしまい、社会全体に余分な出費（前述の社会的費用）を負担させるのですが、その分の費用は価格には織り込まれていません。化石燃料を使用することに伴う本当の費用は、販売価格よりもはるかに高いのにもかかわらず、それが織り込まれていないので、化石燃料は余計に使われてしまいます。そこで、社会に支払わせることになる費用を政策的に燃料価格に織り込んで、燃料使用量を適正な量にまで減らそう、という政策が出てきたのです。すでに欧州では普通の政策で、遅かれ早かれ、日本やアメリカでも行われることになりましょう。皆さんはこれに備えてビジネスを準備していく必要があるのです。

本書の読者の方々のほとんどは、昔の石油危機の頃はまだ生まれていらっしゃらず、その当時の社会の大混乱は想像もつかないと思います。工場や家庭に欠かせない燃料の値段がどんどん上がるのですから、短期的には、買い占めや備蓄、そして工場では、莫大な省エネ投資などが行われました。カーボン・プライシングでは、石油危機のようには急激にではないですが、炭素の利用に伴う経済的な負担を政策的に徐々に増やして、省エネを後押しし、あるいは、再生可能エネルギーを相対的に有利にしていこうと考えています。ビジネスを取り巻く条件自体を政策的に変えるので、新しいビジネス条件は予見できるものです。むしろ、それを商機としてうまく活用することが求められます。

カーボン・プライシングの方法には、大きく分けて二つがあります。詳しくは小林ら編著の「カーボンニュートラルの経済学」（日経ＢＰ）を参照ください。小林は、環境省勤務時代に担当官として開拓する役目だったので、思い入れが強いです。

一つは、炭素税です。理論に忠実な税では、燃料に含まれる炭素の量に比例した税金を各燃料に掛けます。すでに、欧州の国々では、地球温暖化対策の一環として、名称はいろいろであるにせよ、日本や米国などに比べてはるかに高額な税金が石炭や石油といった化石燃料に課されています。国際比較の資料が乏しいので古いデータ（10年）ですが、日本と肩を並べる工業国のドイツでは、重油1ℓには16円強と日本の8倍、石炭1kgには1．2円弱と日本の1．7倍の税金を掛けています。イギリスでは重油へはドイツ並の課税ですが、石炭へは2円強と、日本の場合に比べ3倍近い課税をしています。

税金が高いほど、エネルギーを節約する意識が高まり、省エネ設備が経済的に引き合うものになっていきますし、太陽光発電などとの価格差が埋まっていき、再生可能エネルギーの普及が進みます。ちなみに、日本の、低額ではありますが、石炭に初めて環境対策を理由にした税金を導入した際の担当審議官が私でした。日本でも、欧州と轡を並べ50年での脱炭素を決めましたので、欧州並みの化石燃料課税を行うことが今後真剣に検討されていくと思います。環境ビジネスの商機は飛躍的に増えていくでしょう。

カーボン・プライシングのもう一つの方法は、空気中に出して良いCO_2などの量を、工場ごとに決めてしまう方法です。その上で、仮にその排出枠を守れない工場があるとすると、他の、排出削減を過剰達成できた工場の余らせた排出枠を買ってきて、自分の工場の排出可能な枠を増やしてもよい、ということにするものです。わざわざ、この排出枠の取引を認めるのは、そのことにより、安い費用でCO_2をどしどし削れる工場は、そうした取り組みを実際に行って枠を余らせ売りに出せば、儲かる状態になるからです。その結果、CO_2を減らすために必要な費用を社会全体で最小化することでできるのです。このような制度は、排出量取引と言います。

大元は、公害物質の亜硫酸ガス（SO_2）を減らすためにアメリカが世界で初めて取り入れた制度です。アメリカの連邦レベルでは、まだCO_2に対しては行われていませんが、欧州諸国では、先ほどの炭素税に加えてすでに導入されています。日本のお隣の中国や韓国も導入を始めています。日本では、東京都の条例によるCO_2排出枠の設定と取引が唯一の例です。私は、残念ながら、国内の個々の工場に排出枠を設定するような法律改正を提案することはできませんでしたが、京都議定書を達成する手段として、欧州などで余らせた排出枠を日本に輸入して日本全体の排出量を議定書目標以下に抑え込むために使う、という、言わば国際間の排出量取引のための法改正を担当した局長でした。これで、取引の仕組みはできていますので、工場ベースの排出量取引が行われるようになるのは、日本でも時間の問題でしょう。

排出枠を小さな工場にまで割り当てるのは膨大な事務作業が掛かります。このため、将来の日本では、排出量取引の対象は大工場で、炭素税による対策後押しは、大工場以外の中小工場、事業場に対して行われるのではないでしょうか。皆さんは、例えば、この排出枠や、排出削減量をうまく取り引きする仕組みを商売にすることもできますね。是非、知恵を絞ってみてください。

ところで、もう一人の先生、吉高さんは、かなり早い段階から、この削減量の取引を国際的に実際に取り扱ってきた先駆者です。ここで、吉高先生にバトンタッチして、カーボン・プライシングが進んでいくにつれ面白くなってきそうな新しいビジネス・アイディアのヒントなどを語ってもらいましょう。

吉高　はい、小林先生がおっしゃるとおり、世界のマネーが気候変動ビジネスを目指しています。

米国の電気自動車のテスラ社株の時価総額が、世界の自動車会社の時価総額の総計よりも大きくなったと新聞で大きく報道されました。バブルではないかとも言われますが、それほど世界のマネーが気候変動ビジネスに期待をしていることがわかりますね。

実はこの裏にも、カーボン・プライシングの動きがあるのを知っていますか？

２０２０年9月、米国カリフォルニア州知事は、35年にはカリフォルニア州で新たに販売される自動車のすべてが排気ガスを出さないゼロエミッション車になるよう義務づけることを発表しています。テスラの19年のインパクトレポートでは、排出量取引において「19年にテスラがゼロエミッション車規制（ＺＥＶ）クレジットを他のメーカーに売却することで得た収益は、約6億ドルにのぼりました。」と報告しています。同州では、米国カリフォルニア州排出量取引制度がありますが、このような収益も株価に影響していると言えるでしょう。

そして、投資家も、ここに新たなビジネスチャンスが生まれるのではないかと注目しているところです。

パリ協定の目標の達成に向けた道筋をつくるため、企業が、科学的根拠に基づいて削減目標を設定するＳＢＴ（Science Based Targets）の認証というのがあります。ＳＢＴの認定取得企業もしくは、参加企業をみると、多種多様な業種が含まれています。政府が、カーボンニュートラルの宣言をした以上、あらゆる産業、企業は、ガバナンス活動として、気候変動問題への対応をしていく必要があることを意味します。これは、米国でも同じです。実は、このＳＢＴの認定取得は米国企業が最も多いのです。この背景には、金融機関の気候変動に対する情報開示の動きが関係しています。15年のＧ20（金融・世界経済に関する首脳会合）財務大臣・中央銀行総裁会議が、金融安定理事会（ＦＳＢ：Financial Stability Board）に対し、金融市場の気候変動リスクに対して検討を依頼し、ＦＳＢが15年12月に気候関連財務情報開示タスクフォース（Task Force on Climate-related Financial Disclosures: TCFD）を設置しました。ＴＣＦＤは、投資家や資金の貸し手等が、今後ますます増加する気候変動関連リスクやビジネス機会を理解するための情報開示の枠組みを策定しています。15年当時のＦＳＢ議長であるイングランド銀行の総裁マーク・カーニー氏が、世界で起こる異常気象の増大により、気候変動は金融機関にとって今やリスクとなっていると言及しました。金融機関は、あらゆる産業活動と関係を持ちます。その金融機関が気候変動関連情報を開示するということは、その顧客である企業がどのように気候問題に関わりを持っているかの情報も把握していかなければなりません。でなければ、金融活動ができなくなるかもしれないからです。ＴＣＦＤは、金融システムの安定を脅かすような、気候変動に関する「移行リスク」、「物理的リスク」及び「ビジネス機会」を挙げ、金融機関及び事業会社に対して、これらのリスクとビジネス機会の財務的影響を把握し、情報開示することを促しています。これらの情報が、投資および融資先における、将来のキャッシュフロー及び資産・負債に与える影響を考え、投資家等が財務上の意思決定をします。

その資産価値の評価に使われ始めているのが、インターナルカーボン・プライシングです。小林先生から、カーボン・プライシングには、炭素税と排出枠の話がありましたが、これは、企業が、経営上の投資決定の際に、その目的にどれくらいのCO_2排出もしくは削減の価値が生まれるかを考慮して行うもので、その法定に価格付けすることです。このような価格を参考に、金融機関が貸付したり投資を判断するようになっており、企業も金融機関との関係を良好に保つため、金融機関の求める情報を開示し、将来に向けて気候変動の対策やビジネスを進めていく必要があるのです。

ESG投資において、気候変動に関する情報開示がいかに重要か、そして、これは、大手企業だけではなく、サプライチェーン全体でモニターをしていくことが求められているため、中小企業であっても意識せざるをえません。つまり、大手企業や、金融機関と関係をもつのであれば、この点を考えてビジネスをすることが、重要です。

菅首相（当時）の2050年脱炭素宣言以来、多くの企業がネットゼロ排出宣言をしています。図表7-2に、カーボンニュートラル宣言をしている企業の事例を示しました。例えば、コニカミノルタは、50年までにカーボンマイナス（自社と顧客や調達先サプライヤーに対して排出削減など環境目標を求める）を実現するとありますし、日立製作所は、30年までに自社でカーボンニュートラルを実現するとともにし、その先顧客や調達パートナーの環境対応を支援して、企業活動全体を通じて、環境価値実現の取り組みを加速するとあります。トヨタ、リコーなども同様の宣言をしており、今後、多くの会社が取り組みを強化していきます。これらの情報を知れば、そこに関与できるビジネスの提案や関係を構築することができるでしょう。もちろん、これは国内の企業だけではありません。アップルやマイクロソフトのＩＴ企業だけでなく、自動車世界大手独ダイムラーは、39年までにカーボンニュートラルを達成するため、サプライヤーに対し、契約の中で調達部品の生産や資源でのカーボンニュートラルを約束させようとしています。日本の企業も、自社だけでなく、サプライチェーンに対しての脱炭素を求め始めています。そして、そこにビジネス機会があります。

企業の中で何か新しいことを考えようとするとき、どうしても既存の考えの積み上げになってしまい、新しい発想が湧かないものです。気候変動であれば、まず、再エネの導入率を上げることや、どこが最も効率よく排出削減ができるかを考えるでしょう。しかし、我が国の場合、再エネのコストは高いし、適地も少ないし、景観を壊してまでするわけにもいかない。どうしたらよいのか？　と行き詰ってしまうことが多いのが現実です。様々な商品やサービスに対してCO_2排出量でその活動が換算できるようになってきました。カーボン・フットプリントといいます。例えば、電子レンジで温めるときに使うラップは製品1個あたり、生産から廃棄されるまで、1．3gのCO_2排出量を出すと計算されています。お米も同じです。であれば、おにぎり一つ作るのにどれくらいの排出量になるのか

図表 7-2

企業のカーボンニュートラル宣言の事例

会社名	カーボンニュートラルへの道
コニカミノルタ	「2050年にカーボンマイナスを実現する」としていた従来の目標を前倒しし、2030年までの実現を目指す。カーボンマイナスとは、自社だけではなく、顧客企業や調達先サプライヤーに対しても「具体的な環境目標（CO_2排出量の削減）」を求めている。
日立製作所	「低炭素社会」「高度循環社会」「自然共生社会」の実現に向けた「日立環境イノベーション2050」を策定。自社だけでなくバリューチェーン全体で2050年までにカーボンニュートラルを達成する目標を設定。モビリティ、ライフ、インダストリー、エネルギー、ITの5つで脱炭素ビジネスを拡大し、気候変動の「緩和」と「適応」にグローバルに貢献。CO_2排出削減の設備投資促進のため、CO_2排出量に1トン当たり14,000円という仮想的な価格（インターナルカーボンプライシング）を設定し投資判断における優先順位を決定する。
トヨタ	2025年目標として、新車のCO_2平均排出量を2010年比で30％以上削減、サプライチェーン全体で対応できるようにしていく。
リコー	2050年までにカーボンニュートラルの実現を宣言し、サプライチェーン管理に注力。例えば、トナーの大部分を占める樹脂の原材料にバイオマス資源を採用し、カーボンニュートラルによるCO_2の排出量削減を可能にした環境負荷を低減する技術を提供。
積水化学	2018年化学業界としては、世界で初めてSBTの認定を取得し、TCFDの情報開示に沿って、RE100にも加盟。また、自社の活動だけではなく、エネルギー自給自足型住宅を発売。
キリンビール	気候変動において農産物の主な調達先地域における洪水リスクや水ストレスを把握し、かつ、国内の製造拠点・物流経路における水リスクについて評価。また、物流分野を同業他社との協調領域で共同配送を行いトラックと積載商品の組み合わせの最適化を図る。

もわかります。そうすると、では、そのおにぎりを作って販売するときの価格は、原価＋諸経費＋利益＋（カーボン・フットプリント×インターナルカーボン・プライシング）ということになります。もちろん、お客様にとっては安ければ安いほどいいということになりますから、これらのCO_2排出にかかわるコストを工夫して下げることが必要です。それは、原価、諸経費から生まれてくるものなので、いかに炭素効率（排出量を売上などのファクターで除したもの）を下げるかが重要なのです。排出量の他に、森林、植林、海藻など光合成をする自然資源がCO_2を吸収する量も考慮しましょう。勿論、これらの資源が朽ち果て、森林を伐採してしまったら、瞬時にCO_2排出としてみなされ、吸収量はゼロになってしまいますので、森林はきちんと保全し補植していかなければなりません。

今、カーボンクレジットの活用について、注目が集まっています。国交省は、港湾でのカーボンニュートラル化のためのファイナンスに、カーボンクレジット（藻などの吸収源）の活用に関心を持っています。これをブルーカーボンと呼びます。また、資源エネルギー庁でも、天然ガス（LNG）のカーボンニュートラル化に、カーボンクレジットの活用などについて議論をしています。50年のカーボンニュートラル化へのトランジションの段階で、このようなCO_2削減のインセンティブとして、民間資金を動かすためにカーボンクレジット活用できると思います。

私がこれまで関わった排出権ビジネスの経験を聞きたいと、政府や企業からの相談がとても増えているのです。一つ大きな動きがあります。国際民間航空機関（ＩＣＡＯ）が、「国際民間航空のためのカーボン・オフセット及び削減スキーム（ＣＯＲＳＩＡ）」の導入を決めました。これは、フライトの二酸化炭素排出量のオフセットを義務付けることです。26年までは自発的な参加をベースとしてますが、すでに70ヶ国以上が準備しているといいます。27年以降は、途上国などを除きすべての国に義務付けられ、カーボンクレジット分の費用が各航空会社にかかることになります。オフセットは、適格制度の下、代替燃料や対象カーボンクレジットを指定します。今後、この分野で明らかにビジネスが加速するでしょう。

話を戻します。気候変動のことは考えず、まず、何か新しい事業や生産、サービスのアイデアを考えてみて、それについて、カーボンフットプリントでなんでも計測できると想定してみます。

吉高は、ＡＩや量子コンピュータを使って、企業の活動の最適化のアイデアを提供するビジネスの会社の社長をしている友人と話していました。その友人は最近、鉄道会社から、コロナ禍で乗客が減少しているので、運行ダイヤを変えずに車両数を減らしたいけれど難しいと相談があったそうです。鉄道会社からみれば、電車車両にはそれぞれ役割があって、簡単には減らせないと思い込んでしまっていたのだそうです。しかし、ＡＩや量子コンピューティング技術は、あらゆるデータで、最適の解を求めることができる可能性があるので、実証実験をしてみようということになったそうなのです。私はその話を聞いた時、運行ダイヤは現状でも、一編成の列車に組まれる台数を時間帯に応じて減らすなどの調整をすれば、コロナ対応だけではなく、CO_2排出削減にもなるのではと思ったのです。連結する電車車両が減る分、エネルギー消費量が減ると思ったわけです。しかし、鉄道会社の担当も、私の友人もCO_2と絡めるアイデアは全く考え付きませんでした。つまり、ダイヤを変えず、運転する車両を減らすことができれば、収益は変わらず、CO_2排出を減らすことができる、その分をカーボンプライスで乗じてあげれば、将来の利益ともなります。その削減分を鉄道関連で使えるポイントとして付与すると、ＳＤＧｓを学んだ若者などは、この電車に乗ったら、少しＳＤＧｓに貢献した気持ちになりませんか？そんな沿線の街に住みたいという住人もでてくるかもしれません。地域の資金循環にもつながります。

Capture や Almond と呼ばれるアプリがあります。年間のフライト数とか、皆さんがどのような食事をとるか、そしてＧＰＳ追跡を使用して輸送からの排出量を予測することで、ユーザーの日々のCO_2排出量を計算することができるのです。畜産の高い炭素排出量を見たことが、菜食主義者になるという変化につながった人がいます。交通機関の選択の意識にもつながります。数字が見えるので意識が生まれるのです。もちろん、これはCO_2排出削減をしようという意識の高い人が始めることと思うかもしれませんが、ダイエットに使えますよね。この行動の見える化によって人々の生活スタイルを変える様々なサービスが考えられるのではないでしょうか？

いろいろ紹介しましたが、まずは「見える化」してみるというのが、これからの気候変動関連ビジネスの出発点になるのだと思います。

図表7-3　D.ティルマン先生の多様性の生産性に関する野外実験

生物、生態系がらみのビジネスはこれから伸びる余地がいっぱい

小林　はい、小林です。吉高先生、ありがとうございます。では、次のテーマにいきましょう。

なぜ地球上には、いろいろな生物がいるのかな、と不思議に思ったことはありませんか？　できたばかりの地球はいろいろなものがごちゃ混ぜになった溶岩の塊のようなものだったのが、時を経るに従い、陸地や山ができ、海もできて、そして、海にも山にもいろいろな種類の生物が住むようになりました。それは、結局、人間の社会でも様々な専門家がいて、それで全体としては大変に高度で精密なことが成し遂げられているのと同じです。食べ物も違えば、住む場所も違い、身体の大きさも全然違う、そうした多種多様な生物がいる世界を、少ない種類しか生物がいない世界と比べると、多種多様な生物からなる世界の方が、有利な優れたものなので、そちらの方へと生態系が自然と進化し、発展していったと考えられます。多様性が利益の源なのです。

アメリカのミネソタ大学の生物学者、Ｄ・ティルマン先生と遠隔で対談したことがあります。小林は、この機会にこそ、と思い、なぜ多様性が大事なのか、と尋ねてみました。その答えが、人間の世界の分業と同じです、というものでした。そして、あるデータを見せてくれました。それは、実際に広大な土地を多数の区画に区切って、それぞれに生える植物の種類数を区画ごとに異なるものとして、その上で植物の全重量と植物種類数との関係がどのようになるのかを実際に調べる、という壮大な実験です（写真は、実験地の航空写真）。多種類を擁する区画と比べ、ほんの数種を欠いただけの区画ですら、植物の重量は相当に少なくなってしまったのです。

ティルマン先生は、日本の旭硝子財団が贈る、世界的に著名な環境分野の賞であるブループラネット賞を20年に受賞したのです。その理由は、農業や畜産業をもっと環境保全的なものにしないと、地球の生態系として問題なのはもちろん、それだけでなく、これら産業の成果物を食べて暮らしている人間の健康、そしてゆくゆくは経済まで歪んだみすぼらしいものにしてしまう、という、いわば複眼的な評価をして、その是正を訴えた業績によるものでした。例えば、一品種の栽培に特化した畑を作って多量の農薬や肥料を施すのではなく、多種類の作物を一緒に育て農薬を減らしたり、肥料に頼らず収量を確保したりすることができるのだそうです。牧草やトウモロコシばかり育てて、一旦牛の肉にして、それを人間が食べるよりは、人間ももう少し菜食になり、また、肉ばかりでなく魚も食べる食事の方が健康に良いのは当然ですし、それの方が地球の生態系も健全でいられます。

こうして考えると、生物の多様性を保つことに貢献する商品やサービスをビジネス化していくことはとても大事に思えてきます。今は、生物の多様性は、ビジネスとは遠い所の話に聞こえますが、むしろ、これからのビジネスの穴場なのかもしれません。

そこで、環境ビジネスの内外の最近の動きを見張ること、おさおさ怠りのないのが吉高先生です。吉高先生にバトンタッチし、皆さんの生物多様性がらみの新ビジネスのヒントになりそうなことを話してもらいましょう。

吉高　はい、気候変動とともに、今、注目なのは、生物多様性に関連するビジネスです。自然保全をするというのは、政府や自治体、また、ＮＧＯなどがするもので、ビジネスというイメージは少ないかもしれません。小林先生のおっしゃるとおり、農業や畜産業が生態系と調和をもって行われている間は、自然資源は再生され破壊されることはないですが、食べ残し、売れ残りは廃棄処理をすればよいという考え方のビジネスモデルが自然を大いに破壊しています。生物多様性を守るために、生物多様性条約（Convention on Biological Diversity：ＣＢＤ）が採択されています。生物多様性を「種」「遺伝子」「生態系」の３つのレベルで捉え、その保全などを目指す国際条約が１９９２年に採択されてからかなり経ちますが、気候変動に比べ、生活に直撃する影響が見えづらく、また、「生物多様性」という言葉の意味はわかりにくいです。しかし、気候変動による、資源の枯渇とは無関係では語られなくなりました。

つまり、気候変動による気温の上昇と、異常気象は、これまでの生態系の動向に変化を与えていることがわかってきています。これは、海洋資源にも影響をしています。先ほどお話した、ＴＣＦＤの情報開示では、気候変動による、資源調達のサプライチェーンや市場の変化の予想も開示するよう促しています。

そのような中、ＥＳＧ投資家がこれらの問題を注目しており、自然資源を使用する企業を評価するよう求める団体がでてきました。昔から言われている問題は、モノアグリカルチャーです。単一の植物を大量に、そして、膨大な面積を耕す農業のことで、パームを筆頭に、ゴム、コーヒーなどが挙げられます。パームに関しては、ＲＳＰＯ（持続可能なパーム油のための円卓会議、04年設立）が、持続可能なパーム油生産のための「原則と基準」に基づき、持続可能なパーム油を認証しています。そして、多くの企業は、この認証を受けたパーム油を使用しています。

そのほか、ＭＳＣ（Marine Stewardship Council：海洋管理協議会）が認証する漁法で獲られた持続可能な水産物にのみ認められる証があり、それがＭＳＣラベルです。ＦＳＣ®（Forest Stewardship Council®：森林管理協議会）が認証する、責任ある管理をされた森林や、林産物の責任ある調達に対して与えられるＦＳＣラベルなどがあります。

ただし、企業は、これらの認証の取得だけでは不十分になってきました。英国の団体であるＣＤＰ（カーボン・ディスクロージャープロジェクト）は、これまで、企業に対して、CO_2排出量の開示を求めてきましたが、投資家からの要請により、ＣＤＰウォーター、ＣＤＰフォレストという新たな基軸で、企業への情報開示を求めるようになり、投資家がこれらの情報で企業を評価し始めています。畜産業に関して、ＦＡＩＲＲ（Farm Animal

Investment Risk & Return）は、投資意志決定のプロセスに畜産のリスクを組み込むよう、投資家に促しています。ＦＡＩＲＲは、地球温暖化、森林破壊と生物多様性喪失、水不足と水資源利用、廃棄物と水質汚染、抗生物質、労働状況、アニマルウェルフェア、食品安全、持続可能なタンパク質などの９つの分野でリスクを分析しています。ところで、この分析によれば、私たち日本の食品企業の評価は芳しくありません。最近言われるのが、「森林破壊」「持続可能なタンパク質への切り替え」です。すでにでてきた植物肉や、最近では、昆虫からタンパク質を得るといったフードテックにも投資が集まるようになってきたのは、そのような背景があるからなのです。

日本の食料自給率は、農水省の試算によれば38％で残りは輸入に頼っています。そして、これらを流通させる大手のスーパーは、ＥＳＧ投資家からの要請が高まっているため、サプライチェーンでの管理をしなければなりません。食品のトレサビリティの開示を求められれば応じなければなりません。また、求められる前に積極的に開示しなければ、金融機関はリスクとみなし、その企業の評価を下げざるをえなくなります。自然関連財務情報開示タスクフォース（ＴＮＦＤ）が発足しました。これは、国連環境計画金融イニシアチブ（ＵＮＥＰ　ＦＩ）、国連開発計画（ＵＮＤＰ）、世界自然保護基金（ＷＷＦ）などが運営し、金融機関も支援し、企業や金融機関の自然への依存度や影響を評価、管理、報告するフレームワークです。このフレームワークで開示される情報を使って、投資家は評価をするようになるでしょう。

最近、セブン‐イレブンの店頭に、Dari K（ダリケー）のチョコレートやシトラスカカオのドリンクが並びました。このシトラスカカオのドリンクは、インドネシアでカカオを育てる際、生態系を守りながら行う農業、アグロフォレストリーでの副産物の柑橘系のフルーツとともに作った商品です。スターバックスコーヒーも、長期的に高品質なコーヒー豆の生産を実現するための持続可能な調達モデル「C.A.F.E.プラクティス」を実施しており、その実施のためにソーシャルボンドを発行し、多くの投資家が購入していることは、第6課でお話しました。

日本は多くの災害に見舞われ、そのたびに自然が破壊され、交通網が復旧するまで陸の孤島になる場所も少なくはありません。その一方で、都市には地方からの物流サプライチェーンが途切れることになります。陸が孤島化したときに、必要なのは、食料、水、エネルギーです。このチェーンが持続していれば、人間は存続することができます。環境省が提唱する「地域循環共生圏」とはまさにそれを目指すものですが、この循環が動くことこそが生態系を維持することにつながることだと思います。

長期視点で企業価値を測ろうとする投資家は、R＆D（Research & Development）にも注目します。たとえ、今規模が小さい事業だとしても、これまで説明した様々なリスクを予見し、それに対応する新たなビジネスのために開発していることを積極的にアピールすることは重要です。開発中のテクノロジーを簡単に公開できないと思われるかもしれませんが、生態系の保全は、決して、単体のテクノロジーでは成し遂げられません。人材も重要です。ビジネスのエコシステムに係わる様々なパートナーとともに共生しなければ、持続可能な生態系を末永く使うことができません。今、直接関係ないと思っていても、自分が関われるパートナーを思いつくままに挙げてみて、彼らのできる役割を整理して、つなげて考えてみてはどうでしょうか？

奄美大島のダイビングインストラクターたちは、このコロナ禍で観光需要が減っていたところ、自治体から海の清掃を依頼されました。同時に、プラスチックなどゴミの種別の調査を第5課でご紹介したピリカと実施することになりました。その結果、最も多いプラスチックごみは、ナイロン製の漁網であることがわかりました。これは、他の地域でも明らかになっていますが、使用できなくなった漁網がそのまま海中に廃棄されることによるものです。一方、調査の結果、ごみによる汚染はさほどではなかったのですが。気候変動や生態系の破壊などにより、これまでと違う魚類が生息しはじめ、藻などが生息しなくなったということがわかりました。そこで、インストラクターたちが中心となって地元に立ち上げたブルースクールデザインという会社が、新たな観光資源として、藻の再生体験が使えないかと考え、大学、政府、企業、ベンチャーなどを巻き込み始めました。藻が再生されれば植生が戻り、生物多様性が保全され、同時に、藻はCO_2の吸収することが考えられるので、定量化ができれば地域の資金源として活用もできるのではないでしょうか。つまり、観光という活動は、かなりのCO_2を排出しますので、先ほどお話ししたアプリなどを使ってCO_2排出量がわかれば、そのオフセットを目的に藻の再生で吸収源によるクレジットを買ってもらうことができると思うのです。これをブルーカーボンと言います。

生物多様性のビジネスというと難しく考えがちですが、地域の自然の中にある様々な相互依存関係に光を当て、関係をしっかりしたものにしていくということをヒントにして、ビジネス案の厚みを増していく、と思うと、いろいろな発想が出てくるのではないでしょうか。

環境ビジネスの永遠のテーマはごみ。脱プラスチックごみに取り組もう

小林　地球温暖化と並んで報道を賑わせるテーマが海洋のプラスチック汚染です。

プラスチックは、とても便利な物質で、極めて多種の化学組成のものが、様々な形態・用途にうまく合わせて使われています。今回のコロナ禍でも、数多くのプラスチック製品が活躍しました。少し古いですが、14年の世界全体の生産量は３億11百万トンで、過去50年間で20倍増し、今後も増加は止まらず、この先20年間で倍増すると予想されています。

しかしながら、プラスチック製品の中には、必ずしも繰り返しの使用を目的とするものでなく、容器や包装のように一回限りの使用で捨てられてしまうものが多くあります。そして、その中には、環境中に散乱し、川へと流され、ついには海に入っていく物が出てきます。専門家（世界経済フォーラム）の研究によると、海へと流れ込む使用済み廃プラスチックは、少なくとも年間８００万トンに達するそうです。そして、海の中でもプラスチックはなかなか分解されず、直径５ミリ以下のサイズのマイクロプラスチックになってもまだ存在を続け、それが、例えば、魚の体に取り込まれ、肉の中にまで入り込む、といった

事態が生じています。実は、人間の大便からもマイクロプラスチックが検出されています。

マイクロプラスチックが生物の健康、ひいては生態系の健全さにどのような悪影響を及ぼすかはまだよくわかっていません。表面積は、壊れる前の原形のプラスチック製品よりはるかに大きくなっているので、そこに様々な有害な物質を吸着し、濃縮してしまうのではないか、とも言われています。少なくとも、量の増加はゆゆしい問題で、50年には、海に住む魚の重量より、海の中を漂う廃プラスチックの重量が大きくなるものと心配されています。人間が便利さ快適さを追求して、地球全体の大気をCO_2で汚してしまったのと同じように、地球の大海原も今やプラスチック汚染に苛まれているのです。問題の遠因が私たちの便利な暮らしにあり、地球全体を汚しているという、解決がなかなかに困難な問題です。

悪化が進むプラゴミ汚染は、世界中で大きな関心を呼ぶ課題となってきました。世界主要国が参加するG20は、19年の大阪でのサミットにおいて「大阪・ブルーオーシャン・ビジョン」を採択し、50年には、海洋に流れ込むプラスチックごみをなくす、との目標を共有しました。日本は、まずは30年までに使い捨てプラスチックごみを25％減らす、という内容の「プラスチック資源戦略」を定めて実行しています。特に、東京都では、50年

図表 7-4

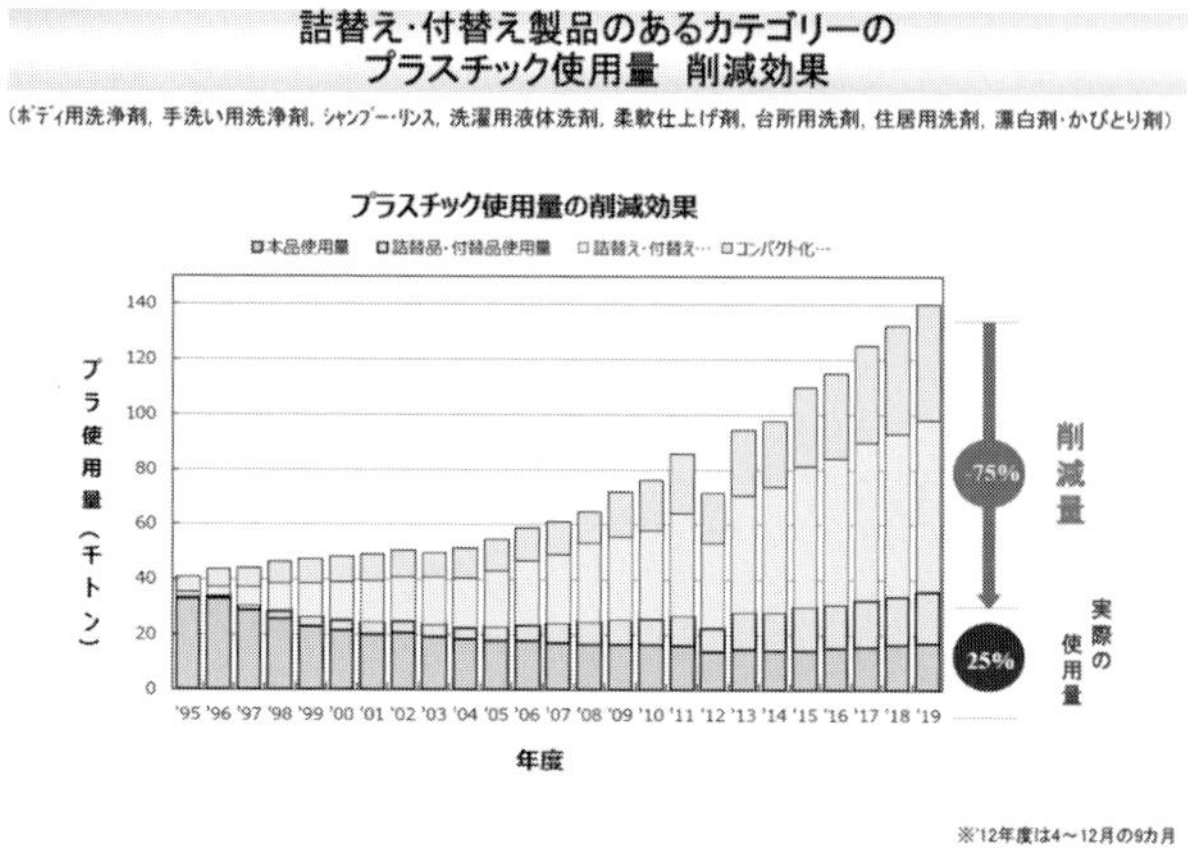

出所：花王(株)の資料による

にCO_2排出ゼロを目指す中では、たとえ電力を回収するものでもプラスチックの焼却はCO_2を排出するので、これをなくし、マテリアルとしての再生利用をすべき、との方針を立て、重点的に取り組み始めました。また、産業界では、CLOMA（クリーン・オーシャン・マテリアル・アライアンス）を設けて、実践を始めています。例えば、CLOMAの会長会社である花王では、図表7-4のように、つめかえ容器化、容器の大容量化、内容物の濃縮化などを組み合わせることで、売上増でもプラスチック使用量を減らしていけることを実証的に示しています。ごみを出すのは消費者ですが、製造側でもいろいろなイニシアチブが取れることが良くわかります。

今後のビジネスチャンスとの関係では、花王のような、既存プラスチックの使用量削減、使用プラスチックの生分解性の素材（紙などや生分解性のプラスチック）への転換、回収されたプラスチックの再生・活用（例えば、ＰＥＴボトルを回収ＰＥＴボトルから作る）が考えられます。

小林は、地方の現場で、不法投棄ごみをはじめとした環境中のごみの回収を担当したことがありますが、捨てられてしまったごみ、散乱してしまったごみの清掃・回収は本当に大変です。ですので、廃プラスチックを環境に散乱させずに確実かつ快適に分別回収するシステムの実装が是非とも必要と思います。ＡＩを活かすなどにより、そうしたものを開発することには大きな商機がありましょう。特に、プラスチックごみは、図表7-5の円グラフのように組成が多種多様で、場合によっては汚れています。相当な知恵が求められます。この本の読者が挑戦して下さればと思います。

さて、ここでも吉高先生に、プラスチックごみを中心とした環境ビジネスへの期待を語ってもらいましょう。

吉高　最近のプラスチックごみに関する取り組みで注目するのは、イオンと丸紅グループ

図表 7-5　プラスチックごみの中身(比率)

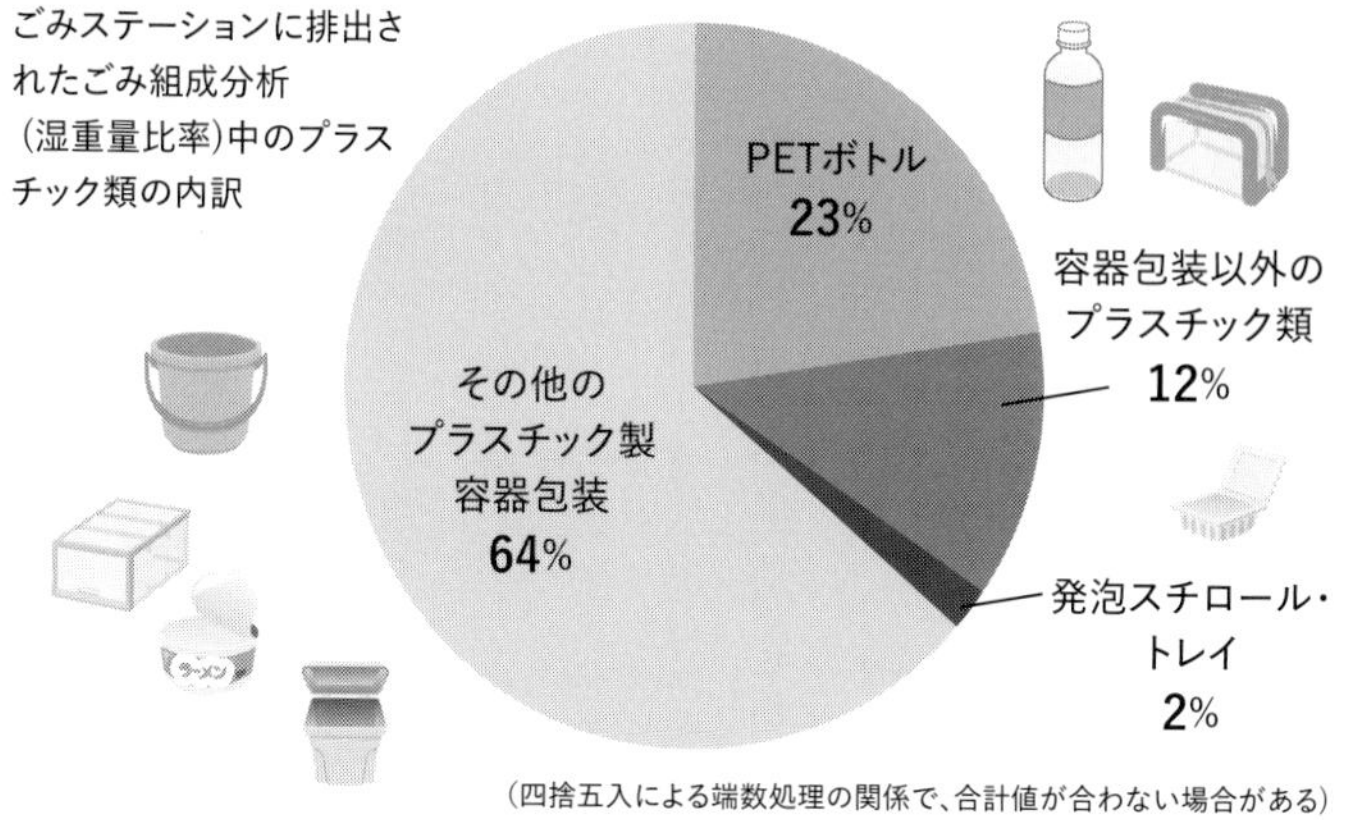

ごみステーションに排出されたごみ組成分析(湿重量比率)中のプラスチック類の内訳

(四捨五入による端数処理の関係で、合計値が合わない場合がある)

出所:環境省 容器包装廃棄物の使用・排出実態調査(令和元年度)

の「ボトル to ボトル プロジェクト」。これは、店舗で顧客から回収するペットボトルをクローズドリサイクルで再商品化し、使い捨てプラスチックの使用量を18年比で30年までに半減するプロジェクトです。プラスチックの使用料の削減は温室効果ガス削減にも大いに貢献しますし、ペットボトルに関しては100％再生または植物由来素材へ転換します。ペットボトルの回収・運搬から製品化までを丸紅グループが一元管理をしてペットボトルの回収・再商品化へ向け協働します。
また、イオンは、Loop Japan 合同会社が運営する、使い捨てられていた容器ボトルを再利用可能なものに置き換えるプラットフォームにも参加しています。このプラットフォームには、味の素、キリンなど24社が参加しています。あまりにも便利なプラスチックの使用を簡単には減らせないかもしれませんが、小林先生もCLOMAについてご紹介されていたように、プラスチック問題は個社で解決できる課題ではありません。同業、異業種が協力しあい、Win-Winのプラットフォーム構築がキーとなるでしょう。

こうした努力により新しく発生するプラスチックごみがなくなったとしましょう。でも、陸や海洋などの自然界に現存するプラスチックの廃棄物をどうすればよいのでしょうか？先ほどお話ししましたとおり、様々な製品がCO_2の排出量で換算できます。ペットボトル（ミネラルウォーター2リットル容量）の固形廃棄物排出量は22・1（g）＝0・022kgです。CO_2排出量に価格がつき、税金がかかるようになったとしたら、廃棄されているプラスチックを回収するインセンティブになります。簡単に見つけられるプラスチック廃棄物だけでなく、様々なところにプラスチックが廃棄されていて、それはマイクロプラスチックになり人体への危険性が言われています。ドローンなどのような探査機で、プラスチックのある位置を把握し、それを回収し新たな資源が作り出せれば、回収のインセンティブになるのでは思います。私は小さいころからモノを落としたり、失くしたりしていたので、そのたびに、モノにセンサーが常に組み込まれていたら見つかるのにと夢物語を考えていました。例えば、ラルフローレンがＩＣチップを洋服につけトレースするようになったと聞きました。このようなことがプラスチック容器製品にできれば、回収も容易になるのではと思ったりします。食品への混入物を防ぐため安全性を考え、プラスチック包装が大量にでます。そこで、欧米では、量り売りでプラスチックの包装を減らすようにする店が増えてきたそうですが、このコロナ禍で非接触の技術が進展しそうですから、それらの技術が応用できる日もくるのではないかと期待します。

資本市場の注目は省資源ビジネス！サーキュラーエコノミーとは？

プラスチックごみの問題をもう少し広くとらえてみましょう。

サーキュラーエコノミーとは、英国のエレン・マッカーサー財団が提唱した経済の在り方で、従来の「大量生産・大量消費・大量廃棄」に対し、製品と資源の価値を可能な限り長く維持し、廃棄物の発生を最小化した経済を目指そうというものです。気候変動により、これまで当然調達できると思っていた水や資源が調達しにくくなってきます。プラスチックの一方通行の利用は、その廃棄においてCO2の排出量を増大させます。

EUでは15年にサーキュラー・エコノミー・パッケージという政策が採択され、これを推進しています。環境省が掲げる循環型社会では、廃棄物の発生抑制（リデュース）にプライオリティを置き、その後に使用済み製品をくり返し使用すること（リユース）、廃棄物などを有効利用するため（リサイクル）、熱回収や適正処分が続くかたちにはなっています。しかし、国内企業の多くはリサイクルに力を入れており、廃棄物の発生抑制に対する技術的なアプローチがビジネスとして確立されていない状況です。

なぜ吉高がクリーンエネルギーや排出権ビジネスに関わるようになったかについては前述しましたが。電力やエネルギー事業は必ず新たにキャッシュフローを生むという点では、金融機関にとって収益を見通しやすいのですが、一方、リサイクル、リユースのような中古品や廃棄物の有効利用というのは、最初の新製品のときより価値が落ちてしまうため、金融機関からみれば将来性に対して魅力を感じません。新たなキャッシュフローや、新たな価値が生まれない以上、投資のリターンが増えるような素材には見えないのです。効率が高く、利益率が高いというのが投資家の目線であり、省資源で利益を上げる方が好まれます。廃棄物を処理する上でコストがかかることは金融機関にはあまり歓迎されません。

その一方で、世界では、気候変動やサーキュラーエコノミー、自然資源保全など、様々な指標で投資家が企業を評価しようとしています。

上場企業に対して気候変動や森林破壊の問題などにサプライチェーン全体でどう対応しているかを見極め、アイデアを提案することは、ビジネスチャンスに繋がるのではないでしょうか。

コンサルティング会社であるアクセンチュアが、サーキュラーエコノミーのビジネスモデルとして、

1．サーキュラー型のサプライチェーン
2．シェアリング・プラットフォーム
3．サービスとしての製品（PaaS：Product as a Service）
4．製品寿命の延長
5．回収とリサイクル

の五つに分類しています。これらに取り組むスタートアップは出てきていますが、企業内起業としては「回収とリサイクル」以外の分野では事例が少なく、サーキュラーエコノ

ミーに対する動きは日本ではこれからです。日本のサーキュラーエコノミーの事例を挙げてみましたが、これらのビジネスには気候変動や生物多様性の保全にも関連するビジネスがありますね。ごみの根元を考えてみることが、本質的な解決になるかもしれません。

ＳＤＧｓは新ビジネスの発想の優れた刺激剤

小林　最後に、ＳＤＧｓ（持続可能な開発目標）が新ビジネスの開発の大きなヒントになることを見ておきたいと思います。ここでは、ＳＤＧｓに照らしてビジネスの在り方を検討してみると。いろいろな着想が生まれてくることを指摘したいと思います。

例えば、経団連のサイトを見ると、ＳＤＧｓの特設サイトができています。ここでは、ＳＤＧｓの達成が、イノベーティブな新たな商品やビジネススタイルの開発に役立つ重要な刺激になることに多くの頁が割かれています。これまでは、環境といった公益上の目標はビジネスの制約と受け止められることが多かったのですが、今やそれが逆転し、公益への寄与が付加価値の源泉になり得るという風潮になってきているのです。

小林は、永年、環境分野の行政官を勤め、経済界の方々とは対立ばかりしていました。当時のビジネスマンには、環境なんかに取り組んでいたら儲けが減らされる、といった思いが刷り込まれていたように感じました。それが、随分と様変わりです。ビジネスマンが、これ見よがしなＳＤＧｓ襟バッジを付けていることには、「本当に確信がありますか」と聞きたくなってしまいますが、まあしかし、形から入ることもアリでしょう。そんなことを含め、昔の、儲けさえ出せば道理はひっこむ、的なスタイルは、ビジネスの本音からも放逐されつつあるように私は思います。

その原因は多岐に分析できます。

一つには、機関投資家、例えば我が国で言えば、ＧＰＩＦ（年金積立金管理運用独立行政法人。ちなみに世界最大の運用資産は1兆ドル以上を持つ機関投資家と言われている）などが、その資金の運用先を、ＥＳＧ投資の考えで選ぶ、ということが徹底されてきました。もう皆さんは、第4課でよく学びましたね。ＥＳＧの観点でネガティブスクリーニングをして、不適格な企業は資金運用先から外されてしまいます（もちろん、加点に使う例もあります）。安定的な資金供給元の運用先から外されることは企業の株価維持から考えても致命的で、経営においてＥＳＧに配慮することは、今や当たり前のことになっています。

しかし、当たり前になってしまえば、威嚇力はなくなりますが、それ以上の人気がＳＤＧｓにはあるのです。

私としては、ビジネスの利益の源泉が本当に枯渇してきた、という思いが、経済界のリーダー達には出てきたのではないかと実は思っています。長持ちで性能に優れた良い品質のものを安くたくさん作って稼ぐモデルは洗練の極みに達し、お陰様で、従来の製品に対する需要は衰退し、価格も底値のデフレ経済が誕生してしまったのです。私自身、18年夏から米国にほぼ1年間滞在し、教鞭を執っていましたが、正直、物価の高いのには辟易としました。日本は、先進国では最も安い物価で生活できる国になったのです（もっともこの過程で、普通の生活者の所得も低く抑えられてしまい、それがディマンド・プルの成長を妨げていることも見逃せません）。しかし、労働者への報酬を引き下げてさらに利潤を稼いで成長しようと企図しても、その余地はすでに乏しいと言えます。論者が社外取締役をしていた経験から見ると、企業の財務諸表をかろうじて支えるのは、低金利の原資での成功ビジネスの買収になっていましたが、これとて日本に特別の目利き能力があるわけでなく、大きな可能性は残されてはいないのではないでしょうか。儲けの源泉は、低コストの追求ではもはやないのです。新しい需要の開拓が必須になったのです。高度成長期以来積み上げてきたストックをなんとか使いまわしてきた時代、すなわち失われた20年（もはや30年か）の耐用年数が切れたのです。困ったな、とこうして悩みを深めた日本に配慮してくれたわけではないですが、そこに国際的に登場したのが、ＳＤＧｓで、だから日本の産業界にも良い黒船のように思われているのではないでしょうか。

ＳＤＧｓとは、その一世代前のミレニアム開発目標がもっぱら途上国の底上げを目指していたことに対し、先進国においても実現が目指されるべき、人類社会全体の目標です。健康から経済、人権、そして人類共通の棲み処である環境との関係を幅広くカバーした17の目標、その下に置かれた１６９のターゲット、さらにそれらをモニターする、２３２（再掲を除いた純計）の指標からなる体系がＳＤＧｓです。全人類の共通の理想をまとめた、という特色がとても重要です。人類が共通の目標を持つことにはいろいろなご利益があります。例えば、この目標を国連総会が決定したその同じ年（15年）の12月に採択に漕ぎつけたのが、地球温暖化防止のパリ協定ですが、中国、インドを含めた途上国と先進国のすべてがそこにスムーズに参加できた背景には、人類社会のあるべき姿が国を超えて共有されていたこと、言い換えれば、国際交渉の外堀が埋められていたことが奏功したとの

図表 7-6　SDGsの目標相互の関係の2類型

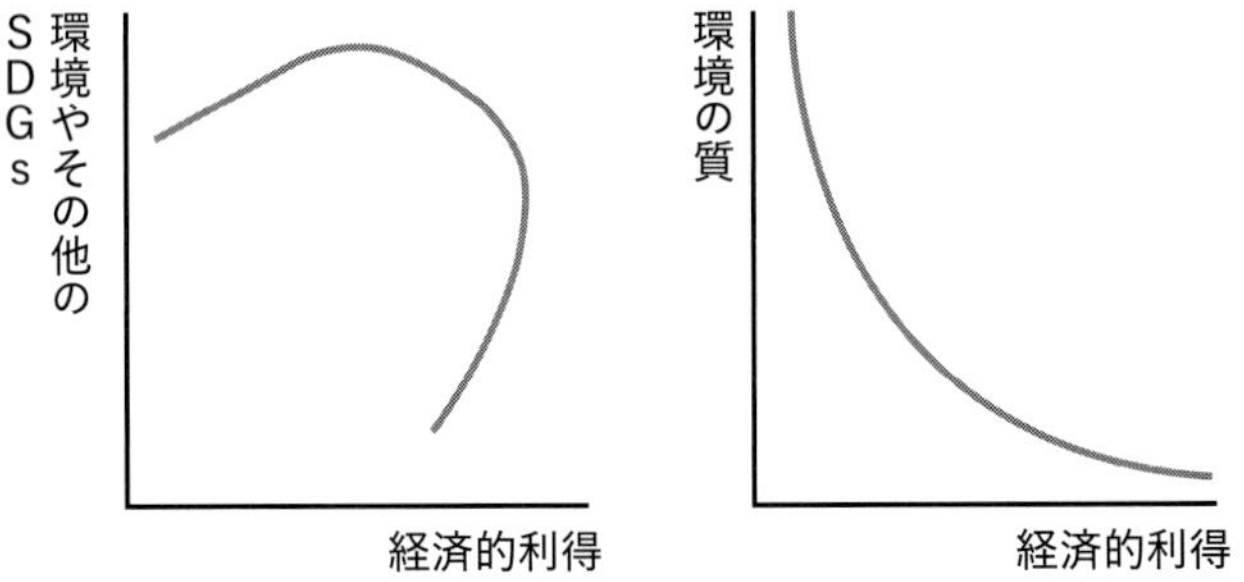

B　強いトレード・オン関係　　A　強いトレード・オフ関係

見立てがあります。

全人類の目標ということに加え、小林なりに、この目標について特色をさらに加えていくとすると、それが、できそうな積み上げで作られたものでなく、かくあるべし、というゾレンを示したものだ、ということを言いたいです。これが第二の特色です。したがって、これから、いわばゼロベースで、想像力を逞しくして、その達成の方途や道筋を考えることになるのです。冒険が奨励されているのです。皆さんも出来ないことばかりを気にするのでなく、新しい発想で理想や希望にこそ着目しましょう。

第三には、この目標はパッケージだということも指摘したいのです。単純化すれば、232次元のベクトルみたいなもので、指標相互、あるいは目標相互に無数の競合関係あるいは相補的な関係をはらんでいるのです。したがってその達成には、多視点のアプローチ、複眼思考が不可避となるのです。

小林にとって、この第三の特色こそがＳＤＧｓを新ビジネスの開発に援用する際の最大の利点になると思われるのです。数学的なことはわからないのですが、世の中には、実際には、図表７-６のＡにあるようなトレード・オフ関係も多数ありましょうが、実は、Ｂに示すようなトレード・オン関係がもっともっとあるのではないでしょうか。生物多様性ビジネスのところで紹介しましたが、米国ミネソタ大学のティルマン教授との遠隔インタビューでは、教授は、多様性があることが、単に生物の重量で測った生産性だけでなく、例えば人間の健康や災害へのレジリアンス、さらには人間の経済といった多次元の指標でもって有益なものである、と主張されていた点に強く印象付けられました。多様な生物種の間なり、人間社会の多数のプロフェッションの間なりで、交換される価値の種類や量が多いシステムこそ、引き合うシステムとして生き残り発展していくのではないでしょうか。多様性に利益の源泉を見出すことは、すばらしいことです。いろんな要素を併せて考えることに比較的慣れている日本人には、チャンスがあるのではないかと思います。

ここでも、最後に吉高先生のお見立てを聞きましょう。

吉高　吉高が見るところ、ＳＤＧｓは２０３０年までのゴールですが、すでに残り10年は切ったわけで、その先のことを考えると、ひとつのマイルストーンにすぎないかと思います。このＳＤＧｓは、これからの10年で複雑化する世界の課題をまずシンプルに表して世界共通語として浸透するでしょう。そして、課題はさらに増えていくと思います。気候変動が、様々な分野で新たな課題を生むことは間違いありません。それに対応するための、製品やサービスのイノベーションが求められてきます。金融システムの変革を進めるフィンテック企業、プラットフォーマー、ＡＩやＩｏＴなどのデジタルトランスフォーメーション、これらのテクノロジーを日本が世界をリードして席捲するのは今からでは難しいかもしれません。しかし、これらのテクノロジーを活用すれば、列島での気温差、多くの災害の経験、創意工夫の民族性は、新たなグリーンテック産業が生み出すのではないでしょうか。

グリーン・ビジネスを起こした方々とお話をすると、始めたきっかけは様々です。海外ですでに盛り上がっているとか、違う視点での課題を解決したいと思いついたことが、いままで課題と認識していなくても、急に環境課題解決策となってあらわれる場合もあります。会社で考えてみろと言われ、長く関わってきた環境問題なので、もうやりつくしていて、新しいアイデアがないのではと考えてしまうと、わくわくの楽しいタスクでもないかもしれません。マイナスのところから始めている場合もあるでしょう。でも、やっぱり、仕事は楽しく、そして、お金の循環に寄与して、多くの人を巻きこみたいですよね。脳を柔らかくするために、以下の八つのことを念頭において、まずは、考えてみてください。

1. わくわくするビジネスを考えよう。
2. ストーリーを考えよう。環境課題を解決するということだけでなく、例えば、違うセクター同士がコラボレーションすることにより、補完しあい、無駄を減らせてWin-Winで儲かるとか、プラットフォームの下で仕組みつくりをすると、こんなすき間ビジネスができるなどです。
3. なるべくシンプルに。環境問題の解決だけに頼らない、伝わりやすいビジネスモデルが重要です。
4. コ・ベネフィットを考えよう。環境負荷が減るというベネフィットで考えたアイデアでも、他方からみれば、健康促進など環境課題解決以外のベネフィットがあるかもしれない。そうすれば、エコビジネス以外の新たな市場が生まれるかもしれません。シェアリングエコノミーのビジネスも環境ビジネスです。

5．利益を生み出す仕組みを考えよう。ＩＴやスマホを活用すれば、これまで利益がでないと思っていたことも利益がでる仕組みつくりができるようになってきています。

6．相手のベネフィットを考えよう。一義的にとらえず、さまざまな視点で。

7．とにかく誰かと話してみよう。発信すればそこから生まれる！

8．点ではなく、線で。線ではなく、面で。面でなく、３Ｄで。

そして、グリーン・ビジネスを考えるとき、思考停止に陥らないようにしましょう。とにかく、思考力を高めましょう。考えることが、最初の一歩ですし、その継続の先に、その考えを形にするには、行動力が必要です。考えながら、行動しながら、世のなかの動きに、適応できると次に進めます。迷ったら、まず、一つ、目の前のことに、一つずつ結果をだしていきます。きっかけは何でもと言いましたが、グリーン・ビジネスとしてすることにより、ビジネスとしてのぶれない芯が作れます。なぜなら、環境問題は明らかに深刻化し、かつ多様化しています。ぶれない信念と継続はビジネスを成功させる秘訣です。今回インタビューした方も皆さんおっしゃるし、私自身、それを実証しました。女性が仕事をし続けるには大変なとき、あえて、女性がしやすい分野や男性ばかりの中で競争する仕事をするのではなく、誰もまだしていない、環境ビジネス、排出権ビジネスに気持ちよさを感じました。競争をしないで、力をもつためには、少し難しい方を選んだ方がよいのではと思います。

ブルーオーシャン戦略をご存知ですか？　競争の激しいレッドオーシャンではなく、高価値と低コストを同時に提供し利潤の最大化を目指した戦略のことです。この戦略では、既存の事業に「減らす」「取り除く」「増やす」「付け加える」の四項目に対し創造できることを整理する「アクション・マトリックス」と呼ばれる作業をします。これをグリーン・ビジネスに当てはめてみてください。自分のキャリア戦略に当てはめてみてください。

企業内起業家もスタートアップも、失敗をしながらも、ぶれない信念とフレキシブルな経営姿勢を持ち、ネットワークを作り、専門家をうまく活用し、投資家や金融機関の心を引き付けるような情熱、単なる儲けでなく目的を明確に持って、具体的にＴＯＤＯを考えます。そして、試行錯誤をしつつも時代の要請を的確にとらえる、これらを繰り返ししています。

さあ、皆さんも、グリーン・ビジネスを始めてみませんか？

第7課のまとめ

- ☑ 科学の教えを真剣に受け止めよう。
- ☑ 多様な参加者がコラボしてビジネスを進め、皆が満足できる仕掛けを考えよう。
- ☑ 環境の利益だけに固執せず、いろいろな利益の同時確保を目指そう。
- ☑ IT やスマホなどの技術を積極的に利用することでコストを下げることを考えよう。
- ☑ 誰かと話して、頭を活発に使い、わくわくできるアイデアを見つけよう。
- ☑ 難しいことを大歓迎しよう。

第7課　世界の動きと、小林、吉高が見立てる、ビジネスのこれからの狙い目

最終試験

皆さんのグリーン・ビジネスアイデアのプレゼンテーションを、二通り、作りなさい。

- プレゼンには、全く新しいアイデアを背景を知らない人にプレゼンする**ピッチ**と、通常の**ビジネスプレゼンテーション**とがあります。

- スタートアップが実施する「**ピッチ**」は、投資家や新規顧客向けに新しいサービスやプロダクトをプレゼンしますので、相手は環境問題のことをよくわかっていない場合が多いでしょう。これがしたい！という思いが伝わるように、３分ほどで伝えます。スライド枚数はだいたい30秒～１分で１スライドが基本です。パワーポイントのスライド１枚30秒で話せても、多くても６枚ですね。

- スタートアップの**ピッチ**は、どんな問題を解決しようとしているか、解決策は何か、ビジネスのターゲットは？　対象、規模、チーム構成、事業計画などを簡潔に盛り込みます。

- 社内で起業する場合や顧客への「**ビジネスプレゼン**」は、関係者を集めて製品やサービスに関する提案になります。とはいえ、環境問題のことはよく理解されていないことがあります。**ビジネスプレゼン**は、通常、

10分から20分ぐらいです。政府などの補助金の公募でのプレゼンもおおよそそれぐらいです。

☑ **ビジネスプレゼン**の構成は、以下の内容です。

- 目的
- 現状分析・課題
- 事業の概要・計画・課題の解決
- 利益 損失の分析
- リスクの低減
- 結論（何をしたいか）

さあ、チャレンジしてみましょう。本書の関連部分を確認しながらでかまいません。

講評（あとがき）

「グリーン・ビジネスが最も企業の成長戦略を判断しやすい」と、ある投資運用会社の人の口からでてきた時に、ついにそんな世の中が来たんだと思いました。欧州のＥＳＧ投資家から、ものすごい勢いでプレッシャーを受けているため、日本の投資家が気づくようになったのです。世界の資金は、グリーンとデジタルトランスフォーメーション（ＤＸ）に急速に流れています。グリーン・ビジネスを単なるマーケティングツールとした時代は終わり、重要な収益源と位置づけなければ、企業は生き残れない世の中になりました。カーボンニュートラルの達成には、これまでの産業構造の大胆な改革が必要となり、プラットフォーム産業は、既存の産業分類をひっくり返すことになります。これらの動きに対応ができなければ、日本の存亡にかかわります。

私自身、20年以上環境金融に関わっている間に、日本が取り残されていくことに危機感を感じたのです。環境への対応が存亡に関わることは私が慶應義塾大学大学院政策・メディア科に提出した博士論文「気候変動問題の解決に向けた金融機関の役割に関する研究」の執筆の過程で確信をしたのです。本書の理論的背景にもなっています。この博士論文は、最も環境問題に遠い位置にあった金融機関が、なぜ環境や気候変動問題に対峙し行動をするようになったのか、その行動変化や要因を分析しています。慶應義塾大学政策・メディア研究科で10年間環境ビジネスデザイン論を教えている中で、この講義で教えていることを、もっと多くの方に知って頂くのがよいのではないかと強く感じていたところ、これまで、環境ビジネスに関して多くの著書を出版されている小林光先生から、書籍化のご助言をいただきました。そこで、小林先生と共同での講義の書籍化の話が決定しました。その決定時から、紆余曲折があり時間がかかってしまい、関係者の皆さんには大変ご面倒をおかけしましたが、機が熟したともいえる今のタイミングで出版できることは、この上ない喜びです。

本書は、経済市場で成長するグリーン・ビジネスとは何かを模索してきたこれまでの経験から、これからグリーン・ビジネスを興したいという皆さんに少しでもわかりやすく、役に立つよう、アイデアをできる限り盛り込みました。ただ、２０２０年の菅首相（当時）のカーボンニュートラル宣言とともに、グリーン・ビジネスやグリーン・ファイナンスの動きがあまりにも早く、すべてを網羅しきれないことが残念です。

今回、遅筆、拙筆の私を手助けしてくれた木楽舎の編集の中野さん、共同編集者の丹野さん、校正を手伝ってくださった豊福さん、金高さんには大変感謝しています。そして、小林光先生には、博士論文と同様に、本書の私の執筆にも丁寧にご指導いただき、感謝してもしきれません。ありがとうございました。また、エコッツェリア協会とシティラボ東京にも様々な便宜を図って頂いたことに厚く御礼申し上げます。

環境金融に長年関わる中で、何度もくじけそうになりましたが、まさか、こんなにグリーンがビジネスの真ん中にくる世の中になるとは思いませんでした。継続してきてよかったと思います。この潮流の中で、グリーン・ビジネスをしなければ、したいと思う皆さんにとって、本書が参考になればうれしく思います。

コロナ禍以前よりも、よりよい社会を構築するために歩き始める大事な時です。Build Back Better！新型コロナウイルスは、皮肉にも私たちの資本主義の考え方を大きく変えました。本当のグリーン・ビジネスのジャーニー（旅）は始まったばかりです。未来を創るのがグリーン・ビジネスです。引き続き、皆さんとともに、サステナビリティ（持続可能な社会の構築）に資するビジネスが市場の中で主流になっていくために尽力したいと思っています。ぜひ、一緒に変えていきましょう。

２０２１年10月　吉高まり

参考図書とお役立ち情報源

●人間社会と地球環境との関係の、21世紀を通じた大局観を養うには、エルンスト・フォン・ワイツゼッカーら編著「Come on! 目を覚まそう！ 環境危機を迎えた「人新世」をどう生きるか？」明石書店２０１９年12月刊が役に立ちます。

●第1課から2課で扱った、経済活動と環境との関係をもう少し理論的に知っておきたい場合は、クリストス・ピテリスら編著「グリーン・バリュー経営への大転換」NTT出版２０１３年6月刊が有益です。

●第3課で扱った環境法についてさらに突っ込んで学びたい場合は、本書一四一頁で紹介した大塚直「環境法」あるいは、西尾哲茂「わか～る環境法」をお勧めします。手元に条文を置いておき、すぐに参照したいときは大塚直ら編「ベーシック環境六法」第一法規刊（最新刊は第九訂）がコンパクトで便利です。

●第4課から6課に取り上げた、新規ビジネスモデルの発想を鍛えるには、忽那憲治ら著「アントレプレナーシップ入門－ベンチャーの創造を学ぶ」有斐閣２０１３年12月刊や、馬田隆明著「未来を実装する　テクノロジーで社会を変革する4つの原則」英治出版２０２１年1月刊が有用です。

●投資家からの目線でのＥＳＧ投資については、「社会を変える投資　ＥＳＧ入門」アムンディ・ジャパン編　日本経済新聞出版社刊がわかりやすいです。藤井良広の、サステナブルファイナンス攻防—理念の追求と市場の覇権（一般社団法人金融財政事情研究会）は、サステナブルファイナンスの最新情報を知ることができます。

●また、企業経営に必須の財務書類のリテラシーには、西山茂著「「専門家」以外の人のための決算書&ファイナンスの教科書」東洋経済新報社２０１９年7月刊が実践的で分かりやすいです。

●第7課で取り上げたグリーンビジネスの今後の狙い目のうち、地球気候の変化を克服するための様々なアイデアを総覧するには、ポール・ホーケン編著「ドローダウン—地球温暖化を逆転させる１００の方法」山と渓谷社２０２０年12月刊がとても刺激的で頭が柔らかくなります。

●これらかの電化に関する、カーボンニュートラルのイノベーション技術は、戸田直樹、矢田部隆志、塩沢文明ら著「カーボンニュートラル実行戦略：電化と水素、アンモニア」エネルギーフォーラム２０２１年3月刊がわかりやすいです。

●ブルーカーボンの仕組みを知りたければ、「ブルーカーボン　浅海におけるCO_2隔離・貯留とその活用」地人書館２０１７年６月刊　堀正和、桑江朝比呂編著がよいでしょう。
●資源循環もグリーンビジネスの古くて常に新しいテーマです。安居昭博著「サーキュラーエコノミー実践」学芸出版社２０２１年７月刊は、オランダのアイデアをこれでもかと収めていて参考になります。
●生物の世界を活かす点では、少し古いですが、赤池学ら著「カタツムリが、教えてくれる！」ダイヤモンド社２００４年４月刊は、とても面白いです。良い生態系とは何か、また、生態系の維持にお金が流れる仕組みをどうするかに関しては、柴田真吾著「環境にお金を払う仕組み　ＰＥＳが分かる本」大学教育出版２０１９年６月刊が有益です。
●グリーンビジネスを含む、水野雅弘、原裕ら著「ＳＤＧｓが生み出す未来のビジネス」インプレス２０２０年６月刊は多くのＳＤＧｓビジネスのアイディアが満載です。
●ＳＤＧｓへ貢献するビジネスの現状に関しては、官庁の報告書ですが、国内各地での実例を詳細に集めた、持続可能な成長エンジン研究会編「ローカルＳＤＧｓ（地域循環共生圏）ビジネスの先進的事例とその進め方」環境省環境計画課２０２０年３月と21年３月刊が有用です。

●グリーンビジネスの起業では、競合他社の取り組みや公的支援に関する情報を把握しておくことが必要です。そのために役立つポータルサイト的な情報源のＵＲＬを掲げましょう。

環境省の環境経済情報のポータルサイト：

(https://www.env.go.jp/policy/keizai_portal/B_industry/index.html)

索引

あ行

アースモール（楽天）……166、172
アーリー時期……251、356
アクション・マトリックス……411
アクセラレータプログラム……251、284
アクセンチュア……401
アクティブ型……189
アグロフォレストリー……275、276、390
旭硝子財団……385
朝日新聞社……339
味の素……203、398
アディダス……166、169
アウトサイド・イン・アプローチ……192、193
アップル……74、378
アップサイド・リスク……190、353
アパレル……169、202
アプリ……238、239、240、246、283、284、383、392
安定株主対策……253
アントレプレナー……165、213、232、235、246、257、273、288、308、334、349、352、358
イオン……166、174、175、216
伊藤園……62、63
一般廃棄物……58、125
インサイド・アウト・アプローチ……192
インスパイアPNBパートナーズ……277
インターナルカーボン・プライシング……376、379、380
イントラプレナー……165、175、190、194
215、225、230、236、242、247、259、308、309、327、343、352、356
インパクト投資……160、342、344
ウーバー（Uber）……183、236
運転資金……250、252
エコアクション21……78、81
エコサークル……202
エコ賃貸経営……96、98
エコッツェリア協会……82
エコファースト企業
エコファンド……226、305
エコポイント政策……129
エシカル……75、172
エタノール……91
エネルギー特別会計……102
エンド・オブ・パイプ……69
エンロン事件……160、301
エンジェル投資家……233、253、256、285、311、342、356
大阪・ブルーオーシャン・ビジョン……394
オーガニック……175、215、239、258、271
オールバーズ……238
オフセット……381、392
オプテックス……261
温室効果ガス……30、43、116、127、162、167、170、198、227

か行

カーシェアリング……58、168、212、
カーボンエフィシェント……198
花王……206、395
開業率……234
海洋プラスチック……166、169
化学農薬……216
拡大生産者責任……70、121、148
柏の葉スマートシティ……210
過疎化……279
勝ちパターン……81
ガバナンス……153、154、160、162、181、301、318、375
株価……65、158、174、313
株式会社……151
株主……157、160、217、253、255、301、312、318、326
株主第一主義……152、326
カーボンニュートラル……156、200、371、375、377、379、416
カーボン・フットプリント……378、380
カーボン・プライシング……113、136、369、370、376
カーボン・リサイクル……367
為替……158、271
環境審査……300、302
環境基準……115
環境基本計画……180
環境金融……59、298、302、308、356、416
環境契約法……48、51
環境計量士……77
環境産業（定義）……57、59、89
環境省……25、48、57、60、64、79
環境投資信託……305
環境の恵み……10、30、37、110
環境配慮事業活動法……128
環境法……108、110、112、126、127、132、135、139、147、181、226、318
環境保険……59、308
環境マネジメント……77、118
環境レポート……79、87
機会費用……36、148
機関投資家……152、155、161、314、320、403
企業価値……28、66
起業家……153、158、172、176、178、187、230、243、251、255、313、316、328
165、219、232、235、239、252、256、310、331、350、411
気候関連財務情報開示タスクフォース……375
気候シミュレーションモデル……362
規制法……112、114、116、127、147
偽装（建築偽装）……48
規模の経済……280
逆張り……95
キャッシュフロー計算書……254、257、330
協業……219、242、317
京都議定書……35、137
業法……127
金の卵……256
金融サービス……302、318、324、325
金融安定理事会……375
金融監督庁……307
クラウドファンディング……224、232、254、307、312、338、344、356
クラウドレンディング……339
クリーン開発メカニズム……227、228

クリーナー・プロダクション……68、92
グリーン・ディール……98
グリーン購入法……129、130
グリーン購入法適合製品……129
グリーンボンド……75、306、309、320、345、356
グリーンボンド原則……322、324
グリーン・マーケティング……226
グリーンローン……303、306
グレタ・トゥーンベリ……198
グルテンフリー……219
クローズドリサイクル……397
経済財政諮問会議……314
経済法……108
経済産業省……96、113、234、266
経団連……402
ケミカルリサイクル……202、236、241、245、266
原因者負担原則……111、300
現在価値……332、336
建築確認制度……50
コーポレート・ファイナンス……302、305
公害防止装置産業……89
合同会社……254、397
酵母……92
公募債……345、346
国際資本市場協会……324、325
国際法……136
ごみの流出……283、285
古物……122
コ・ベネフィット……84、267、409
こなんウルトラパワー……346
コニカミノルタ……128、171、198、319、377、379
コラボレーション……260、266、267
コンパクトシティ……209
コンプライアンス……80、109、162
コーポレート・ベンチャーキャピタル……233、245、254、270、281、328、342、350

さ行

債券……75、305、306、314、320、324、327、345、347
採算性（事業の）……327、334、337
再商品化……397
再生可能エネルギー……41、71、74、89、90、172、181、205、214、241、270、304、309、311、321、322、325、346、364、366、369
財務諸表……254、257、404
サーキュラーエコノミー……154、162、180、202、241、399、400、402
サステナビリティ……31、154、209、228、282、320、324、348、418
サステナブル投資……160
サトウキビ……91、93、95
サプライチェーン……87、155、157、162、197、205、275、326
サラヤ……205
産業廃棄物……123、125、126、130、284
シーズ……184、186、196、233、342
シードマネー……250、312
滋賀銀行……346
自己資金……247、250、253、261、263、276、288、310、335
事業計画書……247、254、258、328、330
事業価値……331、332
資産除去債務……133
資産運用会社……156、316、319
市場の失敗……35
市場の状況……253、330
持続可能なビジネス……40、223
実証事業……245
持続可能なパーム油……206、388
持続可能な経営モデル……319
気候関連財務情報開示タスクフォース……375
自然食ねっと……344
死の谷……250
私募債……345
資本提携……252
社外圧……195、196
受託者責任……155、156
シェアリング・エコノミー……167、183
ジェンダー……162、321
収益期待……178、242
純資産法……255
循環型社会……224、400
省エネと創エネの組み合わせ……366
植物由来肉……170
社会イノベーション型……167、176、238
社会的投資推進財団……344
社会の公器……31、151
シャボン玉石けん……206、208
消火剤……207
償還期間……306
ショートターミズム……152、160
助成金……250、251
新型コロナウイルス……150、154、157、161、218、313、326、418
新株引受権付の転換社債……282
スーパーファンド……300
スイートマネー……250
すき間ビジネス……267、409
スターバックス……326、390
ステークホルダー……31、84、86、152、155、157、197、237、317、326
ストラクチャード・ファイナンス……253
スマートシティ……209、210、211
住友化学……166、170、198、319
成長期待……260
生分解性（プラスチックの）……206、262、396
責任投資原則……155、314、320
設備投資（資金）……247、250、252、280、329、330、333
潜在的責任当事者（スーパーファンド法の）……300
政策競争（環境経済政策の）……98、104
政策決定者向けサマリー（IPCCの）……360
成城石井……218
生物多様性条約……387
製品イノベーション型……166、169、176、240
積水ハウス……65、66、71、73、74、86、166、172
性能表示……102、103
ゼブラ型……237、246
セブン・イレブン……390

繊維製品リサイクル調査事業……266
全国産業廃棄物連合会……284
ソーシャルインパクトボンド……343
ソーシャルビジネス……277
ソーシャルボンド原則……325
創エネ……364、366、368
ソニー……166、174
ソリューションプロバイダー……348
損益計算書……254、257、258、329、330

た行

大志……256、288、328
貸借対照表……248
ダイバーシティ……162、219、221、224
ダウンサイド・リスク……189、353
太陽光発電パネル……45、86、101
耐震性能……48
大和ハウス……166、171
ダイワハウスでんき……171
宅配便（の人手不足）……185
食べチョク……239
ダリケー（DariK）……274
炭素価格……334
炭素税……136、371、376
炭素生産性（炭素効率）……64
地域循環共生圏（＝ローカルSDGs）……180、390
チッソ……25
チャレナジー……238、240
長期損失……28
直接金融……307
沈黙の春……299
ディープテック……170、178、240、244、269
帝人フロンティア……201
出口戦略……233、249、288、313、343、356
デジタルトランスフォーメーション（DX）……174、201、408、416
テスラ……244、374
デフォルト（支払い不能）……102
デフレ経済……404
デロイトトーマツ……319
天候デリバティブ……134、308
東急電鉄……88
投資回収（年、期間）……217、333、337
統合報告書（企業の）……128
東洋紡……166、169
特別目的会社……304、326
土壌汚染対策法……133
トップダウン……216、259
トップランナー規制……113、128
トヨタ自動車……68、87、166、168、173、209、377、379
ドラッガー……152
トレード・オン、トレード・オフ……85、407
ドローン……398

な行

内部利益率……333、336
なんちゃっての環境ビジネス……18
ニッチ……215、221
日本環境設計……238、241、245、264、265、266
日本再興戦略……314
日本ベンチャー大賞……235
ニューノーマル……150
ニューヨーク……225、226、232、299
ネガティブ・キャッシュフロー……67
ネガティブスクリーニング……160、161、403
年金積立金管理運用独立行政法人……161、403
軒先株式会社……238、239

は行

ハーマン・デイリーの三原則……18、38、61
パームオイル……41、42、43、206、388
バイオポリマー……166、169
バイオマス発電（事業）（燃料）……42、43、46、59、204、228、292、365
廃棄物処理業者の認定制度……130
廃棄物の処理及び清掃に関する法律（廃掃法）……123
買収（他社のビジネスの）……95、175、233、404
排出基準……114、115、139
排出枠……117、372、373、376
排出量取引……116、372、373、374
バイオジェット燃料……240
バガス……204
量り売り……399
パートナー……178、268、270、288、349、354、391
バックオフィス……285
バック・キャスティング……156、157、162、191
パッケージ……31、85、406
パナソニック……151、211
バブリー……225
パリ協定……11、137、165、173、180、214、362、375、405
バリューチェーン……54、84、186、189、223、343、379
バルディーズ号事件……301
バルディーズ原則……301
ヴィーガン……218、223
ヒートアイランド現象……262
ビオセボン……166、174、175、215、217、218
非財務的要素（非財務情報）……153、160
ビジネス条件……371
ビジネスモデル（サーキュラーエコノミーの）……401
ビジネス法……108
日立製作所……377、379
ピリカ……238、242、283、284、285、391
評判リスク……349
ファミレス……216
ファンドマネージャー……305
ファンディーノ……342
フィンテック……213、408
フェアトレード……274
フォア・キャスティング……156、191
フォロー型……189
付加価値（創出）……275
複眼的（評価）……386
副生物（コプロ）……64、203、204
物流サプライチェーン……390
プラスチック資源戦略……394

プラットホーム……142、145
ブランド化……265、266
フロムファーイースト……238、241、271、272
ブリュード・プロテイン……240、263
不法投棄……126、396
プランテーション（農業）……42、206
ブルーオーシャン戦略……411
ブルーカーボン……380、392、420
ブルースクールデザイン……392
ブループラネット賞……385
フレキシタリアン……218
プレゼンテーション……13、21、350、414
粉飾決算……160、162、301
歩留り……68
ペイバック……94
ベンチャーエンタープライズセンター……234
ベンチャーキャピタル……233、244、245、246、249、251、252、253、254、255、256、257、258、263、267、270、277、281、288、312、313、321、328、338、339、342、343、350、356
補助金……96、97、102、128、142、195、200、234、250、251、254、266、288、311、335、338、352、356、415
本部経費……217
ポジショニング……76
ポジティブスクリーニング……161
ポーター教授……31、82

ま行

マイクロソフト……378
マイクロプラスティック……242、393、394、398
マクロ的アプローチ……175、176、187、189
マーケティング（テスト）……341
マザーズ（東証）……268
混ぜればごみ、分ければ資源……122
松下幸之助……31、151、154
マツダ（スカイアクティブ）……68
マテリアル・バランス……61、62、63、66、70、92、148
見える化……86、144、171、195、199、211、341、383
ミクロ的アプローチ……175、176、187、189、242
みずほファイナンシャルグループ……343
ミシガン大学（大学院）……226
ミツカワ……261
ミッション（環境ビジネスの）……57、262
三井不動産……210
三井住友銀行……348、349
三菱UFJモルガン・スタンレー証券……227
ミドル（期）……249、251、253
水俣病……25、26、28
ミレニアル世代……220
みんな電力……238、241、253、269、272
無駄をなくす……184
メディア……195、196、222、227
メリット……20
204、213、214、217、230、259、281、294、311、322、351、352、356
メルカリ……235、237、238、239、259
儲けが出れば道理は引っ込む……403
専ら物……120、124
森永製菓……166、224

や行

溶出試験……77
ユーグレナ……235、238、240、253、259、267、268、269
ユビキタス……273
ユニコーン型……236
ユニバーサル・オーナー……314
予防原則……147、148
良い儲け……33
横浜市……285、348

ら行

ライフサイクル・アセスメント（LCA）……43、70、92、148
ライブドア……268
楽天……166、172
ラブキャナル事件……299
リスク対策（金融機関としての）……300
リース……302、308
リーマンショック……150、152、160、161、271
リアルテックファンド……269
利益の源泉……68、404、407
リスクヘッジ……134
リスクマネー……327
量産化……262、268
累積損失……252
レイター（期）……249、251、253
レジリアンス……407
ローカルSDGs……180、421
老年人口（の増加）……182

わ行

ワイズバイン社……142
割引率……331、332、333、334、336
悪い儲け……33、37、54

アルファベット、数字

AI……213、278、279、381、396
Airbnb……167、183、184
Almond……383
APort……339
BCP……279
Boardwalk Capital……256、263
BtoB……239
C・A・F・E・プラクティス……326、390
CAMPFIRE……342
Capture……383
CBD……387
CCS……367
CCUS……367
CDO……278
CDP……388
CEO……256、257、278
CERES原則……301
CLOMA……395
COO……357
CORSIA……381
CSV（経営サロン）……19、82、83、239
CSR……31、160、165、179、317、318、319、320、353
CSRとESG……317

CTO …… 257、278
DAC …… 368
DCF法（企業価値評価の）…… 255、331、332、333、334、335、336
DX …… 201、416
EPC …… 304
ESCOサービス …… 308
ESG（投資）（投資家）（推進部）…… 153、154、155、156、157、159、160、161、162、163、164、165、171、172、179、181、191、192、196、197、198、199、201、202、205、228、230、245、277、288、306、307、309、313、314、315、316、317、318、319、320、322、326、327、342、343、345、347、356、377、387、389、403、416、420
ESG投資残高 …… 322
Exit …… 233、249
EV …… 173、174、256
EU …… 116、400
FAIRR …… 388、389
FIT …… 71、270、347
FSC（ラベル）…… 388
GLM …… 256、263
GGP（三井住友銀行の）…… 349
GLP原則（金融の）…… 303
IAB …… 262
ICAO …… 381
ICMA …… 324、325
IoT …… 272、278
IPCC（アセスメント・レポート）…… 359、363
IPO …… 233、249、258、264
IRR …… 333、334、336
ISO（14001）…… 78、79、81、118、148
ITバブル …… 182、214
JETRO …… 234
KAPOK KNOT …… 340
KPI …… 170、198
LEED（認証）…… 210、211
Looop …… 346
LoopJapan …… 397
M&A …… 233、249、343
Makuake …… 340、341
MBA …… 226
MSC（ラベル）…… 388
NEDO …… 263
NPV（法）…… 333、336
NTTドコモ …… 186
OpenNetworkLab …… 284
PRI …… 155、160、161、320、322
PDCAサイクル …… 79、80
Q値 …… 47
QMONOS …… 262
RE100 …… 379
ReNewPower …… 236
RSPO …… 206、388
SBT …… 375、379
SDGs …… 31、85、156、193、195、315、318、321
SDGsビジネスデスク …… 343
SDGsウォッシュ …… 349
SEE THE SUN …… 166、219、221、224、310
SMASELL …… 238、239、246
SOX法 …… 301
Spiber …… 235、238、240、253、263、266
SRI …… 159
SST（Fujisawaサスティナブル・スマートタウン）…… 211
SWOT分析 …… 76
TABETE …… 238、239、246
TCFD …… 375、376、379
TNFD …… 389
UNDP …… 389
UNEP …… 359
WinWin …… 86、236、267、354、398、409
WOTA …… 278、282
WMO …… 359
WovenCity …… 173、209
Z世代 …… 198
Zappos …… 237
ZEH …… 171
ZEVクレジット …… 374

著者プロフィール

吉高まり（よしたか・まり）
慶應義塾大学大学院政策・メディア研究科非常勤講師
（環境ビジネスデザイン担当）
社団法人バーチュ・デザイン　代表理事

1984年明治大学法学部卒業後、IT企業、米国投資銀行等に勤務。ミシガン大学環境・サステナビリティ大学院科学修士。慶應義塾大学大学院政策・メディア研究科博士（学術）。2000年三菱UFJモルガン・スタンレー証券にてクリーン・エネルギー・ファイナンス部を立ち上げ、環境金融コンサルティング業務に長年従事。内閣官房、環境省、経済産業省等の政府委員を務めると共に、ESG投資及びSDGsビジネスの領域で多様なセクターに対しアドバイス・講演・調査等を実施。2009年より慶應義塾大学大学院政策・メディア研究科非常勤講師として環境ビジネスデザイン論を担当。2021年社団法人バーチュ・デザインを設立し、グリーン・サステナビリティ分野の事業・ビジネスの実装を推進する。

小林光（こばやし・ひかる）
東京大学 先端科学技術研究センター研究顧問・工学博士

1973年慶應義塾大学経済学部卒業後、環境庁（当時）入庁。37年間にわたり、都市公害や地球温暖化への政策立案を通じて、環境と共生する経済への移行を担当した。社会人としてフランスへ留学、また、東大まちづくり大学院を修了。2011年、事務次官を最後に退官し、慶應義塾大学、東京大学及びノース・セントラル・カレッジ（米国・イリノイ州）などで環境を講じる。自宅エコハウスでのエコライフ実践で有名。企業の独立取締役や顧問などとして環境経営にも参画。編著書には、「ザ・環境学」（勁草書房）、「地球とつながる暮らしのデザイン」（木楽舎）、「エコなお家が横につながる」（海象社）、「カーボンニュートラルの経済学」（日経BP社）などがある。

GREEN BUSINESS

環境をよくして稼ぐ。その発想とスキル
慶應義塾大学 熱血講義「環境ビジネスデザイン論」再現版

2021年11月30日　第1刷発行

著　者　吉高まり　小林光
発行者　小黒一三
発行所　株式会社木楽舎
〒104-0044　東京都中央区明石町11-15ミキジ明石町ビル6階
電話　03-3524-9572
http://www.kirakusha.com/

印刷・製本　文唱堂印刷株式会社

装丁・本文デザイン　デジカル
装画　山田博之
編集及び執筆協力　丹野加奈子
編集・営業　中野亮太（木楽舎）

本書は森林の破壊や劣化を招くことのない持続可能な木材消費を目指すことを目的として、世界的な森林認証制度であるFSCの認証用紙を使用しております。また、本書の印刷を担当した文唱堂印刷株式会社は印刷資材から製造工程に至る印刷会社の取り組みすべてが環境に配慮されていることの証明となるグリーンプリンティング認定制度の工場認定を取得しています。

Printed in Japan
ISBN 978-4-86324-153-4